中国科幻口述史

杨 枫————编著

（第1卷）

CHINESE SCIENCE FICTION: AN ORAL HISTORY

VOLUME 1

成都时代出版社
CHENGDU TIMES PRESS

图书在版编目（CIP）数据

中国科幻口述史 . 第 1 卷 / 杨枫编著 . —— 成都 : 成
都时代出版社 , 2022.12（2023.8 重印）

ISBN 978-7-5464-3197-0

Ⅰ . ①中… Ⅱ . ①杨… Ⅲ . ①科学幻想—研究—中国
—现代 Ⅳ . ① N092

中国版本图书馆 CIP 数据核字 (2022) 第 241330 号

中国科幻口述史（第 1 卷）
ZHONGGUO KEHUAN KOUSHUSHI（DI YI JUAN）

杨枫 / 编著

出 品 人	达　海
责任编辑	黄　弋
责任校对	江　黎
责任印制	黄　鑫　陈淑雨
封面设计	鬼　哥
装帧设计	鬼　哥

出版发行	成都时代出版社
电　　话	（028）86742352（编辑部）
	（028）86615250（发行部）
印　　刷	当纳利（广东）印务有限公司
规　　格	170mm×240mm
印　　张	25.25
字　　数	444 千
版　　次	2022 年 12 月第 1 版
印　　次	2023 年 8 月第 2 次印刷
书　　号	ISBN 978-7-5464-3197-0
定　　价	139.00 元

在遗忘之前，我们见证。

中国科幻
口述史

目录
CONTENTS

PROLOGUE: MY ODYSSEY, MY HONOR — JOURNEY WITH CHINESE SCIENCE FICTION

与中国科幻同行，何其幸哉
——序言

■ 杨枫

  2016 年夏，八光分文化创立伊始，我接到新华网四川分公司时任副总王恒的邀请，共同策划即将于成都国际科幻电影周期间举办的国内首场科幻路演会。8 月 18 日，"创业天府·菁蓉创享会"科幻专场暨科幻邮差 IP 创投会圆满落幕，八光分文化自此走上前台。8 月下旬，我们与新华网四川分公司老总侯大伟坐下来复盘这次合作，大家都感觉非常愉快，意犹未尽。接下来还能在科幻方向继续为我们这座享誉海内外的"科幻之都"一起做点什么呢？我跟同行的姚海军老师不约而同提出了立足成都记录中国科幻史这件事，双方一拍即合，觉得这对推动成都科幻文化发展大有裨益，无论是新华网还是八光分，都义不容辞。

  恰好不久之前，晨旭加入了八光分，他带来了跟从导师做香港电影口述史的丰富经验，于是，策划并执行该项目的工作顺理成章地落在他头上。8 月底，我们正式向驻川的杨潇、谭楷、流沙河、刘兴诗、王晓达、周孟璞、吴显奎、董仁威、何夕、姚海军等十位中国科幻功勋人物发出口述史访谈征询意见函，很快得到积极回应，这极大地鼓舞了我们。

接着，时任四川省科普作协副理事长、四川传媒学院的老师陈俊明雪中送炭，为我们推荐了一支专业高效的拍摄团队。

9月14日早上9点，杨潇老师准时来到成都西部智谷八光分还未正式入驻的新家，第一场访谈如期进行。架设灯位，调试机器，优化还在完善中的新公司书橱背景……负责拍摄的四个小伙子忙碌了将近一个小时才布置妥当。之所以把杨潇老师定为首场嘉宾，是因为隔天她就要启程前往悉尼。

在随后的两个半月里，八光分和新华网紧密协作、无缝对接，以专注于科幻产业的整合运营机构与垂直媒体"科幻邮差"为名，每周邀约一位嘉宾，有条不紊地完成了十位嘉宾的拍摄采访。第一手的资料收集完毕，接下来就是录音整理，那时公司加上我才五个人，不少嘉宾因为年事已高还带有浓重的地方口音，所以听录工作推进得异常艰辛。经过半年多的努力，2017年8月，《追梦人——四川科幻口述史》由四川人民出版社推出，并在第二年相继获得第9届华语科幻星云奖"最佳非虚构作品金奖"和第29届银河奖"最佳相关图书奖"，令我们无比骄傲和振奋。

看着这个项目在社会上引发的巨大关注，我们很快拟定了第二批采访名单，随时准备推出四川属地以外的中国科幻功勋人士的口述史。而这一等，就是五年。五年间发生了很多事，首先是新华网四川分公司因方向调整，变成了新华网体育频道，之前协助我们推动口述史项目的包晶晶、罗自强等一众主力干将有了新的工作重心，我们双方都等待着一个更合适的时机重启项目；其次是等待一年多后，发现之前的合作伙伴再难抽身回来，我们团队决定自己开始这个项目时，突如其来的新冠疫情从天而降，跨省拍摄采访成了完全不可控的事，加之我们采访名单中不少嘉宾年事已高，除非能确保对方安全放心，否则贸然启程，无形中会给受访者增加额外的心理负担。于是，我们的采访进度被迫大大减缓……

这几年间，我们无比痛心地送别了周孟璞（1923.5.24—2016.10.31）、流沙河（1931.11.11—2019.11.23）、王晓达（1939.8.8—2021.2.24）、杜渐（1935.4.2—2022.8.22）等四位受访前辈，但与此同时，在三丰老师、中国科普作协秘书长陈玲老师、南方科技大学吴岩教授、《南方周末》主任记者刘悠翔和奇异点（北京公司）吴明、仲夏等诸位师友的帮助下，我们突破重重障碍，出色地完成了新一轮计划中的大部分访谈任务。正当我们重拾信心筹划着如何在 2023 第 81 届世界科幻大会上推出这个项目时，成都时代出版社出现了。

　　细细想来，没有侯雯雯的一次采访，可能就没有中国科幻口述史项目跟时代社的这次合作机缘。

　　与侯雯雯初识，是 2019 年 11 月第五届成都国际科幻大会举办期间，雯雯以《天府文化》杂志主笔身份来到八光分展位，说想采访参与成都申办 2023 世界科幻大会的主力机构。那会儿我正好特别忙，于是雯雯在微信里留了几个问题，看着最后那句"我读过您的《追梦人》，感觉你们做的访谈特别扎实用心"，我不禁会心一笑。再一次联络，就到 2020 年 8 月了，雯雯想深化上一次的科幻主题采访，同来的还有杂志采访总监陈凌。半天采访之后，在随后第 10 期《天府文化》上刊出了一篇十四页的大稿：《成都人的科幻脑：荒漠里制造"火星计划"》，为我们刚满四岁的冷湖科幻文学奖做了一次视野宏阔的漂亮画像，雯雯娴熟过硬的文字功底和思想、情怀兼具的聪慧睿智给我留下了深刻印象。

　　2022 年 3 月的一天，我忽然收到雯雯的一条信息："杨老师，我从杂志调岗到成都时代出版社了……正在筹备新团队'另起一行'，期待未来有机会合作。"7 月初，在成都疫情稍稍缓解的空档，雯雯带着她的团队造访交子大道八光分的新家了，来的一群热情开朗、眼中有光的女将中，除了陈凌，还有新朋友、原《三联生活周刊》主笔葛维樱。想到身为资深媒体人的雯雯一直以来对科幻的关注，想到"另起一行"团队对城市文化的热爱，加之雯雯新加入的出版社冠有"成都时代"几个字，在一片欢声笑语中我忽然觉得，科幻口述史这个项目好像跟他们有某种神秘的联系……果然，合作的想法提出一周后，《天府文化》杂志执行总编辑苑海辰苑总亲自带队登门，转达了尚因疫情隔离在外的时代社老总达海铿锵有力的答复：好好做！

于是，我们雷厉风行地结成联合工作小组，开始连续不断的头脑风暴。为了使这次呈现的口述史更系统、更完整，同时也为了给首次来到中国举办的世界科幻大会献上一份厚礼，我们决定做一套三卷本精装版的《中国科幻口述史》！考虑到已经完成采访的高龄嘉宾讲述的内容中有太多东西需要时间去消化，包括里面涉及不少敏感的人和事，整理起来耗时会很长；以及少数几位嘉宾的采访计划受疫情影响一延再延，我们依然需要灵活应变、见缝插针地寻找时机完成视频访谈，所以最终做出了一个艰难的决定：放弃一次性推出整套书的做法，而是每一卷分开出版，给后续工作留出更加充裕的时间。读者现在看到的第 1 卷，收录了杨潇、谭楷、流沙河、王晋康、吴岩、刘慈欣、姚海军等七位嘉宾的采访，希望后面两卷在第 81 届世界科幻大会前夕能顺利与大家见面。

杨潇老师。杨老师的好记性给我们留下了深刻印象，其他嘉宾拿不准的很多老照片上的信息，都可以在她那里得到确认。不过，整理杨老师的配图时也留下了一丝遗憾，在采访中她多次提到让自己割舍不下的柳文扬和蓝叶（邹萍），不知为何，翻遍移动硬盘，却没有找到一张她记忆中二人离蓉赴京前夕来家中告别时的合影。哎，人生可能就是因为有这样的遗憾才更加让人留恋。

谭楷老师。谭老师是个永远对科幻充满激情的演说家，当他小心翼翼地展示珍藏多年的流沙河先生所赠字幅，向我们娓娓道出这些字画的来历时，我们懂得了什么叫惺惺相惜，什么叫君子之交淡如水。在此，还要特别感谢谭楷老师，是他帮助我们说服沙河老先生在喉癌晚期、视力不佳、身体极度衰弱的情况下，接受我们的叨扰采访。

流沙河先生。感谢沙河先生冒着被师母责备的"危险"，在成都长寿路家里两次超时接受采访，只因为自己一生喜欢科学文艺、关注老友谭楷的一举一动。同时，还要特别感谢老人家为"八光分文化"题写了由五个古字组成的别具一格的名字，我们会永远珍藏。转眼间沙河先生已驾鹤西去三年有余，我们伤感之余又无比庆幸，因为这次采访，让先生的名字与中国科幻连在了一起。

王晋康老师。一直希望能去王老师西安的书房里做采访，但西安因受疫情影响，时不时"静默"，我们的计划总也无法成行，最后不得已，只好在助推他走上科幻之路的儿子王元博的深圳卓斌电子公司办公室里进行。离开深圳的头天晚上，王老师来酒店道别，出得门去，墨灰的天空下着小雨，我说给您叫辆车吧，结果老人家径直走到一辆带儿童座椅的二八自行车前，拍拍车座笑着说，不用，我有车呢。七十五岁的老人家就这么淋着细雨轻巧地踏车而去……

吴岩老师。吴老师的采访是在酒店进行的，因为那段时间深圳正值疫情高发期，南方科技大学不许外人进入，所以同行的两个小伙伴没能如愿参观吴老师一手创立的国内首个"科学与人类想象力研究中心"。不过，两个"90后"看到吴老师带来的学生时代收集的多达二百六十篇的题名《向科学技术进军》(1978—1983)厚厚一本重要科普科幻资讯的简报时，不约而同地说这一趟太值了！

刘慈欣老师。采访大刘那天是个清晨，因为下午两点他要从晋中赶回阳泉，参加央视关于神舟十二号载人飞船成功发射后的一次连线。虽然镜头前的大刘满眼忧虑，但听他讲述科幻之路的过程中，我的眼前却总是闪现2010年3月那个科幻多事之秋后的一幅画面，当年的银河奖颁奖典礼后半夜，科幻作家们都为未来的中国科幻发展唏嘘慨叹，一旁的大刘那次应该喝了不少，但他的头脑却异常清醒，因为我始终记得他说的一句话：无论将来中国科幻能走多远，我都是最后一个为它站岗的人。

姚海军老师。按晨旭的话说，就是"姚老师可以采集的资料太多了，简直无从取舍"，于是有了一次希望做点减法的采访。但是，显然姚老师在预采访时发挥得更好，充满诗意的语言张口即来，让人浑然忘了时间；后来一到聚光灯下正式拍摄，才思好像被蒸发了不少——不过这也丝毫没有减损姚老师的魅力，因为他真的太会讲故事了，非常期待有一天他能提笔写一部《中国科幻迷成长史》。

感谢所有如约接受采访的老师们，你们不仅真实坦诚、毫无保留地在镜头前分享了一段段尘封已久的人生故事，还非常贴心地留给我们宽裕的采访时间，同时在收集整理图片资料的过程中也给予了我们巨大的帮助。没有你们的慷慨无私，这本书不可能如此丰富、精美地呈现。

感谢李晨旭、姚雪、田兴海、戴浩然、侯雯雯、陈凌、葛维樱、周佳欣、西夏、范轶伦、单卉瑶、周博、叶鹏飞、汪怡寰、谢子初、余曦赟——我亲爱的小伙伴们！感谢你们每一个人为这本书贡献的才智与汗水。因为你们的热爱、专业和高效，这本书才能如此迅速地与读者见面。

另外，我还想对新华网四川分公司侯大伟、包晶晶团队道一声真诚的感谢。你们是这个项目的原初和起点。作为一种美好的纪念，在与成都时代出版社开启的这套沉甸甸的《中国科幻口述史》中，采访人的身份我依然沿用了诸君六年前精心挑选的"科幻邮差"。

采访现场，我们无数次被嘉宾的讲述感动得湿了眼眶，无数次被他们胸中浓得化不开的忧虑深深感染。考虑到拍摄前与受访嘉宾有约在先，有些内容暂时无法全部呈现。但假以时日，当我们对1949以来中国的科幻发展脉络有了更完整的认识，对我们科幻人的自身定位有了更强大的自信，所有的科幻历史都将呈现于世人面前。

相信那一天会很快到来。

当仁不让，天道酬勤

DO MY PART, AND HARD WORK PAYS OFF

杨 潇

中国科幻 生生不息

杨潇

导语 INTRODUCTION

　　1984 年，从顶峰跌落的《科学文艺》杂志每况愈下，发行量骤减，主管单位四川省科学技术协会决定停刊。这时，一个在当时看来很科幻的想法冒了出来：杂志从科协经费中"断奶"，自主经营，自负盈亏。编辑杨潇被推选出来担任主编，开启了大刀阔斧的改革：以书养刊挣第一桶金，创办银河奖开拓稿源，单枪匹马闯欧洲申办世界科幻协会年会……让这本即将停刊的杂志浴火重生，一举进入世界发行量最大的科幻期刊行列。如果用一句话概括杨潇的贡献，那就是：带领团队，挽狂澜于既倒，扶大厦之将倾。

YANG XIAO

DO MY PART, AND HARD WORK PAYS OFF

■ INTRODUCTION

In 1984, the magazine *Kexue Wenyi* fell from its glory. With its print circulation plummeting, the Sichuan Association for Science and Technology, which oversaw the magazine, decided to discontinue it. That was when a rather science-fictional idea was brought to the table: the magazine would break off its ties to the association and go independent, which meant that it would account for its own profit and loss. Yang Xiao, an editor at the time, was elected as editor-in-chief. She began a round of radical reformation: using the profit from book publishing to support the magazine, establishing the Galaxy Award to invite more authors to submit their manuscripts, traveling alone to Europe to join The World Science Fiction Society's (short for WSF) annual meeting...she was able to rejuvenate a magazine on the brink of death and made it one of the world's largest circulated science fiction magazines. If we are to use one sentence to describe Yang Xiao's contribution, it would be a famous line of poetry, "turning the sweeping tide, and holding up a collapsing building."

■ TABLE OF CONTENTS

缘定科幻

说服出山，童恩正慧眼识珠

科幻邮差：我们都知道，从历史上说中国科幻是一个舶来品。20 世纪 70 年代末，在杨老师与科幻初识之前，中国科幻应该还是一个牙牙学语的孩子。请问杨老师，您当时是怎么与科幻结缘的呢？为什么会去《科学文艺》当编辑？

杨潇：是这样的，1978 年全国科学大会召开以后，全国都洋溢着学科学爱科学的激情。我从北京航空航天大学毕业后，在一家军工厂当技术员，可是那会儿很想去干点儿自己喜欢的事儿。1979 年《科学文艺》创刊了，主编刘佳寿提出要招聘编辑。他说，希望招的编辑有工科背景，同时还要有作品发表。正好 1979 年某期的《四川文学》杂志发表

1985 年夏，《科学文艺》编辑部人员与周孟璞（后排左三）、童恩正（后排左四）两位先生合影留念。前排左起依次为：向际纯、杨潇、莫树清、陈xx、李理，后排右一为谭楷。

了我纪念丙辰清明的一篇散文，我就拿着那期杂志和一张北航毕业证去应聘，然后就这样懵懵懂懂地进了《科学文艺》编辑部。

科幻邮差：（笑）这个经历跟我（杨枫）当初进科幻世界杂志社还有一点点相像呢，就是对一个杂志平台还不是那么了解的时候，怀着一腔理想就加入其中了。我们都知道，其实并不是每个人都有勇气将爱好作为自己的终身事业，其中往往饱含艰辛。杨老师刚进《科学文艺》编辑部不久，科普界出现了认为科幻文学脱离科普倾向的声音，由此产生了科幻创作首先是应该具有"科学（普）性"还是"文学性"的争论。"科""文"之争风波起，很多人想当然地认为科幻不够科学，甚至是"伪科学"，应该被批判。在杂志社最困难的时候，据说是童恩正老先生亲自到您家做说客，才最终说服您出山挑起这副重担。能请杨老师分享一下这个故事吗？我们想知道，童恩正老先生当初为什么选择了您，又是用什么样的言语打动了您？

杨潇：我还真不知道童老师是怎么瞧得上我的（笑）。那会儿，整个来说科学文艺形势已经不好了，热潮尚未全面涌起就哗啦啦地退潮。本来和科普相关的杂志很红火，《科学文艺》一创刊就有十五万册的销量，最鼎盛时的 1980 年达到二十万册，当时是非常红火的一个期刊。但是 1983 年后，杂志每况愈下，发行量掉得很低，受到了很大压力。我那会儿就是个小编辑嘛，无力左右刊物。出路在哪儿，我们也没多想。

《科学文艺》编辑部是四川省科协（四川省科学技术协会）的一个事业单位。1983 年，四川省科协和四川科学技术出版社签订了一个协议，《科学文艺》的编制、人事、经费等由省科协管，业务由四川科学技术出版社负责。当时，四川科学技术出版社社长是周孟璞，他很有担当。在很多人对科幻是否属于"伪科学"抱有疑虑的情况下，一般人都避之不及，周主任——他曾任成都市科学技术协会副主任，我们都称他周主任——却挺身而上。周主任同时还兼四川省科普作家协会理事长，所以他有底气来负责业务。童恩正老师则是省科普作家协会的主力骨干、副理事长。

1984 年春夏，省科协对我们说："这个杂志很困难，科协委派的主编（张尔杰）已退休，科协不想再派领导了，这个杂志就算了吧，停刊后把你们分配到科协的各个部门去。"当时大家都觉得不甘心，一个杂志本来这么好这么红火，它的基础也很好，科普界的作者队伍也很强大，停刊很可惜。那时，四川省科协的一把手（党组书记）

叫邵贵民，他对我们很了解，也很信任，认为我们是真心想办好这个科普期刊。他提出了一个很"科幻"的想法，他说："你们坚持要继续办刊，那你们就自己组阁，自己选领导，自个儿干。但科协不会给你们钱了，要干的话就从科协经费中'断奶'，自寻出路，自主经营，自行组阁，自负盈亏。"

当时科协提出的这"四自"方针太新鲜、太刺激、太有吸引力了！那时我们真还不懂什么叫"自负盈亏"，也不知道该怎么做。但当惯了螺丝钉，突然有机会能自己蹦跶，忽然有了自主空间，特别想一试身手，让濒临倒闭的刊物活下去。但是，想不到"自行组阁""自己选领导"的结果是把我给推选出来了……我自己还懵里懵懂的。当时我也不是太在意，也没有答应，那会儿孩子还小，很忙的。

尽管编辑部推选了我，四川省科普作家协会也没有太在意，他们也还在外边继续寻找主编。那年夏天，我们去九寨沟开笔会，编辑部的新鲜事人人皆知，有人劝我出山，我还给骆新都、王南宁（《人民文学》编辑）开玩笑："出什么山哪，我们不是刚进南坪大山吗？"

后来有一天，童恩正老师和王晓达老师一块儿到我家来，说："哎呀，这个杂志挺好的，基础很好，前几年也办得相当不错，《科学文艺》是很有特色的科普期刊，现在尽管有些困难，但前景还是很好的，大家信任你，你就来干吧。"我说："我现在啊，悠悠万事，儿子为大呢。"（笑）

科幻邮差：儿子当时多大？

1994 年 7 月 2 日，童恩正（右）从美国归来探访《科幻世界》杂志编辑部，饭后与杨潇合影留念。

杨潇：当年推选时儿子还不到一岁，正忙得不可开交，我也没太在意这个事儿。一天，童恩正老师打来个电话让我到他家里去。童恩正老师在我们心目中威望很高——他是四川大学历史系知名教授、知名考古学家、著名作家，他的《珊瑚岛上的死光》具有广泛影响，个人也极富人格魅力。

那天接了电话，我就到他家里去了。他对我说："杨潇，你要不负众望，既然大家都这么信任你，你就该勇于担当。以后的路还很长。"还点拨我说，"人生重要的是选择，不要动不动就想去当作家，与其去当个二三流作家，还不如争当一流的主编，办一流的杂志。"

科幻邮差：激将法。（笑）

杨潇：对。但是我哪儿觉得我能当主编呢？当时《科学文艺》虽然办得挺好，（但）我也没觉得它能算得上是全国一流杂志。童恩正老师跟我说了很多，最后说："你好好想想吧。"我记得我是推着自行车，走出了四川大学校门。

川大校门外就是九眼桥下的锦江，我推着自行车一路沿着锦江走，看锦江波翻浪涌，后浪滚滚追逐前浪，想想童老师说得很有道理：年轻人嘛，勇挑重担，这是一项挺有奔头、很棒的科普事业。那会儿也没怎么想明白，有点初生牛犊不怕虎，于是就答应下来，就这么开始了。

科幻邮差：从此就走上了……

杨潇：不归路。（笑）

自行"组阁"挣第一桶金

科幻邮差：说起《科学文艺》早期的状况，我想没有人比杨老师更了解了。《科学文艺》在早期的经营过程中遇到了哪些问题，编辑部又是怎么解决的呢？

杨潇：早期问题多着呢。社会环境、编辑方针、作者队伍、读者对象、人事、财务……刚开始接手，给我交接时账上只有六万三千块钱，印数好像就是两万多不到三万，在编人员十五个。四川省科协说："这十五个人你自己选，你不要的人，科协就收回去。"这是很得罪人的事儿，但是你想，六万三千块钱能够养活多少人？

当时办刊大环境不好，编辑部人际关系也不好，为了留下能团结干事儿的人，我不得不拿着"自行组阁"令牌，快刀斩乱麻，硬着心肠裁掉了一半。当然被裁掉对这些人来说也挺好，他们就回到科协吃大锅饭，不用后来像我们一样没"皇粮"靠自己挣。当时留下的正式员工只剩七个。生存压力之下，万般无奈，后来我在一些文章中也说了，觉得挺对不起人家，但也别无他法。

《科学文艺》保下来以后，当务之急就是怎样生存，怎样活下去。吃惯了"皇粮"，一旦"自负盈亏"，真是两眼茫然。机关干部嘛，开始还不好意思说钱，但不得不硬着头皮想方设法挣钱。那时不是出现了万元户嘛，我们为他们写宣传资料，希望从中得到赞助……还派人到《知音》《科学之春》等杂志取经，看人家是怎样操作的。秀才经商嘛，绞尽脑汁还碰得焦头烂额。

后来决定，还是发挥我们的编辑特长。当时我们有四大主力，就是我、谭楷、文编莫树清、美编向际纯。编辑部正式人员还有编辑贾万超，他留职停薪下海经商去了；

1985 年 10 月—1988 年 2 月，《科学文艺》编辑部发挥所长，以书养刊，与四川科技出版社合作出版了一套《晚安故事 365》，备受市场青睐。

还有两个年轻人，胡季英去读书了，徐开宏搞收发内勤等。我们四个主力编辑成天琢磨怎样找钱。后来向际纯提出："我到广州，看广州有些编辑部和出版社合作出书，效果不错。四川少年儿童出版社有人给我出了个主意：做一套彩色卡片，有文字有拼音有图像，小孩识字比较有效。"大家觉得这个主意不错。

我们说了便做，老向马上张罗编画了一套《幼儿看图识字绘画卡片》，立即到灌县（现都江堰市）新华彩印厂排版印刷。这套卡片下到新华书店征订，征订印数竟然有好几万套，我们一下就挣了几万块钱，那是我们挖的第一桶金。

合作出书之前，我们吃了不少苦头，处处碰壁，花很大力气都没挣到钱。那时我许诺，谁的金点子让编辑部挣到第一桶金，一定重奖。有人问重奖奖什么呢？我说一台彩电。那时一台彩电挺贵的，几千块钱。后来果然我们挣得了几万块钱，该兑现了。

我去请示周孟璞，周主任说只能奖五十块钱。（笑）我想五十块钱能干吗呀？要是说话不算数，言而无信，那今后还怎样取信于人？我又去请示童恩正，童老师虽然名义上并不是主编，但在我们心目中都把他当作主编。童恩正笑笑没有回答，我认为这就是默许了，就当真奖励了老向几千块钱。我们第一桶金就是这么来的。

后来我们再接再厉，编了很多书，其中，《晚安故事365》那套书前前后后印刷了七八十万套吧，光这套书就挣了几十万块钱。当时我们是和四川科技出版社合作的。四川科技出版社和我们的合作真是源远流长，现在我们杂志社的很多书，像"中国科幻基石丛书""世界科幻大师丛书"大部分都是和四川科技出版社合作的。他们从20世纪80年代起就给了我们很大支持。

小团队艰难撑持，得益于六个"特殊"

科幻邮差：在那种情况下，《科学文艺》能够走出低谷，在市场上找到自己的位置，确实是下了很大的功夫。还有个背景呢，就是当时在科幻圈很红火的"四刊一报"：北京的《科幻海洋》、《科幻世界》（科学普及出版社）、成都的《科学文艺》、天津的《智慧树》和哈尔滨的《科幻小说报》，"科""文"之争后，四刊一报或停刊或转向，最后留下来的只有《科学文艺》一家。请问杨老师，为什么唯独《科学文艺》存活了下来，之后成了中国科幻唯一的火炬？四川深厚的文化底蕴，在这个过程当中发挥了什么样的作用？

杨潇：是，当时有一批期刊都在做，但是它们相继倒下了，消失了。我们呢，20世纪80年代早中期，在思想解放、实事求是、改革开放蓬勃发展的形势下，上级颁给了特殊的"四自"令牌，让我们获得了比较大的自主空间。

应该说，办科普刊物是科协的工作职责，（四川）省科协也很爱护我们这个刊物。上级领导了解、信任我们，支持我们想办法办好《科学文艺》，所以放手让我们一搏。当时我们那个小团队，平均年龄也就三十多岁，还算年轻吧，总想蹦跶出点什么事儿。有领导的特别信任和支持，有这么大的空间让我们干，就特别主动，特别想生存下来，把《科学文艺》做好。我们非常珍惜这个机会，小团队在艰难中锤炼成长，不轻言放弃。年轻人嘛，青春激情，总有人生理想，总想干出一番事业。

应该说，当时许多同类刊物纷纷倒闭，而我们这个小团队苦苦撑持了下来，得益于在特殊时期——改革开放初期，特殊地点——较为偏远的西南一隅，得到了特殊的"尚方宝剑"——"四自"方针，在

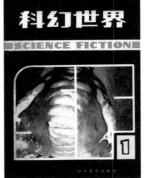

20世纪80年代初，中国科幻期刊界最受欢迎的"四刊一报"：《科学文艺》《科幻海洋》《智慧树》《科幻世界》（科学普及出版社）和《科幻小说报》。

一个特殊领域——科学文艺，和一群特殊同行者——作者、编者、读者和支持者，做了一件特殊的事情——办科幻刊物。

你刚才说到四川丰厚的文化底蕴，成都武侯祠有副名联："能攻心则反侧自消，从古知兵非好战；不审势即宽严皆误，后来治蜀要深思。"四川有关领导部门"治蜀深思"，就做到了审时度势，宽严有度。由于我们不断努力，争取到了四川省多方面的理解和支持。四川省委宣传部和新闻出版局对编辑部充分了解，积极支持，有效指导，在我们探索寻路中持宽容态度，我们走了一小段弯路不是一棒子打死，而是承认探索，允许纠错改正。还有上级主管主办部门四川省科协充分信任支持，给了比较大的办刊空间，有相对宽松的办刊环境。而且当时也挣了一点钱，可能比关门停办的那些刊物多了点经济基础，所以能坚持办刊。

从《科学文艺》到《奇谈》再到《科幻世界》，刊物能生存下来并得到长足发展，这些都是不可或缺的重要因素。我们认识到科普期刊对提高人们科学素养的重要性，遵循时代要求，在办刊中弘扬科学精神、宣传科学思想，前瞻性地引领年轻人面向未来。对怎样办好科学文艺类的期刊，到后来怎样转型成为倡导创新性想象力的《科幻世界》，上级领导部门也在我们的摸索中观察、思考、总结、指导。

还有，四川省科普作协是我们的坚强后盾。四川省科普作协是个知名科普作家群体，他们和我们从 20 世纪 80 年代就一路走来，比如周孟璞、童恩正、刘兴诗、王晓达、张昌余等，还有董仁威、吴显奎等一直都是我们的支持者。有四川省科普作家协会强大团队在后面做支撑，是其中一个重要的因素。

科普川军很像抗战川军，生命力特强，战斗力特强，经得住熬煎，不轻易言败。且科普川军战果丰硕辉煌，从 20 世纪 70 年代直到现在。

科幻银河奖诞生始末

科幻邮差：《科学文艺》走到 1985 年的时候，经费依然不是十分宽裕，但这个时候，《科学文艺》已经在考虑联合天津的《智慧树》创办中国首届科幻小说奖了。请您说说这个奖的由来，以及这个奖在当时发挥了哪些作用吧？

杨潇：我们为什么要联合天津举办呢？因为当时《智慧树》也是科学文艺类的期刊，而我们的刊名就叫《科学文艺》，我们两刊一南一北，共同面向的都是青少年，所以我们在一块儿联合很有基础。

当时两家开了一个天津笔会，谭楷老师带着老编辑李理，到天津去和当时《智慧树》的主编亚方、编辑里群等协商。亚方也是四川人，老乡见老乡嘛，双方龙门阵摆得很投合。当时编辑部也没有什么见面礼，就带了四川的文君酒去送笔会作者，送天津《智慧树》的同事。两家聊着说，我们既然都是搞科学文艺的，两刊一南一北，相互呼应共同来举办一个征文吧，这样可以解决一部分稿荒。那会儿办刊空间比较大，我们自己决定了就可以做，不用四处请示汇报。两家当场就拍板定下来了。

杨潇在首届银河奖发奖大会上发言。前排从左至右依次为：原中国作协书记处书记鲍昌、杨潇、原中国科普作协理事长温济泽、著名科幻作家郑文光，后排中为童恩正。

1986年5月15日，首届中国科幻小说银河奖发奖会上，中国作协、中国科普作协、四川省科普作协领导，部分获奖作者和《科学文艺》编辑部同仁合影。前排左起依次为：莫树清、杨潇、周孟璞、温济泽、鲍昌、童恩正、缪士；后排左起依次为：万焕奎、徐开宏、孔良、李理、魏雅华、向际纯、谭楷、吴显奎。

开始呢，当然稿件多了一些。我们用比较成人类的稿件，《智慧树》用比较少儿类的稿件，稿源丰富了些。后来征文结束了，到1986年要颁奖，应该起个名。按当时惯例，比如说科幻小说征文奖项就叫"科幻小说奖"。1984年我们开了九寨沟笔会，童恩正老师邀请了吴定柏老师来参加。吴定柏老师当时在上海外国语学院任教，研究欧美科幻小说比较早。他到成都时我们已经出发去九寨沟了，他在成都玩了两天等我们。我们回来后，他给编辑部办讲座，介绍国际科幻状况，说到了美国科幻星云奖和雨果奖。我们心中就有了一点儿概念，征文奖项不光可以叫"科幻小说奖"，还可以叫"星云奖""雨果奖"。

后来我们商定奖项名称时，在桌上摆了一堆全国各地的刊物，看对我们有没有启发，也提出了几个奖项名。最后谭楷老师提出，他刚刚发表了一组诗作《银河礼赞》，于是建议说："叫'银河奖'吧！"我们都赞同。银河嘛，何其浩渺广袤壮丽，仰望星空惹人无限遐思，以银河的象征意义命名科幻小说征文奖项，特别贴切。

后来我给童老师打电话说："我们的科幻小说奖命名为'银河奖'。"他说："哎呀，太好了！真棒！"这个奖项就这么定下来了，就叫"银河奖"。从1986年开始一直办到现在，已经三十周年了。

1987年国庆前夕，时任中国作家协会书记处书记的鲍昌给杨潇写了一封信。1985年秋，他在由《智慧树》杂志和《科学文艺》杂志联合举办的首届科幻小说笔会上提出：在中国，科幻小说还是一位"灰姑娘"。

上下求索
探寻发展

希望杀出一条生路

科幻邮差：市场犹如汪洋大海，杂志如果没有准确定位的话，就很容易淹没在波涛中。请问杨老师，当时对《科学文艺》这本杂志是如何定位的？在这个过程中有没有走过一些弯路呢？

杨潇：当年接手《科学文艺》时，它的办刊宗旨是以科学文艺的形式普及科学知识。我们在办这个科普刊物时感到很困难，因为科学文艺涵盖太广，是从苏联学来的那一套。你看我们的栏目有什么呢？有科学家传记、报告文学、科幻小说、科技电影剧本、科学童话，有科学诗歌、科普散文、科普小品、科学考察记……以科普的名义集纳各类科普题材、体裁，一锅大杂烩。说起来比较全面，结果重点不突出，组稿也不好组。喜欢看科学家传记的不喜欢看其他栏目，诸如此类，老遇到这样的问题，我们自己都觉得头疼。而且发行量日渐萎缩，虽然当时做了那么多书挣了些钱，但"养鸡喂老虎"，以副业养主业，也觉得特别不值。

这本刊物的生命力究竟在哪儿？它怎么样才能走出困境？这永远的话题是办刊人日日夜夜的绕心之结。

20 世纪 80 年代，商潮里热浪滚滚，经商潮在我们思想上也有反映，我们使尽浑身解数，在市场热点中摇摆探寻，尝试标新立异，希望杀出一条生路。生存压力顶头，刊物得接点儿地气，在市场上有自我生存能力。怎么办呢？我们想

1988 年，杨潇（主席台女士）在《科学文艺》举办的科幻文学座谈会上发表讲话。时任四川省文联和四川省作协主席马识途（杨潇右侧）代表中国作协四川分会莅临指导，支持科幻文学的发展。

以科幻小说为刊物主要特色。虽然科幻小说栏目在刊物中比重比较大，但是科幻文学怎么搞，我们当时并不明确。

更名《奇谈》带来的困扰

杨潇：1989 年 1 月，为了吸引眼球，让发行量有个突破，我们更改《科学文艺》刊名为《奇谈》，定位于"和科学有关的标新立异"。

改名还有个原因，我们自信有一定的发行能力。1986 年做《晚安故事 365》丛书出了点儿差错，新华书店不收书。我们拿着那几万套书堆都没处堆，真是焦头烂额。不料情急之中忽生一计，当即招兵买马，成立发行部，自办发行图书。但是邮局规定，邮发刊物只能邮局独家"主渠道"发行，无奈之下，1989 年我们不得不撤出邮局，《奇谈》交由无此禁令的新华书店发行。也真是失之东隅，收之桑榆，编辑部从此逐步建立了全国书商网，这在当时的期刊界大概是绝无仅有的。我们认为有了发行部就有了底气，敢于自办发行刊物。

为改刊我们做了精心准备，整本刊物科幻分量较重，非科幻类的图文追求可读性，有卖相，奇特新颖。《奇谈》第一期开场锣鼓一响，就印发了十二万册，可谓旗开得胜。但也受到了很大压力，以至于我们编辑都不太愿意把刊物带回家给孩子看。

它毕竟有点怪诞……现在看来不算什么，但是在20世纪80年代那个氛围里……连我们自己都觉得底气不足。

《奇谈》难谈呀，到处你都得解释《奇谈》新解，时时处处辩诬。人们认为奇谈不就是奇谈怪论吗？我们不停地辩解："新学说刚提出都会被认为是奇谈，哥白尼的日心说、达尔文的进化论、爱因斯坦相对论，在未被人们认识之前，都曾被当作奇谈。"《奇谈》尚未开谈，我们已感到忐忑不安，不知前路祸福。

果然，一脚刚沾地气，就尝到了地气的咸辛苦涩，《奇谈》才"谈"了一两期，就发现此路不通，刊物定位不符合大众审美，一味追求奇特新颖、标新立异，有悖于我刊办刊宗旨，市场接受，但社会传统文化心理不接受。在20世纪80年代，另类对正统，《奇谈》比《科学文艺》，结果不言而喻，从刊名立意上就败下阵来。

而且，由我们这伙人来办这类刊物很"丢份儿"，于是我们又申报改名。上级主管部门说不行，改刊名不是儿戏，哪能朝更夕改？一个刊名至少得维持两年。真个是磕头请来作揖送。我们硬着头皮挨着日头办够了十二期（当时是双月刊），谢天谢地，

20世纪70年代末至90年代初，《科幻世界》刊名经历了由《科学文艺》到《奇谈》到《科幻世界》的转变。

终于送走了艰难坎坷、备受诟病的《奇谈》岁月。

那段时间，于重重压力之下，于反复改动之中，我们倒还渐渐明确要定位于独特的科幻类型了，渐渐想清楚要办成科幻刊物了。

发表科幻小说并不是我主持工作后的首创，《科学文艺》创刊号就隆重推出了童恩正的科幻电影文学剧本《珊瑚岛上的死光》，科幻小说一直是《科学文艺》《奇谈》的重点特色栏目，我们不过沿袭了《科学文艺》创办者的思路，坚持发表科幻小说。

在办刊实践中，我们不断深入认识，认识到繁荣科幻对提高民族素质大有裨益，认识到想象力的创新价值，认识到科幻跨科技文化和人文文化交流的特性，也深深感受到读者对科幻小说的喜爱。孤军奋战的我刊无意之中已成为中国科幻的最后阵地，既然如此，干脆哗然亮剑，高扬科幻大旗，担当起已扛在肩头的历史使命。

《奇谈》期间，我们刊发了不少科幻作品。因为刊名饱受诟病，压力特别大，所以刊发的大都是——用现在的话说，充满正能量的科幻作品。走过那段弯路也使我们明确了认识，找准了科幻之路，要办成科幻刊物，这也算是办十二期《奇谈》的经验教训吧。《奇谈》真难谈啊，备受各界责难，那两年做了不少检讨——虽然经济上宽松了点儿，但是那样的钱宁可不要。

《科幻世界》横空出世

科幻邮差：《奇谈》已经满两岁了？

杨潇：对，但在满两年之前就得报批，办一套一套手续。记得 1989 年我到圣马力诺去开国际科幻会，那时刊名叫《奇谈》，老外好办，你说 Fantastic（"奇异""奇幻"），他们就明白了。但是你怎样上报？你到中国科协、到外事部门办手续，容易产生歧义的《奇谈》刊名常被质疑，使人苦于辩诬，难以辩解。请神容易送神难哪，那两年真是耗费了极大精力。

走过弯路之后，我们对更改刊名慎之又慎。编辑部有个好传统，历来重视读者意见。我们很早就在刊物版面上辟专栏刊登读者来信和读者的各种反馈。当时在刊物"读者意见表"上征集刊名，李斌（北京）、许丹（四川）、杨松涛（新疆）三名读者推举的刊名《科幻世界》从数百份读者来信中脱颖而出。

科幻世界，定位准确，特色鲜明，内涵广阔，明确响亮。

在中国数千种期刊中，独具特色的科幻类型期刊即将登台亮相，真是感谢读者！1990年上报，新刊名很快批了下来。

1991年1月，中国科幻刊物《科幻世界》横空出世！

我们在办刊当中，从《科学文艺》到《奇谈》再到《科幻世界》，三更刊名，终于更得了一个非常贴切、非常适合我刊的刊名。

科幻邮差：《科幻世界》还真是来之不易呀。杨老师，市场化的定位，必须要以发行量和最终的经济效益为标准。在您的理解当中，这是否意味着一种对市场的妥协？在当时的情况下，经济效益和社会效益是如何达到一种均衡的呢？

杨潇：经历过《奇谈》，我们就很注意经济效益和我们办刊宗旨的吻合。《奇谈》的教训——对市场妥协——也使我们再也不敢单纯追求发行量。比较好的是，到《科幻世界》时期，我刊全国的经销网络已逐步建立，自己比较能把握刊物的发行量，并较好地达到市场预期，通过市场来推行我们的科幻理念。我们推广的科幻理念得到一定量的读者市场，就达到了预期的社会效益，经济效益也就在其中了，之后再也没有违背办刊宗旨去单纯追求经济效益。

科幻邮差：再也没有去触碰那个底线。

杨潇：对。

捉襟见肘，单枪匹马去申办世界科幻协会年会

科幻邮差：其实我们大家都知道，在《科幻世界》真正诞生之前，国内的出版业是很缺乏科幻氛围的，相当于科幻世界杂志社是做了第一个吃螃蟹的人。那么在《科幻世界》打造自己品牌的同时，它还做了哪些事情呢？

杨潇：首先是为科幻正名，继而是为科幻扬名。让"灰姑娘"聚焦在炫目的镁光灯下，赢得她应有的幸福（1986年首届科幻小说银河奖颁奖会上，时任中国作家协会书记处书记鲍昌把中国科幻小说比喻为"灰姑娘"）。应世界科幻协会WSF(World Science Fiction Society)之邀，1989年我去圣马力诺参加协会年会，这是我首次参加国际科幻会议。日本科幻翻译家柴野拓美、中国科幻翻译家王逢振为我们联系了邀请事宜。同时，我们邀请外国科幻作家1991年到成都来开WSF世界科幻协会年会。'91WSF成都年会举办得非常成功，这次会议的主要目的是为科幻正名。

相比整个20世纪80年代，进入20世纪90年代之后，科幻已不那么备受责难了，但是还没从种种争议中走出来。人们一说到科幻就觉得，又是那些奇谈怪论，又是那些不着边际的胡思乱想。1991年我们举办国际性科幻盛会，就是要为科幻正名。

科幻邮差：1989年那次只有您一个人去吗？

杨潇：是啊，经济窘迫啊，捉襟见肘。当时，北京到意大利一张往返机票要人民币一万五千元，卖掉多少本刊物才挣得到机票钱哪。最主要的是，科幻是舶来品，很多人不知道科幻为何物。到日本去了以后……

科幻邮差：到日本去是哪一年？

杨潇：1987年。1986年5月，编辑部首次颁发科幻小说银河奖，岩上治先生——日本中国科幻研究会会长，特意赶到四川成都参加颁奖会。我们当时感得特别奇怪，科幻小说在中国都奄奄一息了，怎么日本还有个中国科幻小说研究会？岩上治说："（20世纪）80年代科幻在中国蓬勃兴起，中国科幻进入了黄金时代。于是我们成立了研究会，研究中国科幻。结果中国科幻刊物都倒了，我们只有研究你们一家了。"听闻此言，备感凄凉，但也感到责任重大。岩上治先生在那次会上，专门邀请我们参加日本年度科幻会。

第二年，《科学文艺》全体编辑一行四人到了日本，感触颇深：日本科幻如此发达，日本科幻迷这么多！日本科幻不光停留在小说期刊层面，科幻图书、科幻影视、动漫、博物馆、梦工场、玩具、T恤……涵盖多个领域。那是我们第一次走出国门，东瀛之行对我们影响深远，编辑们拓展了国际视野。

特别是访问日本科幻界元老矢野彻、柴野拓美、深见弹，他们一席话对我触动很大："凡属科技兴国的国家，科技化的国家，都会走科幻这条路。西方是如此，日本是如此，中国现在正在向现代化进军，你们也会走这条路。"我恍然大悟，原来我们是站在历史的必然通道上。从日本回来就觉得我们要搞科幻，从那时起，刊物里就逐渐加大了科幻的分量。

科幻邮差：那是 1987 年。1989 年情况如何呢？

1987 年夏，《科学文艺》编辑部一行四人出国参加日本年度科幻会，并应邀参观梦工场。左起依次为：谭楷、岩上治、梦工场负责人、杨潇、莫树清、向际纯。

1987 年夏，《科学文艺》编辑部访日期间，日本中国科幻研究会首任会长岩上治（前排中坐者）设家宴，接待中国科幻同好。

杨潇：1989 年就是争取到世界科幻协会年会那个会。关于争取那个会有很多故事，在很多地方都写了……

科幻邮差：是那个八天八夜的故事吗？

国际会议我居然开了国际玩笑

杨潇：不是，那个是 1990 年的事。1989 年我是独自乘飞机去的，有很多说不出口的狼狈故事。

我的英语很差，临行之前托中国驻意大利大使馆帮忙联系了翻译，结果那个翻译病了，他们临时又帮我找了一个留学生小贾。见面后，小贾以为我们是吃"皇粮"的，熟练地按着一只小计算器，意大利里拉的数字本来就大得惊人，我一看，那么多个零，这是要多少钱哪？小贾不屑地说："你包我全部费用，每天再额外给我八十美元。"他不在意地翻翻我准备的资料，皱皱眉又说："我对科幻这些东西不了解，这些专业词汇我都不知道。"我一听，你要这么多钱还不熟悉！我顿时气不打一处来，一赌气说："不劳你大驾，我自己去！"

我好傻啊！真是的，国际会议我居然开了这种国际玩笑。

然后，我就窝在大使馆，匆忙开始准备资料。真是屋漏偏逢连夜雨，走之前我又把脚给崴了。我一瘸一瘸地拖着装满刊物的大箱子独自赶到火车站，我乘的那班车晚点了十八分钟，和下一趟车的衔接只有五分钟。车来了，我刚拖着书箱上了车，车就开了。好悬哪！报站说的是意大利语，我焦灼不安又心急如焚。好在准备得比较充分，我就拿出小本子给列车员看我要到哪个站，请他到站提醒我。到了那个车站，我又匆匆拖着箱子去赶另一趟车，弄得跟斗扑爬（四川方言，意即手忙脚乱、不可开交）。

后来到了一个巴士车站，看见有些胸前别着牌子的人。那些人看见我都觉得奇怪，怎么有个从中国来的？因为中国很少有人参加 WSF 的会。他们看到中国代表分外热情。圣马力诺是意大利境内的国中之国，一个很小的袖珍国，童话般的古城堡国只有六十一平方公里，两万二千人。大巴士开过挂着一条横幅"圣马力诺欢迎你"的地方，就算入境了。我又晕车，那座山（蒂塔诺山）盘旋啊，真是"跃上葱茏四百旋"。我

1989 年 5 月，杨潇在意大利圣马力诺参加 WFS 年会期间，与 WSF 日本分会理事柴野拓美（左）和 WSF 苏联分会理事鲍诺夫（右）合影。

晕车晕得厉害，好在 WSF 芬兰分会理事苏平宁一路上尽展绅士风度，照顾女士嘛。

其实当时连我自己都还只有个不成型想法

杨潇：临离开北京前，王逢振老师（中国社会科学院外国文学所研究员，20 世纪 80 年代初曾和金涛合编《魔鬼三角与 UFO》）给我写了好些封信，把我介绍给世界科幻协会的大腕。第二天我早早就把书箱拎去，到了会场，我谁也不认识，赶快问谁是谁，递上王逢振老师的介绍信，然后操起半通不通的蹩脚英语交谈。会上发的那些资料我基本上看不懂。我当时带了两本小字典，一本《汉英简明词典》，一本《英汉简明词典》，就那种六十四开本的。我想没有退路了，只能横下一条心，硬着头皮上。

科幻邮差：逼上梁山。（笑）

杨潇：聘请的翻译生病，临时那个又很不理想，濒临绝境了。会场设在圣马力诺国立图书馆，二三十个人坐在一间小会议室里，一张条桌权当讲台。会议开始，代表们挨个儿上台发言，每人讲完后听众提问，代表们讨论。反正听不懂，我就坐在椅子上翻看资料，翻着词典，知道他们在讲大气污染、人类在太空中的位置、低温生命维持、飞向太空……讨论很多当时科幻界非常流行的话题。

科幻邮差：像现在的科幻大会一样有很多的主题吗？

杨潇：不是。WSF 是世界科幻专业协会，不是 SF Fan（科幻迷）自发的那种设计安排很多活动的大会，它叫 Meeting（会议）嘛，主要是讨论交流专业问题。它不是 Convention（主题大会）。主要成员只有几十个人，科幻界专业人士，有科幻作家、编辑、学者、评论家、出版商、会员国负责人，有科幻插图画家、科幻游戏设计者等，当然都是科幻界名流，WSF 会员有数百人。那届到会的有弗雷德里克·波尔、伊丽莎白·赫尔，有布赖恩·奥尔迪斯夫妇、哈里·哈里森夫妇、杰克·威廉森、罗伯特·西尔弗伯格等，还有美国科幻期刊《轨迹》主编查理斯·布朗，以及各会员国理事，如日本的柴野拓美、苏联的鲍诺夫、瑞典的萨姆·劳德沃尔、意大利的维维阿诺、芬兰的苏平宁等，还有南斯拉夫、波兰、匈牙利等国代表。我当时谁也不认识，只得毛遂自荐。

当届世界科幻协会主席诺曼·斯宾拉德是个美国人，当时住在法国。会议按日程安排进行，各会员国介绍各自的科幻状况。因为报了名嘛，斯宾拉德按次序叫到我。我早就把发言稿背得溜溜熟，上台面对代表们读得还算顺畅，但是我听力很差。

特别荒唐的是，我们根本不知道国际科幻会议怎么开，包括有什么程序！这个想法都没来得及申报上级领导批准，你看我们当时真是……所以我说无知即无畏，就傻咧咧地闯世界去了。代表们热烈回应我的提议"到中国去"，兴趣盎然，纷纷提问，我如坠云雾之中，反应不过来。我只得告诉他们："我的翻译病了，我又不能不参加会，就自己来了。但是我的听力很差，你们能不能一个一个地说，说得慢点？"老外

1990 年 8 月荷兰海牙，杨潇（左二）与美国著名科幻作家哈里·哈里森（左一）和英国科幻大师布赖恩·奥尔迪斯夫妇一起出席 WFS 年会。

简直太实际了，他们问我："你们邀请我们去中国参加科幻会，能够为我们提供些什么？"

当时，波兰和南斯拉夫在竞争1991年年会举办地，我一看，南斯拉夫萨格勒布市和波兰阿尔法出版社、《幻想》期刊资料准备充分，详细的会议日程安排甚至包括会议所在地、下榻旅馆、地图、旅游景点……一应俱全，我却只有个口头邀请，什么文字资料都没有。其实当时连我自己都还只有个不成型想法。

这桩事之狼狈透顶，很多年我都难以启齿

杨潇：特别狼狈的是，他们提问说了一个词：discount（贴现；折扣）。我不懂discount什么意思，只好说："对不起啊，等一等。"赶紧翻字典，《简明英汉字典》上面只有两个汉字注释——"贴现"。"贴现"？我更傻眼了！天哪，什么叫"贴现"？1989年，可能国人没几个懂"贴现"。我只得说："实在抱歉，你们能不能把一个个问题写成纸条，我到下边准备一下再回答你们的问题？"老外见实在是没办法，只好如此。

临下讲台，我强挤出笑容，用半通不通的英语，恳切然而固执地表示：这次翻译生病未到会造成种种困难，出现这种尴尬局面我深表遗憾，但是，我们一定能办好'91WSF成都年会。

1989年5月，杨潇与在WSF年会上热情帮助她的斯宾拉德夫人李·伍德合影。

所幸的是，会议秘书斯宾拉德夫人李·伍德通情达理，非常友善。她领着我和柴野拓美的夫人柴野幸子走到隔壁房间，李·伍德把问题一个个写出来，柴野幸子写下和中文形似意近的日本汉字。真叫人哭笑不得，三个国家的三位女士，用三种语言三种方式（边说边比画边写），我这才弄清拦路虎"discount"是"折扣"的意思，才明白他们的问题。

殊不知这么专业的国际科幻会，老外提的却都是这类问题，比如会场在成都什么位置？北京到成都一周有多少航班？机票能不能给他们"discount"……这才科幻呢，这才是奇谈！那时哪儿听说过机票能"discount"？而且机票问题我哪能决定！我只得说："这些我都要回去请示后才能回答，但是我保证很快会给你们一个满意答复。"

惨啊！遭遇滑铁卢！兵败圣马力诺！砸锅了！

当夜我无法入睡，甚至没工夫懊恼沮丧，急急翻字典准备应付。原先请翻译准备的都是中国科幻简介，可现在要回答的却都是实际问题。

第二天上午，会议照常进行。各国代表介绍本国科幻、对 WSF 工作建议、讨论科幻潮流等，我如听天书，不过倒见识了老外怎样召开民间学术会议。

中午，李·伍德请我和幸子到一家餐厅边吃边谈，谈论的主要议题是：各国代表对到中国开科幻会兴趣浓厚，要求减免与会者每人五十美元会议费。老外的吝啬和抠门令人大跌眼镜。我走之前询问过四川省外事办公室，被告知说，国际会议规定每人得缴纳五十美元会费。尽管开了国际玩笑，却不敢破国际会议规矩。三位女士又用三种语言三种方式"扯皮"。

下午我有事稍微耽误了一会儿去晚了，哪知一进会场，很多会议代表就跑过来，拥抱啊欢呼啊：

"Yang Xiao，You won！ 12：9！（杨潇，你赢了！ 12：9！）"

"We are going to your Chengdu！（我们要到你们成都去！）"

"You are so brave!（你太勇敢了！）"

"With a little English and lots of determination to do a lot of things.（你凭借很少的英语和很大的决心做了这么多事情。）"

在会上虽然我听不懂他们很多表述，但是我反复说中国科幻正在起步，中国这么大有这么多读者，青少年很喜欢科幻，科幻在中国会有很好的发展前景，我们邀请你们来，把你们的作品介绍给中国读者。其实当时我也想得简单，刊物长期稿荒，国内好作品稀缺，既然科幻是舶来品，那就把它舶来。

陡然间柳暗花明，倏地转败为胜！当时我惊喜不已，之后一蒙若干年，反复琢磨其中的中西方文化差异。

这桩事之狼狈透顶，很多年我都难以启齿。

一波未平，一波又起

科幻邮差：但是好像后来这个会又出现了波折？

杨潇：对，我回国的时候是 1989 年 5 月，世界科幻协会的组织者迫于某些国家的压力，马上收回了中国的举办权。刚开始还不是重新投票，是直接取消当时的决定，不去中国了。但是因为那次影响很大，中央人民广播电台，还有很多报纸，都播发了中国赢得 1991 年世界科幻协会年会主办权的消息。我们认为此事重大，不能取消，还得把它挽回来。于是，我们给省里汇报，当时省里很重视，也很希望能够如期举办。

1990 年 8 月，杨潇在荷兰海牙举行的 WFS 年会上发言。
台上左起依次为：申再望、杨潇、诺曼·斯宾拉德。

四川省政府派（时任）省外办新闻出版处处长申再望和我们杂志社组成了代表团，去参加 1990 年在荷兰海牙举办的 WSF 年会。

这一次我们三人代表团（申再望、我、向际纯）准备充分，会场里，英文版录像片《四川欢迎你》滚动播放，英文版的会议日程印制精美，住在哪个宾馆，有什么活动安排，一目了然……我们还特意布置了一个中国角。海牙年会我们表现得特别棒，我做了精彩详尽的发言，申再望用标准英文翻译，与会代表人人手持"'91WSF 成都年会日程"，会场一派"到中国去"的热烈气氛。

这一次，我神清气爽、满含微笑、落落大方，一扫在圣马力诺的狼狈，一吐 1989 年那口窝囊气，把丢分挣了回来，还参加了同时在海牙举办的世界科幻大会（Worldcon）。那次大会专门举办了一场中国科幻讲演，也挺不错的，我在会场上宣讲中国科幻，翻译在旁边嘛，底气十足。

当然，海牙年会维持了圣马力诺年会决议，在中国四川成都举办 1991WSF 年会。

功到自然成，"灰姑娘"站在光鲜的国际舞台上

杨潇：因为准备充分，'91WSF 成都年会开得非常成功，产生了盛大深远的影响。当届主席马克西姆·爱德华兹，一个英国出版商，他说："这是 WSF 成立十五年以来，开得最成功的一届年会。"

确实，你想，我们国家做事情那是多么气派。省里相当重视，那是四川省 1991 年十大外事活动之一。会议由四川省政府外事办公室和四川省科协名义主办，科幻世界杂志社承办。开幕式隆重热烈，学术交流认真充分，卓有成效。去卧龙考察动物活化石大熊猫，去都江堰参观两千年前开凿的古堰，会议代表感慨万千。他们对都江古堰至今造福人类啧啧赞赏，说从中还能找到写科幻的灵感。那次科幻会，吴岩、张劲松、韩松、吴显奎、赵如汉等，国内很多年轻科幻作家都来了。

科幻邮差：后来《科幻世界》用了很多年的荣誉称号"全球发行量最大的科幻杂志"就是那个时候被授予的？

上图　1991 年 5 月，在 WSF 成都年会热烈而隆重的开幕式上，时任四川省省委书记宋宝瑞、四川省副省长韩邦彦和 WSF 当届主席马克西姆·爱德华兹与众嘉宾步入会场锦江大礼堂。

左中图　杨潇在 1991 年 WSF 成都年会开幕式上致辞。

右中图　1991 年 WSF 成都年会学术交流会成功举办。主席台上女士为杨潇。

左下图　1991 年 WSF 成都年会期间，部分中外嘉宾留影。左起依次为：杨实诚、xx、WSF 德国分会理事夫人、杨潇、王逢振、WSF 德国分会理事、伊丽莎白·赫尔、弗雷德里克·波尔、郭建中、李利。

右下图　1991 年 5 月，WSF 世界科幻协会成都年会开幕式后，杨潇与中国科幻文学之父郑文光（左）于会场外合影留念。

杨潇：不是，那是 1997 年提出来的。

1991 年我刊发行量惨跌到谷底。我至今难忘那一幕。5 月 21 日，艳阳高照，成都锦江大礼堂，锣鼓喧天，狮舞龙腾，彩带飘飘，人人脸上都洋溢着喜悦。'91WSF 成都年会盛大开幕，四川省领导和中外来宾济济一堂，开幕式隆重而热烈。我身着一袭白色长裙，特意装扮，为给自己提精气神。开幕式上，我朗声致辞，其实心底汩汩流血——会前刚收到新华书店订单，当年第 3 期《科幻世界》全国征订数仅仅六百多册！

而 1996 年《科幻世界》印数上了二十万册，销量稳定，节节上升，让人扬眉吐气！

最困难时，常有几个关键词在我脑海浮现：现代化进程、历史的必然通道、不负众望……感谢我们团队，感谢作者、读者和支持者！经历过严冬，才感受得到春天的美好哪！

1997 年，我们邀请阿瑟·克拉克来参加 '97 北京国际科幻大会，克拉克在国际科幻界广享盛名，是巨匠级科幻大师。我们说《科幻世界》销量二十五万册，当时我们完全有这个自信，通过几年努力，让刊物大幅跨越。

1997 年 7 月 31 日，北京国际科幻大会期间，杨潇获得俄罗斯宇航协会授予的柯罗廖夫勋章。

果然！到 2000 年，《科幻世界》就迈上了三十八万册高台。阿瑟·克拉克来信说："要是全球的发行商都知道中国有个《科幻世界》，其发行量高达几十万份，他们都得追着你们来。"所以我一再说，1991 年举办科幻会是为科幻正名，因为那会儿科幻还是比较受打压。1991 年以后，不少出版社开始出版科幻小说了，出版社比较接纳了。

1997 年 8 月初，北京国际科幻大会期间，美国宇航员赠给杨潇的礼物。左上角中国国旗曾搭载哥伦比亚航天飞机 STS-55 升空，于 1993 年 4 月 26 日—5 月 6 日随德国太空实验室 D-2 任务舱在轨飞行。

'91WSF 成都年会由四川省政府外事办公室和四川省科学技术协会主办，是很光鲜很正面的一个形象，对科幻的那种打压也慢慢偃旗息鼓。而 1997 年我们就是要为科幻扬名，大张旗鼓，大声疾呼，为科幻鸣锣开道！虽然从 1991 年刊物就更名为《科幻世界》，但刊物的影响力是逐步深入的，到 1997 年我们已站上印数二十多万册高台，影响面广，宣传效果与 1991 年不可同日而语。

1997 年召开的国际科幻大会我们策划了个高招，五名美国、俄罗斯宇航员从天而降，在中国大大地掀起了一股追科学之星的热潮，对《科幻世界》品牌的宣扬力度空前。当然这个过程很艰难，中间也有很多的故事，以后有机会再讲吧。

'97 北京国际科幻大会期间，受邀的俄、美宇航员合影留念，左二至左七依次为：阿纳托利·尼古拉耶维奇·别列佐沃伊（俄）、格奥尔基·米哈伊洛维奇·格列奇科（俄）、阿列克谢·阿尔希波维奇·列昂诺夫（俄）、香农·露西德（美）、菲莉丝·罗斯（杰利的母亲）、杰利·罗斯（美）。

'97 北京国际科幻大会期间，受邀嘉宾：美国头号科幻迷弗雷斯特·阿克曼（左）、美国科幻大师、科幻研究者、科幻评论家詹姆斯·冈恩（中）和美国科幻刊物《轨迹》杂志主编查理斯·布朗（右）登上了长城。

科幻邮差：我记得时任中国作家协会书记处书记鲍昌在 20 世纪 80 年代曾经把饱受冷落的中国科幻称为"灰姑娘"，从此，"灰姑娘"这个词伴随中国科幻很多年。一直到 20 世纪 90 年代的两次科幻盛会，中国科幻才摆脱"灰姑娘"的阴影，站在光鲜的国际舞台上。从杨老师的角度看，这个变化反映了当时时代背景怎样的变化？

杨潇：邓小平同志 1992 年发表南方谈话，对整个国家的政治、经济、科技、文化——当时还没有提文化产业——都有很大促进。国家大发展了嘛，我们办科幻期刊的，才能够在国家大发展的背景下顺势而为，跟着国家发展。特别是科技日新月异、飞跃发展，大大带动了科幻的拓展。科幻思维和科技思维是密不可分的，科技大发展才有科幻的大发展。也就像当年深见弹说的："科幻文化是科技在社会生活大发展过程中的一种反映。"

1992，背水一战

杨潇：1991 年《科幻世界》更名成功了，办成科幻刊物了，也开了国际性科幻大会，但《科幻世界》印量还是只有一两万册，我们觉得该尽的努力都尽到了，但杂志还没得到读者认可，真是黔驴技穷、走投无路。员工们忧心忡忡，整个杂志社笼罩在浓重的阴影之中。

前几天我还找出了当年我写给台湾学者吕应钟先生的一封信。在我们最困难时，有两年科幻奖的经费是吕应钟先生赞助的。我在信中写道：杂志社的口号是"1992，背水一战"。我刊一路走来有若干个关键节点，1992 年算其中一个。1992 年是杂志社内部凤凰涅槃的一年，在我心中分量超常。

那年，我们内部不间断地商榷争论，进行思路大讨论、操作方法大辩论，调整整顿。我心里明白，1992 年是最后关头，无论对杂志社还是对我个人，都是如此。

从 1984 到 1992，我执掌杂志社八年，一轮"抗战"都打完了，我们却还在低谷挣扎。大家和我一起艰辛备尝，如果还破不了困局，我会输掉众人信任，小团队会分崩离析，那真是灭顶之灾。我心里透亮，成功向来由众人分享，而失败罪责都在"头儿"，到时只有我背负罪名，独自舔舐伤口，历史历来如此。我好不甘心哪！失败感逼得我破釜沉舟，拼力最后一搏！

1992 年社内大讨论大调整决定：坚决收缩战线，停止以副养主（包括赚钱的合作出书），专攻主业！杂志社攥紧五指握紧拳头，凝聚全部力量振兴《科幻世界》！

思路决定一切。我们决定首先从市场调研入手。认真做了大量市场调查，发现我刊读者对象其实是初中文化程度。我们原来不太瞧得起初中文化程度，觉得有点儿拿不上台面，原以为刊物办给年轻人看，但至少应该是高中、大学文化程度。

通过研究读者来信，到学校调研，询问我们的发行商谁买科幻刊物，到书摊踩点，结果惊诧地发现，我们的主要读者对象其实就是初中文化水平。那么就不得不瞄准他们，把刊物的文化层次降下来，去适应读者市场。

当时日本动漫风行一时，抢了中国大量的市场。我们就和香港地区的金虹公司合作，由香港画家阿恒主笔创作动漫。1993 年我刊改版，三分之一篇幅是科幻内容的动漫和图画，三分之二是科幻小说，文化程度降到初中水平。当时虽然做了大量市场调查，调整稿件改版，但我们对这初中文化程度的刊物还不那么看好。但 1993 年邮局征订数一上来就是两万八，加上发行部自发数量，一下就跨过了三万册那道坎儿，达到好几万册！而新华书店征订数最低时（1991 年第 3 期）才六百多册。当时邮局和印刷厂都有规定，不到三万册，短版费就要加很多，三万册对我们来说是一道高高的山梁。

到底是天不负哇，接到 1993 年第 1 期征订数，我喜极而泣，全编辑部欣喜若狂！嗨，这一仗打得真漂亮！我们在市场中左碰右碰，所有员工都把"读者定位"这四个字牢记在心。我们办刊再也不能想当然了，必须先适应这个市场，然后再逐渐引导市场。

后来我看到有人研究《科幻世界》，说 1993 年的改版对《科幻世界》来说是个重大事项，因为找准了市场。局外人不知，没有 1992 年社里思路操作大讨论大调整，没有全员凝心聚力背水一战，之后的一切都谈不上！刊物性质定位、内容定位、市场定位、读者定位，我们潜心办刊，长期调研、长期摸索，在办刊中不断调试，才获得了成功的准确定位。

1993 年前刊物是双月刊。自 1993 年起，《科幻世界》改成月刊，同时再次回归邮局发行。

怀念轮流当责编的那些日子

科幻邮差：我们知道，从 20 世纪 80 年代中期开始，杂志在宣传和营销方面确实下了很多功夫。但是作为杂志本身来说，它的发展还是仰赖于它的质量，这是一本杂志的立刊之本。杨老师作为一社之长，在提升刊物的质量方面做了哪些工作？

杨潇：准确定位之后，关键就是刊物质量了。举办笔会，建立培养作者队伍，提高刊物稿件质量，这些工作主要是杂志总编谭楷老师负责，他付出了大量心血，功不可没。当时分工我抓总，他主要负责作者队伍、刊物质量和宣传。

　　说老实话，从伏案做编辑工作来说，我个人最认真的就是刚改刊后的那几年。当时我和谭楷老师轮流当责编，比如这期轮到我了，编辑就把他们初选的所有稿件交给我选、改、编发；轮到谭老师了，大家就把稿件给谭老师。那段时间很认真，也很辛苦，经常还得把编发稿件带回家，和作者、读者神交于星光下。那些年办刊特别踏实，也特有成就感。

　　我们的银河奖征文年年举办，新作者不断涌现。1993 年，王晋康的出现让我们所有编辑眼前一亮，他那篇《亚当回归》使全体编辑兴奋不已。记得我当时给吴岩打

美国著名科幻作家哈里·哈里森，世界科幻协会主要发起人之一，曾在科幻世界杂志社设奖奖励优秀发行商和优秀读者。图为 1994 年杨潇（站立者）在哈里·哈里森奖颁奖座谈会上。

2016 年 9 月 8 日，在北京现代文学馆举办的第 30 届银河奖颁奖典礼上，著名科幻作家刘慈欣（右一）和王晋康（左一）为杨潇（右二）和谭楷（左二）颁发特别贡献奖。

电话说，编辑部收获了一个新作者王晋康，《人民文学》他每期都看，说明当时他的水平较其他作者高了一大截。

从1993年开始，柳文扬、星河、何宏伟、凌晨、赵海虹、潘海天、杨平等一大批新生代作者涌入，到1999年刘慈欣加盟，多年梦寐以求的高水平科幻作者队伍逐步壮大，科幻星空群星璀璨，我们办刊人极为振奋！在我的编辑生涯中，（20世纪）90年代是多么令人怀念的岁月啊。

刊物质量不断提升，一刊已不足以满足读者需求，我们又改刊，向上面申办《科幻世界·画刊》。新闻出版署认为我们发展得比较好，很快就批给一个新刊号。从1996年开始，我们把动漫等画作挪到《画刊》里去，《科幻世界》杂志整本基本都刊登面向成人的科幻小说，还推出有科幻创意的高科技科普文章，当然还保留了面向中学生的"校园科幻"栏目，把刊物读者水平又提到高中生和大学生。

刊物在不断调试、不断改进中不断受到读者肯定，和作者、读者的兴奋点频频谐振，《科幻世界》品牌影响力不断扩大，真享受那种成长感。

这事儿没有白做，深感慰藉

杨潇：那会儿我们频频到中学和大学开讲座，举行见面会、读者座谈会。《科幻世界》1994年开辟版面，办了科幻迷俱乐部。"科幻迷俱乐部"第一任主持人是小雪，以后好多年都沿袭下来，以"小雪"名义主持该栏目。国外科幻期刊对科幻迷非常重视，我们从中也受到启示。

你看雨果奖，是很多科幻迷评选出来的。国外的科幻迷是科幻作品最核心的读者，他们大大地成就了科幻文学。在我们杂志社，姚海军和郑军来了以后，他们俩刚开始就是做科幻迷俱乐部。因为我觉得科幻迷俱乐部的工作太重要了，那时我社科幻迷俱乐部在册人数差不多近万人，他们是读者群中的团粒结构。通过科幻迷俱乐部，把我们的影响扩散出去，把读者的需求吸收进来。科幻迷是《科幻世界》的核心读者，起了相当大的凝聚作用，他们热情而坚定的支持也激励我们办刊人坚守。

杂志社年年举办科幻小说银河奖征文，推出自己的科幻作者，这是《科幻世界》取得成功的重大举措之一。期刊发行量潮涨潮落，但成熟作者和明星作家群不断崛起，作家和刊物品牌相互辉映，共同成长，这才是期刊成功的标志。"每期一星""银河奖征文""校园科幻"都是我们的品牌栏目，每期扎扎实实地推出作品，推出科幻银河奖新星。"校园科幻"从中学开始就培养了大量作者。

这次（2016年）到北京参加第27届银河奖、第7届华语科幻星云奖颁奖典礼，碰到很多科技科幻界、影视企业界人士，说他们当时是我们"银河奖征文""校园科幻"的作者，是科幻迷，科幻改变了他们的人生。时间点石成金呀，把当年的科幻迷变成了各行各业特别是科技界的弄潮儿。科幻世界杂志社确实是站在历史的必然通道上，参与了向现代化进军。

这事儿没有白做，深感慰藉。

3D 画又让我刊发行量陡然攀升

科幻邮差：杨老师，《科幻世界》杂志封底的 3D 画是从什么时候开始的事？

杨潇：3D 画……我记不太清楚了。哦，哦，3D 画是从 1994 年开始的。

当时我弟弟从美国带来一本画册，神秘地说："你看看。"我看了看说："这是什么东西？"他说："别急嘛，你凝神定睛再看看。"忽然，我看出来了，应该说是画中之画神奇地跳将出来！3D 画画中藏画，立体感强，层次分明，赏心悦目，绝了！这种视觉效果产生的快感令人叫绝。

当时我非常兴奋，急于把这份兴奋感传递给我刊读者，就立即拿到编辑部，说："马上，封二、封三、封底全上。"他们很多人不同意，说："杨老师，你这个

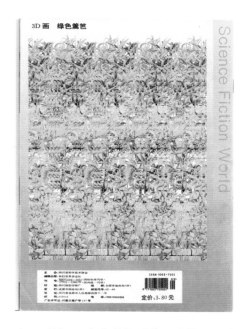

在 20 世纪 90 年代曾为《科幻世界》吸引了众多年轻读者视线的三维立体画。图为 1996 年第 9 期《科幻世界》封底 3D 画《绿色篱笆》。

是什么东西啊？看不出来。"我教他们看，一旦领略出其中奥妙，众人都乐不可支。

我们连续发表 3D 画持续了一两年，3D 画又让我刊发行量陡然攀升。当时有名的《读者》杂志和《新华文摘》杂志都转载了我们刊发的 3D 画，3D 画又把杂志发行量大大提高了一波。当时影响较大，我们立即联系美国方面，寄去转载费，以免惹版权纠纷。

很多人原来不读科幻小说，但是觉得《科幻世界》杂志很时尚，通过 3D 画也被吸引到我刊读者群中。凡是和科技沾点边儿适合我刊读者的，我们都刊发。读者觉得阅读《科幻世界》很新颖时尚。

星星之火，可以燎原

科幻邮差：在《科幻世界》杂志发展过程当中，编者、作者和读者之间是一个完美的铁三角关系。杨老师主政时期，是如何确保这么一个铁三角关系的？

杨潇：我们当时提的编者、作者和读者，也就是我们编辑部小小团队，和银河奖征文新星、新生代作者，以及科幻迷俱乐部会员、读者，这三者的完美结合打造了我们的品牌。作者、编辑、读者共同成就刊物，很少有刊物有这种共生圈。推出名作者、名编辑，期刊同仁都这么操作，但我们比较特别的是长期维系科幻迷。

很长时间以来，杂志的边栏语都选自读者来信，还有"假如我当主编"栏目等，从读者来信当中筛选大量内容来丰富刊物。他们提供了很多点子，使我们知道读者想要什么。科幻迷是我们扎扎实实的核心读者群，处理读者来信也成了我刊编辑的一大嗜好。科幻世界杂志社一直传承了这个传统，我们和科幻迷的关系一直都很紧密。

这次（2016 年）科幻大会你们也看见了，2017 年世界科幻大会的主席就是一个科幻迷。他们对科幻的推动起了相当大的作用，这是科幻文学不同于其他文学的一个特点。走到哪儿，都有很多的科幻迷。2007 年的科幻大会我出车祸没能参加，给我动手术的医生之一就是个科幻迷，在病房里，他认出我以后高兴地说："哎哟，杨老师，你就是杨潇啊！"他对我特别尽心，也真是沾了科幻的光啊。

现在科幻迷的层次大大提高了，也不再是当年的一小伙儿人，不是圈内小众，如今的科幻队伍包含了很多科学家、科技界人士，各行各业很多高层次的人共同组成了

1997 年 8 月初，北京国际科幻大会期间，科幻迷们从四面八方来到成都月亮湾参加科幻夏令营。

2000 年 10 月，杨潇（《飞》招贴画下面带笑容者）率领科幻世界杂志社团队参加南京书市。

科幻大群体。这次在北京出席第 27 届银河奖和第 7 届华语科幻星云奖，听了高峰论坛，很多演讲者都说他们是科幻迷，是《科幻世界》杂志的读者，他们现在登台推升科幻事业，发展科幻文化产业，让人备感欣慰。

科幻邮差：这么多年，星星之火终于燎原。

杨潇：是啊。

主编、社长生涯的得与失

科幻邮差：在发行方面，从 1989 年《奇谈》开始，《科幻世界》杂志就撤出邮局，开始自办发行，这为后来的发展发挥了巨大的作用。能够下这样的决心是非常不容易的，那么后来在自办发行这一块，杂志社有什么样的得与失？

杨潇：因为自负盈亏，逼得我们到市场当中去摸爬滚打。一次由于一个小失误，

1999 年春，《科幻世界》杂志编辑部春游全家福（莫树清因病缺席），前排左起依次为：张蕾、贺静、顾文瑾、秦莉、贺世华；第二排左起依次为：阿来、王茂、蓝叶、杨潇、陈进、刘蓉琼、雷祥玉；第三排左起依次为：邓吉刚、魏家富、姚海军、唐风、吴建忠、田子镒、李伟、谭楷。

2001 年 11 月，伦敦举办世界期刊博览会，杨潇和秦莉代表《科幻世界》杂志赴会。会后，她们前往牛津城拜访《科幻世界》的老朋友、世界著名科幻大师布赖恩·奥尔迪斯。照片由秦莉摄于奥尔迪斯家后花园。

印出的产品没法进入新华书店渠道销售，逼得我们自己成立了发行部。发行部肩挑重担，即使低谷时新华书店征订数只有六百多份，我刊的印数最低也有几大千。我刊在新华书店征订只维持了四年，后来又回到邮局，毕竟当时邮局比新华书店优势大得多。但无论在哪儿征订，发行部始终是杂志社的营销主力。

当然，发行部成立以后也几经整顿啊、调整啊，它的人员大都是聘用的，不太稳定，发行部的领导也换了很多，但是总的来说，发行部为《科幻世界》立了大功，使刊物销量始终大大高于邮局。而且发行部锤炼队伍，历练人才，刘成树就是从发行部主任岗位上被选拔出来任副社长的，他现在已经既是社长也是总编，两副扁担一肩挑。

当时，我们杂志社挂着一幅全国分省地图，哪个省突破多少营销量，就插上一面红旗，看着地图上大红旗小红旗插满，满目红艳艳，心中的满足感沸腾。须知 1991 年刊物印数不到一万，而 2000 年期刊最高印数超过三十八万，好像是三十八点六万。十年里，《科幻世界》销量快速跃升，发行部功不可没。

讲个小故事吧。记得刊物火爆时甚至有书商给我打电话，堂堂七尺汉子竟然在电话中哽咽着说，另有书商敲他的盘子，杀入他的地盘，要求我主持公道。那时，书商们抢着争当《科幻世界》的省销售总代理。而虎落平川时，印刷厂老是拖延刊物交货期。我去要求工厂按合同期交货，那个厂长斜眼看我，不屑地说："杨社长，不满意你就转走，你的杂志堆在那儿都没人要。"

我愤然转身而去，继而转厂，撤走"我的""没人要的"杂志。

科幻红火后，那个厂长来登门道歉，请求回到他们印刷厂。我嘻嘻笑着问他："怎么，我的杂志有人要啦？"

当然，销量跃升是建立在期刊质量跃升的基础上，是科幻明星作家引领科幻迷，科幻迷对明星作家、对畅销作品不舍追捧，共同把《科幻世界》托上品牌高台，托上大刊高台。

我们一直延续到现在的图书发行，发行部——后来的传播公司——也起了很大作用，当然，传播公司这么多年了，应该有长足长进。嗯，从1986年成立到现在，也是三十年了，在全国，应该是相当有影响力的一支营销队伍。

由于我们从1984年就开始自负盈亏，不得不走市场，也成立了广告公司。《科幻世界》杂志从（20世纪）80年代就开始刊登广告，（20世纪）90年代成立广告公司，当时广告公司也做得不错。

要说做产业的话，我们应该算比较早开始尝试的，20世纪90年代末到本世纪初，我们频频和CCTV（中央电视台）科技频道接触，想共同做一些影视项目，可能水不到渠不成吧，没有成功。本世纪初，我们和美国迪士尼乐园也有接触，还和美国的一

1997年8月2日北京国际科幻大会期间，中外科幻人士在科幻世界杂志社欢聚一堂。前排正中为美国科幻大家詹姆斯·冈恩，第二排左一为秦莉，右一为"世界头号科幻迷"弗雷斯特·阿克曼；第三排左起依次为三位俄罗斯宇航员：阿纳托利·尼古拉耶维奇·别列佐沃伊、格奥尔基·米哈伊洛维奇·格列奇科、阿列克谢·阿尔希波维奇·列昂诺夫；第四排右起依次为：《轨迹》杂志主编查理斯·布朗、邓吉刚、吕应钟、郭建中、杨潇、田子镒、蒋文、美国著名科幻作家大卫·赫尔、阿来、谭楷。王晋康《生命之歌》研讨会就是在这样的背景下举办的。

个北美频道有联系，他们播科幻节目，也给过我们一些资料，我们也通过他们宣传中国科幻。

1997 年北京国际科幻大会期间，我们举办了王晋康作品研讨会，和来参加会议的国内外科幻作家一起研讨。可能由于当时翻译水平不够，我们各方面准备也还不到位，所以当年没能把《生命之歌》推出去。到现在我还是非常欣赏《生命之歌》，读后令人久久走不出王老师布下的思虑之局，那种对人类命运的深沉忧虑，那种对生命的敬畏……

在期刊界，管理方面我们算是走得比较早，比如说发行部改成传播公司，有公司绩效考核目标；广告公司也有营收要求，奖惩根据绩效考核结果实施。在期刊界，我们提倡企业文化也是比较早的，我们杂志社企业文化特别注重团队精神。我听见后来有些走出去的员工说："作者说《科幻世界》杂志、银河奖是黄埔军校，培养了他们；我们编辑在《科幻世界》杂志里滚了一遭又出去，也学到了很多东西，《科幻世界》也是编辑的黄埔军校。"

科幻世界杂志社有限公司（简称科幻世界）那会儿除了业务硬性指标，比如刚性的销售额指标、广告额指标，还有各种管理规章制度。制度管人，也要以理服人。我觉得管理很重要的一点，是要让人心悦诚服。那会儿我提倡建立杂志社良好的生态小环境，让员工把科幻世界当成家，让员工在科幻世界得到成长。我主持工作那会儿提出来，不仅要为作者搭建平台，还要为编辑、为员工搭建平台，让他们在科幻世界成长。全体员工成长的总和，就是杂志社的发展壮大，很多员工那些年在科幻世界也得到了长足长进。

说到得失，遗憾之处就多了。比如说，当时从文学界吸收编辑比较多，把《四川文学》的主编陈进聘来，将《青年作家》的骨干编辑田子镒调进杂志社，后来还调来了阿来、秦莉等。从编辑功夫来说他们文学底蕴丰厚，大大提高了科幻小说的文学性，为提升科幻小说质量、品位做出了卓越贡献。但我们当时还做得不够，还该从科幻作家里、从科幻迷里吸引编辑，因为他们是真正入骨喜欢科幻的，他们对科幻的理解往往比资深文学编辑还要深，对科幻核心理念的理解也更加深入。比如，刘维佳进编辑部就发挥了很大作用。当初还欠"猎头"眼光，把姚海军、郑军他们吸纳得晚了，应该更早地让他们在科幻迷俱乐部过渡，把局面打开以后，就调入编辑部工作。当时觉得姚海军是全国科幻迷的头儿，让他来领衔做这个事，但该更早把他放到合适的位置，尽早到编辑岗位工作。另外，也没能很好地发挥郑军的作用，把他留下来……

急流勇退

理想，追求，然后放下

科幻邮差：其实有个问题我一直想问杨老师，2002 年，应该是科幻世界杂志社经过十年的不懈努力之后真正进入到发展期，那个时候……

杨潇：2000 年期刊销量达到了历史最高点，某期印数接近四十万册。那么多年的历练和沉淀，做了海量工作，夯实了坚实基础，期刊影响力不断扩大，作者读者的规模都持续壮大。整个 20 世纪 90 年代期刊发行量节节攀升。

还记得每次蒋雯（当时杂志社的排版员）把销量图交给我，看着销量红线义无反顾地噌噌上蹿，上升的红线把人的心境直带入蓝天！只有经历过失败困境，从谷底爬上来，才能体会到这种由衷的喜悦。

1999 年我们撞了大运，就是阿来任主编时刊发了《假如记忆可以移植》，人家戏说《科幻世界》高考泄题嘛。那次销量陡增，是偶然中的必然。2000 年我们《科幻世界》杂志销量大幅跃升，当时我们给发行商提出要冲破四十万册。

科幻邮差：2000 年的时候，杂志社的销量达到了一个历史的顶峰，但是两年之后您就把接力棒交出去了，急流勇退，当时是出于什么样的考虑？

杨潇：嗯，怎么说呢，2002 年 10 月 31 日，我在杂志社

2000年7月，第11届银河奖颁奖会在成都举行，刘慈欣的《流浪地球》获得本届银河奖特等奖。头排从左至右依次为：阿来、何大江、xx、凌晨、顾文瑾、秦莉、某英国科幻迷、于向昀、某译者。第二排从左至右依次为：xx、王亚男、张卓、赵海虹、美国华裔作家姜xx、以色列作家拉维·提德哈（《中央星站》作者）、杨潇、田子镒。第三排从左至右依次为：xx、刘维佳、杨平、严岩、邓吉刚、xx、xx。第四排从左至右依次为：xx、姚鹏博、姚海军、冯志刚、柳文扬、刘慈欣、唐风、潘海天、李忆仁、吴岩。

召开了一个会，在会上我宣读了我的《告别》。在会上，我讲明为什么我要提出卸任，也回顾了杂志社整个发展历程。当时呢，觉得杂志社吸纳了不少人才，包括阿来、秦莉、姚海军等等。

我这人对有为青年有点崇拜症，特别看重特别欣赏年轻人，觉得他们会比我干得更好。我继续做也行，各方面似乎调整得比较顺了，顺手又顺心。

那时我们杂志社经常组织业务学习，记得常常是在周二晚上。比如说这次我讲国内期刊行业状况，讲我刊在其中的位置；下次谭楷讲杂志社发展史，阿来讲文学课，传播公司经理讲营销课，广告公司讲广告课，美编讲科幻美术……就是编辑部大家来讲课，也请了外界编辑老师来讲，给员工充电培训，提升我们这个团队的整体实力。

当时杂志社一派欣欣向荣，特色小舞台基础坚实，社会影响力大，发展前景看好，团队协调、同心协力，员工满怀希望争相拼搏。我觉得我也就是做到这个样子了。当然对我来说，那时做得比较顺手，基础也打得比较好，但是我认为《科幻世界》杂志要不辜负时代，要持续跨越发展，要在新时代统领团队开创新天地，必须要有新的眼界、新的眼光。

所以我引用了美国通用电气CEO（首席执行官）杰克·韦尔奇的话："累是肯定的，精力不够那倒也是，但最关键的是公司发展需要全新的目光。"我全新的目光还不够，我的积累阅历不够，才智学识不够，加上我的身体，我的家庭……我觉得该有新人来做，长江后浪推前浪，我相信后继者会比我做得更好，所以提出卸任。

科幻邮差：就这么放心地交出去了？

杨潇：对。当时还想去为父亲（原四川省委书记杨超）写传，我急于想去做这个事儿，那时年迈老父已身患重病，我想抢救家史。

刘慈欣特别棒，白天实实在在当工程师，晚上进入虚拟空间写科幻；王晋康也是。我这个人能力精力都很有限，不具备他们那种超强的切换能力。我要做什么事儿吧，只能心无旁骛一心一意。那我还是去做我的事儿，这儿已经有这么好的平台、这么好的舞台，有这么多人来做这个事儿，我相信他们会比我做得更好。

于是，我就提出辞去社长。当时众人一再挽留，我也很感谢大家。在告别演说中，我动情地说，这么多年，我穿上那双有魔力的红舞鞋就止不住旋转跳动，跳得艰辛，

2002 年 10 月 31 日，杨潇手捧鲜花和 E.T 玩偶，卸下科幻世界杂志社社长重担，将科幻世界的未来交到年轻人手中。图中从左上至右上依次为：唐风、刘勇、张犁、刘维佳、李建华、李笑冰、秦莉、杨潇、蓝叶、李莎、严岩、黄波、姚海军。

也舞得动人，失去不少，也得到很多。

我也说了在这个过程中、在这个集体当中，虽然有很多磨难、很多熬煎、很多困苦，但是由于大家努力做到了这个份儿上，所有的痛苦都升华为一种荣耀、一种自豪了。我和大家相处非常快活，很享受这项事业，享受这个团队。

科幻是一项光荣而伟大的事业，需要承前启后传承接力朝向银河，会有人比我做得更好。所以我还是急流勇退吧。

我最大的骄傲与遗憾

科幻邮差：我们都知道，科幻世界杂志社在 20 世纪的最后那十年，在杨老师的带领下取得了前所未有的成功。实际上，将科幻的星星之火传承下来，本身就是一种

左上图　2016 年 9 月 8 日，中国科幻银河奖 30 周年颁奖典礼在北京中国现代文学馆隆重举行。前排左起依次为：江波、宝树、陈楸帆、索何夫、小姬、罗隆翔；第二排左起依次为：鲨鱼丹、杨枫、赵海虹、刘兴诗、魏雅华、杨潇、吴显奎、谭楷、吴岩、刘慈欣、xx、李克勤、刘维佳；第三排左起依次为：宋齐、杨平、王晋康、何夕、张冉、拉兹。

右下图　银河奖 30 周年生日蛋糕。

巨大的成功。杨老师，在您主持工作的十九年当中，最让您骄傲的是什么？

杨潇：最让我骄傲的……还真没有认真想过。

记得有一次我到张家界去，朋友请吃饭时说起《科幻世界》杂志，旁边有几个年轻人听到了，转过来看着我说："你就是《科幻世界》的杨潇老师啊？"拉着我又合影又签名，我退休这么多年了，他们还记得《科幻世界》的杨潇，我很感动。

还有这次（2016年）到北京，参加银河奖三十周年颁奖礼。银河奖颁给我"特别贡献奖"，我也很感动。我正式办理退休手续是2004年，从1980年进编辑部到2004年退休，整整二十五年吧，差不多相当于人生的三分之一，其中我执掌杂志社小小"帅"印，任主编、社长达十九年，那真是不遗余力，锲而不舍。

值得骄傲的是什么？是我们这个小团队为中国期刊界创办了一份独特的、弘扬想象力的科幻类型刊物；值得骄傲的是，团结众人，在困境中吹响集结号，把濒临倒闭的《科学文艺》改为《科幻世界》，为中国科幻坚守阵地，并发展了中国科幻。

其实，想起来，我们不过是行了科幻奠基礼，打了个基础，数科幻风流人物，还看今朝。我们不过是耐得住寂寞，探寻找准了科幻之路，然后坚持认真做好平凡的事。人生能够做成一两件事就值了，理想，追求，然后放下，如此而已。

还有值得骄傲的是，现在中国科幻界的许多明星作家都是从《科幻世界》中走出来的。当然这是靠作家自己努力，但曾经与刘慈欣、王晋康、吴岩、韩松、何夕们同行，和他们以及数十万科幻迷共同开辟中国科幻天地，足以令人骄傲、欣慰，这是我们科幻人共同的光荣与梦想。

这次领奖时我本来想说一句话，但是当时忘了：我觉得领这个（特别贡献）奖，是代表当时的《科学文艺》编辑部，代表仅有的那么几个编辑——莫树清、向际纯等一块儿领奖。因为是大家一块儿走过来的，银河奖当年也是大家一起来创办的，我是代表他们来领奖。

科幻邮差：代表《科幻世界》的创始团队。

杨潇：对对，代表科幻世界杂志社早期和中期的同事们，共同领这个奖，共享"特别贡献奖"的荣耀。

科幻邮差：那这十九年中让您最遗憾的是什么呢？

杨潇：十九年路漫漫，经历了那么多，失误多多，遗憾多多。

哎，说到这儿我都觉得非常难过，最遗憾的就是柳文扬的事。

柳文扬是我们刊的明星作者，备受读者喜爱追捧。他人缘很好，和其他科幻作家都很亲密。他外号叫柳公子嘛，一表人才，像陈楸帆那么帅。特别有意思的是，自柳文扬得了银河奖以后，我怎么老看见这个作者在编辑部旋来旋去？有一次我说："哎，柳文扬，你怎么又来了？"他说："我还有一篇作品要交呢。"后来才知道，是我们美

1995 年 4 月 9 日，与科幻世界杂志社展开合作的香港金虹动漫公司总经理洪虹到访，又恰逢出资设立"科幻文艺奖"（1993—1995）的台湾学者吕应钟到成都，杨潇、谭楷率领科幻作者和编辑团队陪客人同游武侯祠。前排左起依次为：谭楷、xx、吕应钟、洪虹、杨潇；后排左起依次为：邹萍（蓝叶）、何夕、xx、裴晓庆、柳文扬。彼时的柳文扬刚通过好友裴晓庆联系上邹萍，开始美丽的约会。

丽的女美编蓝叶把柳文扬从北京"勾"到四川来了。柳文扬为了蓝叶，居然辞掉了北京工业大学讲师工作到成都来，一切都没有着落。

有年秋天，编辑部在新都桂湖公园朝贺这对新人，秋风清拂，莲蓬亭亭，丹桂飘香，柳公子含情脉脉娓娓讲述他和他的蓝叶，美满之情让在场所有人都醉了。多年后，柳公子还向我提到那个难以忘怀的桂湖之秋。

曾经在 2000 到 2004 年带动了中国大陆科幻热潮的《科幻世界画刊·惊奇档案》停刊后，如今已经难觅踪影。

说起来真觉得对不起柳文扬，当时我觉得两口子在一个单位不好，有些事不太好处理，就没把柳文扬调进编辑部。柳文扬是优秀科幻作家，更是慧眼独具、能力超凡的编辑，他才思敏捷，超擅"配盘"，《惊奇档案》展现了他出色的策划设计能力。虽说《惊奇档案》在职主编是蓝叶，其实他是幕后主编，包揽了刊物大部分策划、大部分栏目甚至大部分稿件。后来，他们俩双双回北京去了。

2007 年 7 月 1 日，我突然接到电话，蓝叶在电话那头恸哭："柳文扬走了！"我一下惊呆了，不敢相信，天妒英才哪！他才三十七岁！我悲痛得不能自已，悔痛不已，但再也无法挽回。当初我真该给柳文扬搭建平台，人尽其才，让他在社里实现他的人生价值，同时也让科幻世界杂志社更上一层楼。如果那样的话，杂志社定会竭尽全力救治他。

科幻邮差：他当时一直没有工作吗？

杨潇：他就在外面打一点儿工，然后兼职做《惊奇档案》编辑。我当时不知哪儿来那些正统观念，实在该把他调进杂志社，编辑部需要他，他也向往杂志社。呜呼，斯人已逝，仰望星空，银河痛失一星，但在科幻迷心中，柳公子永生，柳文扬闪光的生命永远熠熠闪光。

科幻邮差：所以之后那么多年，您一直把蓝叶当自己的女儿一样……像《科幻世界》这样的故事，在别的地方估计也找不到第二篇：一个是才华横溢的柳文扬，一个是冰雪聪明的蓝叶。《惊奇档案》的工作量是相当大的，柳文扬工作量最大的时候，据说一本杂志的三分之二都是他主笔？

杨潇：对，实际上他才是《惊奇档案》货真价实的主编。主要是他们这对伉俪把杂志给办起来的，办得相当有特色。

《科幻世界》成功之"道"

科幻邮差：杨老师曾经在一篇文章中总结说：《科幻世界》成功的要诀是"天道酬勤"。现在回过头去看，您觉得这四个字是不是总结得够精准？

杨潇：我记得我当时说的是，《科幻世界》成功得益于三"道"：天道酬勤那是肯定的，是起码的。任何一个企业，任何一个人想成功，敬业是必须的。

第二个我讲的是"道法自然"。道法自然是根本的，要认识规律、顺应规律才能达到预期，不符合规律那是白辛苦。各行各业敬业勤勉的不少，但并不都能成功。无视规律，不遵循规律，不仅竹篮打水一场空，更会碰得头破血流。

必须清楚这本杂志应该怎么办，这条科幻之路应该怎么走，找准了路，顺应规律，顺势而为，所有付出才会获得回报。我对此体会太深了，我们曾做过多少无用功啊。

还有一"道"，就是"得道多助"。我们这一路走来，借光借力，不光是靠我们一小伙儿人，是凝聚了全社会喜爱科幻的人，靠了所有曾经帮助过我们的人。要感谢的就太多太多了。你看，当时我们编辑部一个懂外语的人都没有，我们居然能开国际科幻大会。我们从来都是在志愿者帮助下做事情的，很早就有很多志愿者加入我们的行列。

科幻邮差：在第 27 届银河奖颁奖礼上，实际上也是银河奖创立三十周年，当我看到您和谭楷老师接过由我们当下最重磅的两位科幻作家刘慈欣和王晋康老师递上的奖杯时，真是热泪盈眶，那一刻，之前数十年的付出，我觉得都……

杨潇：都值得了。

祝福我们的科幻事业

科幻邮差：在参加了这次活动（2016中国科幻大会）之后，对中国科幻有什么样的期许？

杨潇：期望中国科幻稳步朝前发展。

看见这么多人投资科幻，局面如此火爆，当然欣喜。我们长期都在"找米下锅"，现在居然有这么庞大的资金介入。这桩"生意"中，投资科幻的人士或许会为科幻无穷的魅力所吸引，被科幻无尽的可能性所陶醉，不计较一时赚赔盈亏，投资未来需要前瞻的眼光。

要积极热情发展科幻产业，但操作层面上要谨慎，在资金面前要冷静。也正如姚海军讲的，科幻世界杂志社有限公司致力于打造系统的科幻平台。这些思路和举措都非常好，科幻世界走这一步都晚了点儿，现在终于把步子迈开了。现在的团队把科幻期刊、科幻图书、科幻出版做得很棒，但是科幻产业上下游的开发现在也才起步，一定要谨慎稳妥。

我特别担心开始轰轰烈烈一拥而上，遭遇挫折又哗啦啦地退潮，这样其实损伤是非常惨重的，应该扎扎实实地、一步一步地坚持推进中国科幻。你看现在，上至国家领导层面，下至所有爱好科幻的人，都来加入这个行列。一定要维护这个局势，爱护这个局势，沉沉稳稳地开发中国科幻产业，发展科幻事业。

科幻邮差：今年（2016年）在北京举行的"中国科幻季"系列活动，我觉得最鼓舞人心的就是时任国家副主席李源潮的到会和讲话。他在讲话中专门提出要给科幻插上互联网的翅膀，要插上产业化的翅膀，这两点对于所有科幻人来说都是极大的鼓舞。我们特别期待科幻的春天，真的感觉离这一天越来越近了，而这些都与以杨老师为首的所有科幻人的付出分不开。

杨潇：我记得当时发奖的时候，我跟王晋康说："我给你发过很多次奖，现在能得到你给我颁奖，荣幸之至。"

科幻邮差：说到王老师，在您多年的编辑生涯中，一定遇到过很多让您非常骄傲的作家和作品，1993年王老师算是异峰突起。一个作家在一个时代的出现影响了后面无数的作家。我们无论是在校园做活动，还是这次参加各种各样的科幻活动，其实都可以看到无数个年轻的身影受到科幻作家的感召，这也是我们作为科幻编辑最大的慰藉。

杨老师这次来参加访谈非常辛苦，几天前才从北京回来，很快又要离开，日程非常紧。但我相信，这种心理的慰藉一定会在未来给您带来无穷的动力，继续关注科幻的发展，继续关心科幻世界杂志社的发展，继续关注四川乃至中国科幻产业的发展。我们今天的访谈到这里也就告一段落了，感谢杨老师的热情参与。

杨潇：谢谢你们。

2015年末，杨潇赴九寨沟观赏冬景，在叠溪海子幸遇珍稀白牦牛，骑在白牦牛背上欢呼：乌拉！

趣问趣答

01 如果时光可以倒流，您最想回到哪个阶段？

记得我们杂志社出过两本《银河列车》，是科幻迷通讯录，我不知道后来还出了没有。《银河列车》当中有一个问题：你最希望的事儿是什么？我当时填写的就是：重活一回，在人世间再走一遭。

02 从《科学文艺》到《科幻世界》，杨老师主政的那些年里杂志发展得越来越好，您的个人身份在其中还是起了一定的作用吧？

（笑）怎么能说个人身份呢？不过，你说的个人身份也还是起到了正面的、得到各方支持的积极作用，但根本的还是靠我们这个团队的不懈努力。

还有就是我们得道多助嘛，始终得到了各界支持。比如说 1991 年开科幻会时，由于之前有人告状，尽管当时我们已拿到国家科学技术委员会批文，但科委还是专门委派了科技处处长李小夫从头到尾参加我们的会。他来参加会后深受感动，回去汇报说这帮人是怎么殚精竭虑发展中国科幻的。他的帮助一直延续到 1997 年。1997 年召开北京国际科幻大会，我们邀请宇航员时，就是这位国家科委科技处处长李小夫帮我们做了大量联系工作。

当年，俄罗斯宇航员已经同意来了，美国的宇航局还没有同意。然后，他们就以国家科委的有利地位告诉美国国家航空航天局（NASA），说俄罗斯宇航局派了三名宇航员参加。NASA 一听着急了，马上回复我们：派两名进行过多次太空飞行的宇航员来。后来 NASA 给我们提了好多问题，前前后后的联系有六十多封电子邮件宇航员住哪个宾馆，宾馆的位置在哪儿，他们吃些什么，他们的安全怎么保证，等等。宇航员那可是世界宇航的珍宝啊，怎样在一个大场面活动中确保他们安全，NASA 要求非常严格。好些联系工作就是 1991 年参加我们科幻会的李小夫处长做的，所以我说，得道多助。

对多年支持帮助科幻世界杂志社的朋友们，我个人永远心存感激，也借此机会表达我的衷心感谢。

03　《科幻世界》杂志一直有个理念，就是打造名编辑、名作者。在您的职业生涯中，您对培养作者最深的体会是什么？

培养作者，并不单单是和他们讨论、打磨、修改稿件，最重要的是鼓励、支持、推出作品。

我们对很多作者都是这样的，特别是后来的新生代作者，他们起点高，作品都比较成熟，不像早期的，特别不像校园科幻，你还要给作者讲你写作的重点是什么，哪些地方不够，该怎样修改。后来的作者，新生代作家真是比较成熟了。

我记得"9·11 事件"那一年，正好发王晋康的一篇作品，有个编辑告诉我："杨老师，你看王老师正好写了在美国一个双塔被炸，这个敢不敢发啊？"当时鉴于整个情况还不太清楚，稿件马上要下厂，我就给王晋康老师打电话，我说："王老师对不起，现在这个形势还不是特别明朗，我斗胆把你这一小段给删掉了。"其实后来一想，没有必要嘛。科幻作家有些构思真是很神奇，就这么灵。

04　杨老师在科幻世界杂志社工作的二十五年中，前期主要是作为编辑，后期则是企业负责人。您觉得这两种身份是如何转化的？

我觉得编辑相对单纯，主要是对稿件的把握，根据办刊宗旨看稿、选稿、改稿，联系作者。作为企业管理者的话，面对的就比较多了。首先你要把握航向，考虑操作思路对不对，杂志社发展合不合适，还有品牌怎样树立怎样发展，核心竞争力是什么，编辑团队、作家队伍、科幻迷俱乐部的整体操作，和社会各界的联系，以及对外宣传、对内企业文化、员工的培训与激励、部门间的协调等都要把握。

编辑和企业管理者承担的责任不同，应对就不同。企业管理者所肩负的责任不同于编辑对稿件的负责，要把握企业整体航向，要有决策能力，要能推进执行。公司的利润来源、盈亏点、投入产出比等，这些都是管理者的基本功。

我们当时探索着朝建立现代企业管理制度做了一些转变。编辑部当时也成立了广告公司，成立了传播发行公司，而且还尝试和其他优秀品牌报刊社联合共组了现代传媒公司。整个操作都比较规范化，是现代公司化的那种操作。也正是由于有了现代公司化操作，有了一套较为完整的管理制度，我才比较放心地辞去了社长职务。

但是，就企业管理来说，我当法人期间还是企业化初期，比较粗放，整个层级还比较低，还没来得及深化。

05 在您的心目中，您觉得四川科幻在整个中国科幻所占的版图中处于什么位置？

这次开会（2016 中国科幻大会），我也听到很多对科幻世界杂志社的溢美之词：中国科幻的灯塔，一两代科幻人共同的记忆，等等。不管怎么说，无论是从历史还是从现实，在整个中国科幻版图中，四川科幻肯定是一个高地，这是不容分说的。几十年来，四川一直有科幻优势，这成了四川的特色之一。

目前，北京出现了科幻创作研究团队，还有全国很多产业链的发展，都使这个高地有些北飘、外飘了。四川怎样才能牢牢把握这个高地？怎样变空前的挑战为大机遇？怎样在合作中竞争，在竞争中合作？

记得还在 1991 年，当时新华社某研究所的所长文有仁，就给时任四川省副省长韩邦彦提出说，四川这么有优势，科幻做得这么好，有这么多相关的资源，建议四川举办科幻节，把这些资源统领起来，作为四川一个很大的优势。但是由于种种原因吧，现在也还没有达到那一步。不过，我看前不久刚结束的成都首届国际科幻电影周就做得很好。

要是科幻世界杂志社有限公司能成功打造系统的科幻资源整合平台——不仅仅是国内科幻出版重镇，还能成功地与国内外优势公司联手合作，在变局中合作竞争，再成功举办些有影响力的活动，加上科幻世界这么多年打造的品牌知名度，与作者多年的合作以及已经吸引的众多科幻迷，四川应该能巩固在科幻版图中的高地地位。

其实，说到底，无论是科幻世界还是国内其他许多从事科幻的团队，大家都是在做中国科幻，在共同发展中国科幻事业。

06 **最后请杨老师谈谈对中国科幻的祝福和期待吧。**

由于科幻作家孜孜不倦，由于科幻迷情有独钟，由于整个中国科幻环境大大改善，由于中国科幻人齐心协力，中国科幻在国际科幻当中已独树一帜，得到了国际科幻界的承认和褒奖，未来一定会有更多的科幻作品走出国门，双向交流。

中国科幻已成长为一棵大树，自立于世界科幻文学之林，还将自立于世界科幻文化之林。让世界瞩目的、深受科幻迷喜爱的科幻明星作家群隆然崛起，是个重大标志，标志着中国科幻站在新起点上了。中国科幻文化还会有长足长进，完整科幻产业链，我们期盼了很多年，祈盼梦想成真。当然，路漫漫其修远兮，科幻人尚须努力。

祝福中国科幻迈向新高，科学思维与科幻思维交映生辉，实现我们科幻人的中国梦。

✦

对科幻永葆赤子之心

A TRUE HEART FOR SCIENCE FICTION

谭　楷

你不停地带着星星旋转，飞翔
给它们力量，给它们光和热……
于是，你像看不见首尾的大队伍，
闪闪发光，在浩渺星空中走过。

谭楷

导语 INTRODUCTION

　　1979 年，在参与创办《科幻世界》前身《科学文艺》时，谭楷的身份是最多样的，他大学学的是雷达专业，在中国科学院微电子研究所工作十六年，业余写诗歌、散文、科普作品，对天上的银河、地上的熊猫都充满了好奇心。怀着对科幻的一颗赤子之心，谭楷协助杨潇带领科幻世界杂志社从低谷走向辉煌的二十多年中，他倡议并命名了当时的中国科幻最高奖银河奖，参与组织 1991 年、1997 年两届国际科幻大会（'91WSF 成都年会、'97 北京国际科幻大会）……让曾经遭遇偏见的科幻"灰姑娘"登上世界大舞台，并一展芳华。他曾为错发文章而写下深刻检讨；为受困的中外科幻嘉宾，参与抢修被泥石流冲毁的道路；为观察"彗星木星相撞"，他率队半夜登上峨眉山顶，架起天文望远镜……谭楷口中的鲜活故事和细节，让我们心驰神往。更令人惊喜的是，谭楷为我们引荐了一位意料之外的科幻友人，著名作家流沙河老先生。听完他们之间令人动容的君子之交，我们更能理解为什么中国科幻必将——星光灿烂，汇入银河。

TAN KAI

A TRUE HEART FOR SCIENCE FICTION

■ INTRODUCTION

In 1979, amongst all the people involved in the founding of *Kexue Wenyi*, the predecessor of *Science Fiction World* magazine, Tan Kai had the most diverse background: he specialized in radar research in college and worked for 16 years at the Institute of Microelectronics. He wrote poetry, prose, and popular science articles for the public. His curiosity about the world stretched from the milky way high up in heaven to the pandas roaming Earth. With an undying passion for science fiction, he worked at the forefront of establishing *Science Fiction World* alongside Yang Xiao for more than twenty years, witnessing the magazine rise from obscurity to glory. In the decades of his work, he initiated and named the Galaxy Award, which used to be the highest award for science fiction literature in China. He participated in the organizing committee of two international science fiction conferences, respectively in 1991 and 1997. Science fiction in the 1980s was looked down upon by mainstream media as "the Cinderella of literature", and it was Tan who eventually brought her into the spotlight. His personal life was just as vibrant and action-packed: once, he published a faulty article, and he wrote a long letter of apology. Another time, to save the guests who were trapped at a science fiction conference due to an unexpected mudslide accident, he joined the rescue team. To observe the collision between a comet and Jupiter, he led a team of stargazers up to Mount Emei in the middle of the night and set up an astronomical telescope...the vivid details that Tan provided made his stories even more fascinating. Tan also brought us a surprise: he introduced a friend to us, the famous literary writer Liu Shahe. Unbeknown to us, he also happened to be a science fiction fan. After hearing about their great friendship and how their experiences intertwined with the history of science fiction in China, we came to a deeper understanding of why Chinese science fiction has captivated so many people--and without doubt, just like stars lighting up one by one in the night sky, more would discover her charm.

■ TABLE OF CONTENTS

MY ROAD TO SCIENCE FICTION: THE BEGINNING

科幻之路的开端

为什么我选《科学文艺》？

科幻邮差：谭老师，我们就从您进入科幻世界杂志社开始讲起吧。

谭楷：好的。

20 世纪 80 年代，是中国历史上一个罕见的朝气蓬勃的年代。好多过去被批判的东西，那时候都像重放的鲜花。那么《科幻世界》杂志是什么时候创办的呢？是 1979 年春天，由四川省科普作家协会创办的。创办时并不叫《科幻世界》，叫《科学文艺》。当时有一个流行理论，是苏联 20 世纪 30 年代传下来的，叫"用文学艺术来普及科学知识"，这有片面性，没大错，但是后来说成"科幻就是普及科学知识"，

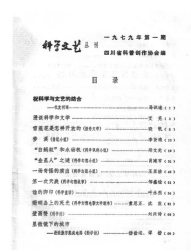
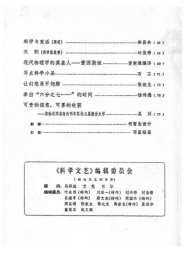

1979 年 5 月，《科学文艺》在成都创刊。

那就是"泛工具论"，就不对了。

当时，《科学文艺》的负责人叫刘佳寿。他是四川师范大学的老师，出来办了这个杂志，在筹办的时候我就很感兴趣。为什么我能投身于此，跟我的经历有关系。我本来是一个文学爱好者，从中学开始就爱好文学。当然后来的生活并不由我，就是说我是"被生活"，被组织安排。我在成都七中还没有毕业，就被保送去读军事院校，学雷达，尽管我不太喜欢雷达，但不喜欢也得学。学了也就学了，学了以后毕业，就到国防科委（中国人民解放军国防科学技术委员会）的研究所工作了十六年。之后到科幻世界杂志社当二十几年编辑就退休了，个人经历非常简单。

为什么我选《科学文艺》？因为我调回成都要选择工作，一看到《科学文艺》我就想：这既有我的所长——具备一定的科学知识，我又特别喜欢文学，那么我就去《科学文艺》吧。于是，我就到那儿去当编辑，一当编辑就走不了了，那个时候只有四个人。

科幻邮差：哪四个？

谭楷：刘佳寿、张小凡、贾万超，还有我，对了还有莫树清，五个人。当时就五个人，办公室设在招待所，租了三间小房子，一间房子也就几平方米。他们叫"网兜办公室"——就是每个人都拿个网兜，把稿子装到网兜里，然后骑个自行车，把稿子拿回家去看，看了以后又拿回来，大家又凑到一起，就这么看稿子。

"灰姑娘"总有一天会跳到聚光灯的中心

科幻邮差：那个时候的杂志好看吗？

谭楷：我觉得第一期、第二期是非常好的，创刊号就是童恩正《珊瑚岛上的死光》的电影文学剧本。因为当时那个小说很轰动，电影文学剧本也不错。当时《科学文艺》起步很高，一起步就十七八万份。1979 年创刊的时候，什么都往《科学文艺》里装，科学诗、科学寓言、科学散文、科学游记，所有的稿子都往这里面装。办了两三年，很快中国就出现一个大的滑坡，"科学热"和"文学热"降温了，一降温我们就遇到一个小寒冬。

科幻邮差：就是那场关于科幻到底姓"科"还是姓"文"的争论吗？

谭楷：对，其实最开初就是一个争论，并没有什么。有一帮人认为，所谓的科学幻想小说，首先要科学，一定要科学。如果不是科学，那就是伪科学。

当时也批判了一些人，比如说鼎鼎大名的叶永烈。叶永烈当时有一篇科幻小说《世界最高峰上的奇迹》，讲喜马拉雅山上发现了恐龙蛋，说那里的地下是埋葬恐龙的地方。发现恐龙蛋后还把恐龙给孵出来了，让全国人民看这个小恐龙。那个小说挺好看的，后来一个科研机构说不可能，这个不是科学，是伪科学，就大张旗鼓批判叶永烈，批了叶永烈又批郑文光，要批郑文光的时候他突发脑出血，就这么瘫了。

郑文光瘫了，叶永烈改行，童恩正出国，这些"天王级"的人都走了。《科学文艺》开笔会的时候，只来了几个年轻作家，其余有影响的作家都不来。最凄凉的时候就是 1984 年冬天开笔会，不知道谁接的电话，说叶永烈今天要来。我就在火车站等了一宿，结果天都亮了，叶永烈也没来。所以叫"寻寻觅觅，冷冷清清，凄凄惨惨戚戚"，我当时就是这种感觉。当时，《科学文艺》杂志也伤了元气，我就写了一篇很重要的文章，发表在《人民日报》上，题目叫《"灰姑娘"为何隐退》，阐述了一个观点：科幻的功能是开拓广阔的思维空间，而不是工具。

科幻邮差：当时登科幻小说的平台有二十多家"关、停、并、转"，在这样的背景下，《科学文艺》是怎样一枝独放留存下来的呢？

谭楷：首先我和杨潇都明确两点，它不是儿童文学的分支，它是文学的分支，它就是一种文学；第二，它的任务不是用科幻小说的形式来普及科学知识，它的任务不是这个。

当时杨振宁，1957 年诺贝尔物理学奖的获奖者，他说了几句公道话："……没有哪一个科学家是通过看科幻小说来学科学知识的，但科幻小说可以开拓广阔的思维空间。"我认为这句话定位很好。后来流沙河先生又说了一句话："没有想象力的人，是

1997 年冬，谭楷前往郑文光（左）家中探望。

灵魂的残废。"就是说人需要幻想，要有想象力。文学有虚构和非虚构两大类，科幻小说属于虚构文学那一类。

所以我认为，这是我们的定位和任务。如果你真正要宣传哪一个具体的政策，比如计划生育的政策过期了，那宣传计划生育的文艺节目就过时了；宣传合作社人民公社的小说，形势变了，现在就没有价值了。我觉得文学艺术，特别是科幻文学，它的任务很明确，所以我写了一篇《"灰姑娘"为何隐退》。

读艺录

"灰姑娘"为何隐退

谭楷

一个"灰姑娘"正从"舞会"上隐退。她就是1979年前后风靡一时的科学幻想小说。据统计，1980—1982年全国年平均发表200余篇科幻小说，而1984—1986年下降到40余篇。目前，可供发表科幻小说的成人报刊，也从20余家缩小到仅存的一家，即四川的《科学文艺》。

"灰姑娘"的隐退，并没有引起多少人注意。因为她缺乏持久的魅力，始终没有走进"舞会"的中心，去赢得众多的爱慕者。有人说："怪读者。"中国人比较"务实"，一听幻想二字就摇头，加之全民族的平均文化水平不高，科技不发达，目前还缺乏发展科幻小说的条件；有人说："怪作者。"一般而言，中国作家大多缺乏科技知识，科技工作者又不太重视文学修养，这样，科幻小说的创作者少，作品也少。难怪"灰姑娘"瘦瘦巴巴，不讨人喜欢。

我认为，还是应该研究一下"灰姑娘"本身。

中国科幻小说，首先应该是姓"中"。不少作者并不熟悉外国生活，却热衷于写外国的人和事。粗看花哨，再看乏味，细看太假。其实，科幻小说创作也有个熟悉生活和从生活出发的问题。郑文光是天文学家，他的科幻作品大多与宇航和天文有关；童恩正是考古学家，他的作品常以古庙、考古现场为背景，叶永烈毕业于北京大学化学系，熟悉自然科学，他的科幻小说常以科学家为主人公。他们的成功之作都是写中国的人和事。

其次，"灰姑娘"长得不丰满，与她所肩负的"担子"有关。苏联科普作家伊林提出的"用文艺普及科学知识"的创作原则，在我国通行了三十多年。它对科普创作有一定意义，但用这种模式指导我们的整个科学文艺创作，就不那么合适了。

"灰姑娘"不应该承担，也承担不了普及具体科学知识的任务。科学的发展日新月异，一旦知识过时，小说也过时了。这和过去某些图解具体政策的文学作品一样，政策一转变，作品就过时了。

当代的科幻小说不仅仅描写科学技术本身，而应该更广泛地表现时代、社会和人的思维在科技革命浪潮下的演变，勾画一个即将到来的、激动人心的时代。杨振宁博士说，没有哪一个科学家是通过看科幻小说来学习科学知识的，但科幻小说的确能开拓广阔的思维空间。儒勒·凡尔纳的小说描写

了架炮弹去月球旅行。这种在人们看来是荒诞不经的奇想，却启发了苏联宇航事业的奠基人齐奥尔科夫斯基去研制现代火箭。"潜艇之父"西蒙来克称，凡尔纳是我生命的总导演。克拉克的小说《太阳风帆》提出了利用太阳风来推动宇宙飞船的幻想，启发了美国的宇航科学家，引起了美国宇航局的注意。象《星球大战》《E·T》《日本沉没》这样在国外引起轰动的科幻电影，可以说没有多少科学意义，也没有很大的文学价值。但为什么大家喜欢？因为它敢勇敢很大胆地幻想。专门从事研究中国科幻小说的英国女学者文丽丝说："我看中国的某些科幻小说缺乏大胆的幻想。如果让西方人读，他会认为不能算真正的科幻小说。"灰姑娘"压着科普重担，不可能海阔天空地任意驰骋，变成了"有科无幻"的科学解释小说。所以"灰姑娘"要赢得众多的爱慕者，最重要的是她应该以某种模式中解脱出来，充分展示她动人心魄的魅力。这魅力，就是勇敢的幻想。这幻想或许不尽科学，却能激发创造力，引起发明创造。

爱因斯坦说得好："想象力比知识更重要"；知识是有限的，而想象力是无限的。"毫无疑义，今日在这样重宣知识、尊重人才的风气正在形成。但许多人还没有认识到"想象力比知识更重要"。没有认识到想象是产生一代科学巨人和大发明家的必要条件。

八十年前，鲁迅就认为，中国应当提倡科学小说。今天，四化建设这样一个好的气氛为科幻小说创作创造了良好的条件，中国应产生儒勒·凡尔纳、威尔斯、爱伦坡和阿西莫夫、海因莱因那样的科幻小说大师。我们不能一等再等，等到鲁迅的话讲过100年了，中国的科幻小说仍是一位可怜巴巴的"灰姑娘"。

1987年6月20日《人民日报》副刊头条，发表谭楷署名文章《"灰姑娘"为何隐退》。

科幻邮差：不能赋予它的功能太多了。

谭楷：对的，它永远不可能实现那些功能。

科幻邮差：科幻"灰姑娘"这个说法是从哪儿来的？

谭楷："灰姑娘"实际是从鲍昌那里来的。鲍昌（时任中国作家协会书记处常务书记）在首届中国科幻银河奖颁奖大会上讲："'灰姑娘'现在是不受人尊敬，她总有一天会跳舞跳到聚光灯的中心，让大家注意到，哦，原来这么漂亮。"他说："科幻现在还躲在一个角落里。"这是他的一个妙喻。"我们要拥抱这位'灰姑娘'，我们中国作家协会要拥抱她。"结果他人还没有回到北京，就挨批评了。

《银河礼赞》

谭楷：为了振兴科幻，我们的第一个重要行动就是搞银河奖。1984年完了就开始筹划银河奖。当时是什么情况呢？北方有个《智慧树》，南方有个《科学文艺》，除此之外，当时二十多家登科幻小说的报纸和刊物都在"科""文"之争后停刊了，《科学之友》《科学二十四小时》《科学之春》《科学画报》等等都停了。每一个省都有科普刊物，都登科幻小说，结果"关、停、并、转"之后，科普刊物关门不少，登科幻的也就剩两家了。我当时说，他们《智慧树》要办，我们就不办了，两家都办干吗？一家就行。结果是，《智慧树》跟我们一起合办了个笔会。办笔会的时候，大家都觉得好像是"陶渊明写挽歌"了。

科幻邮差：就是说笔会在前，银河奖在后？

谭楷：笔会是在1985年，那次，童恩正来了，郑文光也来了，看望了一下作者。作者只有十来个，两个杂志才十来个作者。两家就合在一起开笔会，然后做第一届银河奖。

科幻邮差：整个那段时期，也就是首届中国科幻银河奖举办前后，《科学文艺》的办刊方针有没有调整？

谭楷：当时科幻读者的面还很窄，还很少。我们调查了一下，那时纯文学势力强大。就是说，人家都读纯文学去了。中国科幻本身的作品不多，影响不大，而且科学文艺还是陷在儿童文学里边的一个分支，给小孩讲的神话故事——就是说科幻

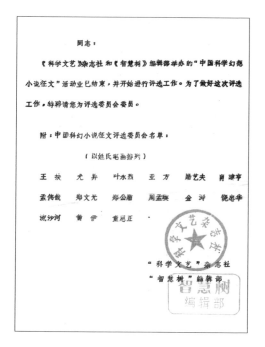

1986年年初，《科学文艺》杂志社和《智慧树》编辑部共同确定的中国科幻小说征文（银河奖前身）评委会名单。

属于儿童文学的一个小分支，还很可怜。当时我们就觉得科幻小说是一个很重要的文学品种，但还没有到那一步，还没有长大。那时候中国作家协会会员有好几千，中国科幻作家数得着的只有二十几个，很少。

科幻邮差：银河奖在刚开始办的头一两年，对整个中国科幻产生了哪些影响？

谭楷：我认为，谈影响还谈不到。当时最重要的就是生存下来，使《科学文艺》生存下来。我觉得第一届银河奖和第二届银河奖，前面那几届，是《科学文艺》艰苦生存和发展的一个标志。因为那个时候，科幻名不副实。为什么1991年有那么厉害的告状信？就是因为好多领导的头脑里还认为"科幻小说是传播科学知识的工具"，违背这个原则就是大问题；同时，认为外国科幻组织想在中国搞"和平演变"……

科幻邮差：2016年是银河奖创办三十周年，在银河奖颁奖典礼举办前后，网上流传比较广的是您的那首《银河礼赞》，您还记得那首诗吗？

谭楷：是这样的，新时期以来，大约是1978年底，《星星诗刊》要复刊了。当时有个诗人叫孙静轩，很有名的诗人，他让我写点儿"星星"。我突然想起《大众天文学》——法国天文学家弗拉马里翁写的一本科普书，于是就写了几十首有关星星的诗，其中就有一首《银河礼赞》。我觉得银河是伟大的，它带领银河系在宇宙深处运动，而银河不断自我扬弃——比如红巨星最后变成白矮星，最后崩溃——又不断产生新星。银河系是一个活跃的系统，所以我就写了《银河礼赞》……

科幻邮差：（递上诗歌稿件）是这首作品吗？

谭楷：对……（开始朗诵）

　　银河，星星汇成的莽莽天河，

无数亮点织成你绚烂的光波。

上亿个太阳在你河床尽情燃烧，

每颗小行星在你胸中自由闪烁。

......

1989 年夏天，谭楷主持第二届中国科幻小说银河奖发奖大会。

THE TRANSFORMATION AND RENAMING OF *KEXUE WENYI* MAGAZINE

《科学文艺》
的转型与更名

这叫秘史，不能说的

科幻邮差：20 世纪 80 年代末到 90 年代初，《科学文艺》开始了市场化转型，当时它有财政支持吗？

谭楷：从来没有财政支持，从来没有。杂志就开办的时候有五万块钱，租房子这些早就用完了，然后一直自负盈亏。后来四川省科协（四川省科学技术协会）说，《科学文艺》拿的刊号是四川省科普作家协会的，四川省科普作家协会没

1984 年初夏，谭楷费尽心力筹款，使《科学文艺》九寨沟笔会得以顺利举办。前排左起依次为：谭楷、段星樵、杨潇、张蓉、涂平、xx、xx、骆新都、王南宁、莫树清、张大成、潘云唐、曹建；第二排左起依次为：贾万超、xx、xx、阴戈民、xx、里群、刘兴诗、郑公盾、周孟璞、刘后一、董仁威、xx、张昌余、万焕奎、松鹰、徐开宏；第三排左起依次为：高栈桥、张大放、杨永年、张新泉、戴安常、xx、xx、蔡威林、李理、胡永槐、xx、xx、宋宜昌、俞琦、王晓达。

有钱，然后又退到四川科技出版社管。

科幻邮差：那时候主管单位是四川省科普作家协会吗？

谭楷：唉，主管单位一开始就是他们，后来出版社觉得他们又没有钱、又不能给到什么支持，而四川省科协给四川省科普作家协会钱……一年给多少你知道吗？

科幻邮差：多少？

谭楷：那几年最高的时候给一千块钱。我们1984年第一次在九寨沟开笔会，是我到林业厅要了三千块钱。我是（中国）野生动物保护协会理事，我就给野生动物保护协会建议，组织一帮作家、诗人到九寨沟去看看。他们同意了，林业厅就给了我们杂志社三千块钱。

科幻邮差：实际上是去开《科学文艺》的笔会？

谭楷：对，借着（中国）野生动物保护协会这个名。那次只花了不到一千块钱，还省下了两千多块钱，五十多个人去九寨沟。我们这叫秘史，不能说的。

当时就这样，说干就干

科幻邮差：20世纪80年代末90年代初这个阶段，杂志社开始酝酿一个比较大的活动，为1991年的世界科幻协会年会做准备，是吗？这个想法是从哪儿来的？

谭楷：对，当时我们通过上海外国语学院的翻译家吴定柏了解到，世界科幻有两个大组织，一个是以欧洲为中心的世界科幻小说协会，它每年开年会，很高档，只要作家参加，不要科幻迷参加。这是一个。还有一个就是世界科幻大会，1939年开始的。那个大会规模大，最多时有两万人，最少也有八千人。我们一想，我们中国的科幻要和他们走到一起，以外促内。而且我们一看那个科幻作家布赖恩·奥尔迪斯，是邓小平刚接见过的英国名人访华团的成员，说话有影响力，我就说奥尔迪斯可以。我们想把世界科幻小说协会的年会弄到成都来开。当时就这样，说干就干。

科幻邮差：是世界科幻小说协会年会？

谭楷：如果说法正式些，是世界科幻小说协会年会，实际上一般不要小说两个字，就叫世界科幻协会，WSF（World Science Fiction Society）。

往往奇谈之中，有闪光的思想

科幻邮差：那时候《科学文艺》已经改名了吗？

谭楷：已经改了——《奇谈》。

科幻邮差：《奇谈》改名是怎么回事儿？

谭楷：《奇谈》是这么回事，当时《科学文艺》这个名字，大家都觉得一看就是老古板。我说哥白尼的"日心说"也曾被当作奇谈怪论。天外来客、天外的声音、飞碟和未知的世界，都是奇谈，但往往奇谈之中，有闪光的思想。

科幻邮差：那是在 1989 年吗？

谭楷：1989 年、1990 年，然后到 1991 年就改成《科幻世界》了。《奇谈》刊名用了两年。《奇谈》这个名字不好，容易引起歧义。我们那时候还有个意识，不要把什么科学诗、科学小品、科学散文都塞到里面去，给人感觉重点不突出。我们下决心一心一意搞科幻。就这样，刊名就给改成《科幻世界》了。

1989 年 1 月,《科学文艺》正式更名《奇谈》。

科幻邮差:是在刊名为《奇谈》期间,您写了第一封检讨信吗?

谭楷:对。第一封信就是 1989 年写的,刚改成《奇谈》,就检讨。

科幻邮差:是为什么呢?

谭楷:有人告状,然后(国家)新闻出版署写了一封信来,是后来当期刊司副司长的复旦研究生亲笔写的,我现在还保存着。她是批评我们的,说我们这个《奇谈》违背办刊宗旨,说得很中肯。不过我们的检讨也很诚恳。《奇谈》中报告文学分量太重了,压倒了科幻。读者倒是吸引了很多,但你这就不是科幻杂志了。

市场价值和社会价值是不矛盾的

科幻邮差:其实那时候也是为了生存吧?

谭楷:为了生存。就等于一个打工妹,没钱,嫁了老板两年,跟老板也合不来,就走了,就这样。

科幻邮差:杨潇老师上次接受我们的访谈,谈到《科幻世界》杂志办刊宗旨的时候,她说:"我们经常会过于强调市场和定位,其实也意味着要以经济效益为目标,而且有些时候会出现对市场的妥协。"那么谭老师那个时候，是副总编……

谭楷：我一直都是副主编，杨潇是主编。后来编辑部发展成杂志社，有了三刊、四刊，杨潇当社长的时候，我来当总编。

科幻邮差：嗯，在那个阶段，经济效益和社会效益怎么平衡呢？

谭楷：其实这两个效益不矛盾。中国几百种期刊，人家选哪一本？先是读者一看，看到很好的广告宣传词，就会购买。比如宣传"天下第一美女""第一女高音张靓颖"，观众一看就买票了。而人家实际上也唱得不错，这就对了。市场价值和社会价值是不矛盾的。

《科幻世界》从七万份到十万份，就靠这么一件小事情——我们发现了3D画。那时中国还没有参加版权公约，因此我们就很大胆地搜了很多特别好的3D画做封底。销量一下从几万份翻到十几万份。这是市场规律，是眼球经济，它就有它好看的地方……

科幻邮差：它正好凸显了科幻有趣的、好玩儿的一面。

谭楷：对，就是这个问题。所以说我认为呀，你不管写科普文章，还是儿童文学，都要有趣。曾经北京有一位处长问我什么叫儿童文学，我直接说了一句，儿童文学就是有趣的文学。没趣就别谈什么教育人。

彗木之吻：一定要有好奇心

科幻邮差：之前谭老师聊到身为副主编，要办好一个杂志，要讲究两个底气，一个是科学的底气，一个是文化的底气，您怎么理解这两种底气？

谭楷：我们杂志社结构还是不错的。杨老师是北京航空航天大学毕业的，她学的是自然科学，我也算是学了点儿自然科学。太专业倒也用不上，但是你至少有基本的科学知识，基本的科学素养，起码要对科学的前瞻性知识有一定兴趣。至少你不能落伍了。

科幻邮差：要有旺盛的好奇心。

谭楷：要有好奇心，一定要有好奇心，一定要很关注科学。比如说1994年的彗星，当时我们就激动得不得了，三百年来才有一颗大大的彗星要和木星相撞了。这么大体量的彗星，要撞多大一个坑？四百公里的坑！而且会在木星上撞出一千多公里高的火焰，近距离拍的话会非常震撼。这太有诱惑力了。可在城里看不见啊，我们就把天文望远镜，业余爱好者用的那种，搬到峨眉山上去，还集合了一帮人。当时很寒冷，峨眉山上7月份夜里只有几度，上去还租了军大衣，天文望远镜调了老半天，调好就已经开始撞了，火焰腾起来了！

科幻邮差：那会儿没有网络，没办法看直播。（笑）

谭楷：那一次，我们收获不小。为什么？那天晚上，我意识到，只要一个民族还有好奇心，还能仰望星空，这个民族就有希望，就还可能搞科幻。为什么会这样说呢？

那天我们本来只有几个人，摸黑爬到了峨眉山顶，晚上又冷，我租了军大衣，朝天文望远镜里看。结果住在金顶的游客问："你们在干吗？""看彗星和木星相撞。""彗星怎么撞？"有人就跑来我们这里看。当时那个火焰特别亮，一千多公里高。来一个人看，就能吸引至少三个人过来。结果那天晚上，峨眉山金顶上就排起了长队，就为了看那么一眼，对着这么小的镜头，趴着看。这一个通宵把我累惨了。当时有一个学生家长说："我订了你们《科幻世界》。"我问："你为什么要订《科幻世界》？"她说："订《科幻世界》我是想过的。让娃娃读琼瑶的小说，害怕早恋；读金庸的小说，害怕打架。儿子既不能早恋，也不能打架，那咋办？读科幻。"我很感谢这个人，我说："我们感谢你，非常感谢你！"第二年《科幻世界》的邮局征订广告词就是："让小孩看武侠小说，怕他打架；让他看言情小说，怕他早恋；看科幻吧，让他对科学感兴趣！"这个广告词非常好，全国邮局征订的时候就用了这个广告词，这是在峨眉山金顶上，一个家长告诉我的。

科幻邮差：谭老师，在从事编辑工作的过程中，您是如何帮助作者增强底气的呢？

谭楷：作者的底气都是自己的，他们自己就有底气。实际上只要上了轨道——我是这么觉得的——人生就好像发射火箭一样，一级火箭、二级火箭控制姿态，三级火箭进入轨道，进入轨道你就别管啦，它就围着转啦。关键是要让它冲得高一点儿，定轨定在那儿。比如说，刘慈欣的轨道就是三万六千公里高的，属于高轨道这一级的。有的时候轨道稍微偏点儿，力量小点儿，这个时候就鼓励他，让他回到自己的轨道。

1994 年 7 月 17 日，谭楷（左）组织《科幻世界》"彗木之吻观察队"奔赴峨眉山顶。右为文学编辑邓吉刚。

1994 年 7 月 17 日夜，"彗木之吻观察队"吸引众多游客排队通宵观看天文现象：彗星撞击木星。

比如说我们有几个作者，我就不说名字了，在他们不想干科幻的时候，就去敦促他一下。包括何夕。何夕写了两个短篇，写得不错的，忽然就不写了，因为他工作太忙了，在银行工作。后来我跟阿来两个人一起去自贡，好像那时候阿来还没得茅盾文学奖，我和阿来一起去说服他重新开始创作。何夕本身就是学理工科的，我叫他重新出山，助推一下他。

品牌打造：我们是搞科幻的，不是搞社会新闻的

科幻邮差：在科幻世界杂志社发展的很多年里，尤其是谭楷老师、杨潇老师主持工作的那个阶段，杂志就像一个强大的磁场，最内层是我们一群特别核心的科幻作者，往外就是数以万计的庞大的读者群。翻阅《科幻世界》早年的杂志，可以看到里面有很多关于校园活动的介绍，谭老师那时候也是一马当先，率领编辑部同事走访了很多学校，这个传统是从什么时候开始的？

谭楷：我们很注意调查研究，从《科学文艺》到《奇谈》，再到改名为《科幻世界》，都是征求了读者意见的。经过调查，我们发现读者百分之四十九点几都是初中生，还有百分之几十的高中生和大学生。因为到了高中就要考大学，就没有时间读了。但是高中生读者也有相当一部分，还有大学生。所以我们认为，我们的工作一定要进到校园，要从中学培养他们对科幻的兴趣。所以，我们的校园科幻讲座一直没有停过。成都七中有一个非常棒的语文老师，叫文仲璟，文仲璟老师就随时在学校里边讲科幻；还有金堂中学一个叫童华池的语文老师，还有树德中学的、石室中学的语文老师们动员小孩儿写点儿科幻。中学活动我们经常搞，大学活动也很多，像有一次我在西南交大搞活动，是我五十五岁生日那天晚上。

科幻邮差：啊，太巧了！

谭楷：对，我讲完之后，怎么就响起生日歌了？大家就说，谭老师今天是你的生日，然后大蛋糕就抬出来了。我很感动，非常感动。

科幻邮差：杂志做得非常优秀的话，编辑是非常有成就感，非常荣耀的。

谭楷：这种快乐是没法儿说的。

科幻邮差：（20 世纪）90 年代，《科幻世界》杂志在品牌、读者、市场之间搭建了一个非常好的平台。那么，在品牌、读者、市场三者当中，编辑主要做了哪些工作？

1995 年 6 月，谭楷（右一）深入中学校园，在"校园科幻成都七中杯"颁奖大会上发言。

1997 年 10 月 31 日，谭楷（右）在电子科技大学参加"校园科幻系列活动"开幕式。

20 世纪 90 年代，谭楷（黑板前）和当时《科幻世界》科幻迷俱乐部负责人姚海军在大学里作《科幻的现状、发展和未来》主题宣讲。

谭楷：品牌方面，1994 年起，国家很注意品牌了。中国的期刊就这么多，当时评了一个一百种重点期刊，重点社科期刊，我们不知道怎么就评上了。入选一百种重点期刊，当时很高兴，也开始有品牌意识。我们知道，美国科幻之所以兴盛，因为他们有《惊奇故事》（*Amazing Stories*），在（20 世纪）30 年代是杂志最鼎盛的时代，也就是雨果时代，他们的编辑搜集了很多短篇，打了非常好的基础。我们也应该走这条路。

1987 年，我们去参观了日本的《SF 宝石》杂志，它的发行量有好几万份，当时我们很羡慕，后来一直想要超过它。中国人那么多，那么多爱好科幻的读者，一定要把这个品牌搞好。我也遍访了中国名牌杂志，当时最有名的杂志是什么？《读者》，还有《知音》《家庭》，所谓的三大主力，总编都是我们的朋友。《知音》有什么套路，我们了然于心；《读者》那就不用说了，两千篇稿子选一篇，它瞄准一个人道主义，迎合了读者的心理……

科幻邮差：《科幻世界》杂志从它们身上学到了哪些"套路"？

谭楷：其实并没有，要走自己的路。现在想想，比如《知音》，写一个博士生导师和他年轻的女学生谈恋爱，跟女学生好完又跟丈母娘好……在社会上很轰动，然后就打官司，一直官司不断，越炒越火。封面上就是一些吓人的名字，发表的都是"人咬狗"的怪事。我知道他们的套路。

科幻邮差：怎么扯眼球怎么来。但是《科幻世界》不能这样。

谭楷：我们不能这样来，我们是搞科幻的，不是搞社会新闻的。

两次大会与高考作文题
"撞车"事件

《科幻世界》泄露了高考作文题?

科幻邮差：谭老师，说说高考作文"撞车"的事儿吧，还有《创新指南针》杂志。

谭楷：为什么《科幻世界》一下子发了四十万份？就是因为高考作文"撞车"的事情。可能杨潇已经讲过了，我不多讲了。这说明什么呢？"教育要面向现代化，面向世界，面向未来"，这是邓小平说的"三个面向"教育思想。终于有一天，教育要特别强调面向未来了，于是就出了这么一个

1999年第7期《科幻世界》（左图）部分内容与当年高考作文题目《假如记忆可以移植》"撞车"，让《科幻世界》一夜之间占据各大媒体头条位置，销量又上了一个新台阶。右图为1999年第9期回顾此次事件的《科幻世界》杂志封面。

高考作文题，实际上我们国家总的大政方针是这样的。

我们那时候杂志里有个"每期一星"栏目，杂志前面还有卷首语，讲高科技。正好第7期卷首，阿来写了一篇关于记忆移植的文章，后面"每期一星"栏目的小说也写了记忆移植，就是《假如记忆可以移植》——当年的高考作文题就取了这个题目。很多没有读过科幻的人、读死书的学生，做这种题目非常头疼，做不了这个作文。

但像成都七中、金堂中学，尤其是金堂中学，他们那位叫童华池的老师，平常就训练小孩儿写科幻，还经常在我们杂志上发表。高考语文那一科考完后，学生们就把这位童老师举起来游行，喊："科幻万岁！童老师万岁！"童老师说："我从来没享受过这样的待遇。"大家太高兴了。语文总分一百二十分，作文占四十分嘛，得三十七八分不得了了，对吧？作文太重要了，大分数。

科幻邮差：针对高考作文题"撞车"事件，《成都商报》当时登了一篇很大的文章，是不是因为这个契机，《科幻世界》一夜之间就从深街小巷走出来了？

谭楷：不是不是，那时候已经三十多万份了，就这一下又上了新台阶。

科幻邮差：那《创新指南针》是怎么回事呢？

谭楷：从20世纪80年代中期到现在，全国妇联、共青团中央、中国科协（中国科学技术协会）等机构，主要是中国科协，搞了一个"全国青少年科技创新大赛"，其中就有小论文、小发明，还有其他课题研究。小论文、小发明得了全国一等奖，就保送读清华、北大，重点大学都要向他们敞开。我们跟四川省科协青少年部合作，搞了一个《创新指南针》，用这个杂志辅导全国的学生怎么去写小论文，怎么去搞小发明，怎么画科幻画。结果很受欢迎，一期卖了三万册。

科幻邮差：我（杨枫）那会儿正好在科幻世界杂志社工作，我们当时都觉得杂志社找到了一个新的经济增长点，一个新的品牌就要诞生了。

谭楷：但我们没有坚持往下弄，而我也退休了。

1991 年世界科幻协会年会风波

科幻邮差：科幻是一个舶来品，《科幻世界》为了打造自己的品牌，也走了一条非常艰难的路，因为之前要告诉国人什么是科幻。在这样的背景下，科幻世界杂志社非常前卫、大胆，先后举办了 1991 年世界科幻协会年会和 1997 年国际科幻大会，在当时，科幻的环境并不是特别好，尤其 1991 年，跟今天相比，还是一个非常保守和传统的年代，这个会的背景是什么？请您介绍一下吧。

谭楷：1989 年，杨潇一个人——用外国作家的话说：杨潇用"很少的英语和很大的决心"——独自飞到意大利境内的国中国圣马力诺，参加世界科幻协会的年会。在会上确定了 1991 年的年会在中国开。我们都很高兴，结果因为某些原因，1990 年就有很多国家说，不能来中国开会了。为了确保年会 1991 年能在中国顺利召开，杨潇、向际纯，还有一位翻译申再望，三个人就去做说服工作。那个会在什么地方开？在荷兰的海牙。就大西洋边上，大西洋东岸。我们要从太平洋的西岸，到大西洋的东岸，横穿欧亚大陆。那时候都没有什么钱，杨潇就买了火车票，从北京坐到莫斯科，莫斯科坐到柏林，最后从柏林坐到海牙。坐了整整八天八夜的火车，双脚都肿了，还拿着很多书去，拿了我们的宣传品去散发。外国科幻作家被感动了，他们说，不可思议，简直是科幻！所以我们就又一次争取到机会。这是第一点。

还有第二点。（1991 年）刚刚过完春节，四川省省长开新闻发布会，就宣传世界科幻协会 1991 年年会要到成都来开。当时记者来了，共青团四川省委也来了人，包括时任共青团四川省委书记刘鹏，很多人都参加了。刚

1979 年 10 月 15 日，时任国务院副总理邓小平接见英国知名人士代表团，英国著名科幻作家布赖恩·奥尔迪斯任副团长。

开完发布会，忽然北京那边说你们考虑考虑，把这个会给停了，有人举报揭发你们，说世界科幻协会可能是搞和平演变的，你们参加是里通外国。告状信提到奥尔迪斯，说奥尔迪斯之前是偷偷摸摸来的中国。我们就去北京"辩诬"。一个部一个部跑，做解释工作，把《人民日报》邓小平接见奥尔迪斯的照片拿给相关领导看。奥尔迪斯是英国非常有名的布克文学奖的评委，在英国是家喻户晓的作家，而且是英国名人访华团的成员，邓小平接见过，怎么叫偷偷摸摸？我们解释工作做到位了，年会终于获准召开。

这件事埋下了一个伏笔，当时国务院就派了一个姓袁的处长，国家科学技术委员会派了一个姓李的处长，叫李小夫，这两位处长是来看我们是不是有犯规的动作。他们从头到尾看了我们的会，认为我们在非常努力地搞科幻。其实我们做事，光明磊落，不怕谁说什么的，实实在在为了国家，为了民族。李小夫认为我们的会办得非常成功，组织得非常好。结果 1997 年开会的时候，李小夫已经成为国家科学技术委员会国际会议处处长，专门批国际会议。他一看我们来了，说这不是谭楷吗？结果 1997 年的国际会议（审批流程）批得很顺利。

科幻邮差：科幻世界杂志社得道多助呀。

谭楷：对，得道多助，所以后来 1997 年开会，就顺利得很。这之前，时任国家科学技术委员会主任宋健还给我们写了一封信，对科幻世界杂志社取得的成果表示祝贺。

1997 年 1 月 3 日，时任国家科学技术委员会主任宋健复函，对科幻世界杂志社取得的成绩表示祝贺。此信刊登在 1997 年第 3 期《科幻世界》杂志卷首。

老天爷都不能把中国科幻挡住，谁还能挡住？

科幻邮差：谭老师，1991 年的会议规模有多大？在哪里举行的？

谭楷：会议的规模……嗯，是在锦江大礼堂举行的开幕式。当时四川省省长张皓若和四大领导班子基本都来了。主要还是时任（四川省）副省长韩邦彦，他一直管文化口子，亲自检查接待工作，做得很细。开幕式完了以后就开学术讨论会，讨论会开了两天，然后大家就到卧龙（自然保护区）去。在卧龙，我们当时觉得最完美的就是搞了三堆篝火，把卧龙的老百姓都吸引来跳锅庄，全部穿着藏族服装，然后每个人跟熊猫照相。

那个时候跟熊猫一起照相是什么规格？英国女王的丈夫爱丁堡公爵，他到卧龙去，才把熊猫放出来跟他照相。我说，你们享受的是英国女王丈夫的规格。（笑）然后大家就去跟熊猫照相，很高兴，晚上又围着篝火跳舞。

1991 年 5 月，参加 '91WSF 成都年会的外宾在卧龙自然保护区与大熊猫亲密接触。

为什么有三堆篝火？那代表美洲、欧洲和亚洲。美洲是美国的弗雷德里克·波尔点篝火，亚洲是日本的柴野拓美，欧洲是英国的布赖恩·奥尔迪斯，点燃三堆篝火后大家就跳舞，非常高兴，吃得喝得也很高兴。第二天吃了中午饭正要走，卧龙突然降下暴雨，路断成了七段，发生了泥石流……

科幻邮差：那时候交通本来就很落后。

谭楷：卧龙之前遭了很多祸，有一次堵车曾经堵过半个月。如果这次堵上半个月，有些老人肯定吃不住，一位美国科幻作家都八十二岁了。

科幻邮差：是哪一位啊？

谭楷：杰克·威廉森，美国著名科幻作家，人非常好。他有高原反应，从没在海拔一千米以上住过。来到一千三百多米的地方，他就觉得气紧。我们只有依靠森林火灾的无线电台不断向四川省政府呼救，希望四川省政府派直升机来，把外国科幻作家运走。结果根本不可能……

科幻邮差：困在那儿的大概有多少人？

谭楷：两百多人。就是参加活动的外国作家，还有中国科幻作家，以及许多杂志社、出版社的人。

科幻邮差：规模相当大呀。

谭楷：《人民文学》的主编王扶，叶圣陶的孙女——《中国少年报》的编辑部主任叶小沫等，来了好多好多人。大翻译家董鼎山的兄弟董乐山、傅惟慈等大翻译家也来了，与会成员规格很高。卧龙（四川卧龙自然保护区管理局）的蒲光俊局长和我一起，带了上百人去排险，编辑部的同志们都紧张极了。经过一夜苦战，道路在凌晨五点钟打通以后，大家害怕再下雨，就马上出发了。

科幻邮差：永生难忘的经历。您觉得这个活动对中国科幻有什么影响？

谭楷：用《人民文学》王扶说的一句话："老天爷都不能把中国科幻挡住，谁还能挡住？"她还说："不管是谁告状，还是领导说什么话，还有老天爷跑来挡你们一下，我心里都替你们着急。这要是再挡两天，几十万飞机票怎么赔？出现了重病的人怎么办？后果不堪设想。"后来我说，以后再搞这么大型的活动，千万别去卧龙了。

1991 年 5 月，谭楷（蓝衣者）率队在卧龙通宵抢险，为参加 '91WSF 成都年会的嘉宾打通生命通道。

1997 北京国际科幻大会空前绝后

谭楷：1991 年之后，最大型的一场活动就是 1997 年的。

科幻邮差：那时大的环境跟 1991 年相比就好多了。1997 年的活动是先在北京，后在成都，怎么想到要采取这种形式呢？

谭楷：我们想要充分地展示大本营啊。我们本来说 1997 年国际科幻大会就在成都开，后来中央电视台我的一个老兄弟叫骆汉城，给我出主意说应该到北京去办，我想想也对，更有影响力呀，于是我们就跑到北京。1997 年的元旦，四川省科协的主席和副主席带着我和杨潇，一上班就去找中国科协党组书记张玉台。张玉台很支持，马上就定下中国科协副主席、书记处书记常志海当大会组委会负责人，这个会由中国科协主办，规格一下子就提高了。后来也比较顺利。

科幻邮差：1997 年来的嘉宾中也有一部分外宾，外宾和 1991 年有什么不同？

谭楷：1997 年活动最大的特点，空前绝后，就是请了五名宇航员嘛：三名俄罗斯的，两名美国的。

科幻邮差：邀请他们参加活动，当时是基于什么样的考虑？

谭楷：我们要把科学和科幻粘合在一起。为什么请宇航员？宇航员有点儿面向未来的意思，未来人类要迁徙到火星上住、月球上住，都跟宇航员有关系。而且中国也开始有宇航热了，杨利伟已经被送到了俄罗斯去学习，训练杨利伟的是别列佐沃伊上校，我们就把他请来了。

科幻邮差：哇，杨利伟的教练都来了呀！

谭楷：来了。为什么由他去训练杨利伟呢？因为他是上太空次数最多的俄罗斯宇航员，全世界到现在也没有人超过他，他的绰号叫"宇宙搬运工"，因为他把大量东西送到空间站去。这个上校很有太空飞行经验，于是我们把他请来了。

科幻邮差：邀请这些人都是通过什么渠道呢？

谭楷：科协，四川省科协找中国科协，中国科协找国家科委（国家科学技术委员会），因为中国驻外大使馆里边所有的科技参赞都是从国家科委派出去的，不是从外交部派的。所以他们就去请中国驻莫斯科的科技参赞，请他联系俄罗斯宇航局，就把俄罗斯宇航员请来了。

科幻邮差：1997年前后，全国很多青少年刚刚开始追星，科幻世界杂志社这个举动让青少年在追明星之余，又发现了一种新星——科学/科幻之星。当时来的这些嘉宾有怎么样的感想？

谭楷：俄罗斯宇航员说得最好：中国太好，中国人民太好，中国人民太热情。"达瓦里希"，就是俄语的"同志"，就说中国同志非常好。美国宇航员也对中国印象非常好，那个女宇航员香农·露西德就是在中国出生的，生于上海的美国传教士家庭。

科幻邮差：这次活动对整个科幻世界的品牌塑造产生了什么影响？

谭楷：影响很大。真是空前绝后。以后再也没有谁请到美、俄两个国家五名宇航员。因为请不来了，人家不会这样一下来五个宇航员，不可能。有很多机缘在里面。

1997年7月，在太空飞行了211个昼夜的俄罗斯宇航员、俄罗斯宇航联合会副主席阿·尼·别列佐沃伊上校（右）于北京国际科幻大会开幕式上发言。

个人与朋友回顾

流沙河写在墙上的字：遍寻不着

科幻邮差：整个 20 世纪 90 年代，是谭老师跟很多科幻迷、作家、科技工作者结下深厚友谊的一个阶段，我觉得在谭老师的身上常常能感受到您对他们的真挚情感，而且保持了多年。即使就在此刻，您的身上依然有这样的热情。能跟我们分享一下他们的故事吗？

谭楷：记不得了，名字太多了——得去翻老本子。但即使是在海外，比如说洛杉矶、旧金山、温哥华、多伦多，我都遇到过爱看《科幻世界》的人，都说"你编的《科幻世界》影响了我"。

科幻邮差：刚才您提到了骆汉城老师。

谭楷：他是中央电视台非常有名的记者，写了好多本书。我认为中央电视台很多记者文化不够，功底不够，但他是非常有文化功底的。他写过科幻小说，在我们这儿发过两三篇。他很喜欢科幻小说，文笔也很好。

科幻邮差：刚才翻看《科幻世界》创刊一百期的照片，看到骆导那时正好到编辑部来了。科幻世界杂志社去年（2015）在北京做活动，骆导也到现场来了。

谭楷：嗯，今年（2016）也来了，只要科幻世界杂志社

1994 年 8 月 9 日，中央电视台记者骆汉城（后排左四）到《科幻世界》杂志编辑部共庆创刊 100 期。后排左三为杨潇，后排右三为谭楷。

搞活动，他都尽量来，关系非常铁。

科幻邮差：我听说流沙河老师给您题过几幅字，第一幅字是 1989 年 3 月写的，那时，《科学文艺》因为更名《奇谈》改变了办刊宗旨受到批评，您代表编辑部写检讨。沙河老师讲述的时候，说到你俩之间真挚的友谊，很多次不仅您感动得热泪盈眶，我也感动得热泪盈眶。我没有想到这样一位老人，心里还深藏着对科幻如此深厚的关切和热爱，他的这种热爱恰好又在谭楷老师这里找到了一种投射，觉得有这样一个知己很欣慰。我一直觉得您俩是一对忘年交，而沙河老师他完全是把您作为知己来看待的。

刚才听你们聊天时说起一件事，有一次沙河老师去您家玩儿没找到人，然后就用粉笔在墙上写了一行留言，我听了好感动。那次您因为搬家很匆忙，没及时告诉沙河老师，他来找您才发现门锁上了，全家已经搬走了。而沙河老师来这边已经是个习惯，隔三岔五要到红旗剧场来找您聊天，过来一看没有人，于是不知道从哪儿找来了一截粉笔头，在墙上写了一段话，说"遍寻不着"。这样的经历，我觉得是"文人相亲"在您两位身上最有力的一个说明。您交的这些朋友，特别能够肝胆相照，真是走入了彼此的心灵，所以在最困难的时候，在您自己都没意识到自己的思想和情绪沉闷到什么程度的时候，沙河老师一眼就看了出来，所以才有了沙河老师的几次题赠，真是非常令人羡慕。今天早上在沙河老师家聆听您两位的对谈，亲眼见证了一段非常伟大的友谊，特别感慨。

谭楷：谢谢，谢谢。

科幻邮差：谭老师，我还想再问一个问题，马识途老先生，我在《科学文艺》创刊号上见过他的名字。今年（2016）银河奖创立三十周年，您还带领科幻世界杂志社的同事专程去拜访马老。马老跟科幻世界有什么渊源？

谭楷：第一，《科学文艺》创刊的时候请他写了发刊词；第二呢，杨潇的爸爸杨超和马老是特别好的朋友。两位都是革命老前辈，又有共同的兴趣和爱好。

谭楷看望百岁老人马识途老先生（右）。

人的生命应该是一条小溪，哗哗哗地不停流动

科幻邮差：时间一晃就是几十年，一本杂志能带动一个国家的科幻风潮，值得科幻人为它骄傲。谭老师 1979 年进杂志社到 2003 年离开，差不多相当于四分之一个世纪。在这二十几年中，您最大的骄傲是什么？有没有留下什么遗憾？

谭楷：最大的骄傲……我从来没觉得很骄傲，人骄傲就有点儿虚浮的感觉。我就是觉得自己没有白干。我喜欢写作，但这二十几年几乎没写什么东西，虽然还有诗歌、短篇小说、科幻作品、科普小品，甚至都有得奖，但我觉得作品太少，自己没有写东西，这个很遗憾。我这辈子虚度光阴……是我儿子经常提醒我，老爸你可以了，你当了编辑没有白当，《科幻世界》没有垮嘛。二十多家期刊都垮了的时候，它没有垮。就是这点还不错。我觉得《科幻世界》杂志还能坚持下去，像杨枫，像姚海军，像刘成树等，这些人在继续把杂志社往前推着走，我看着你们的背影就很高兴。大家还在做科幻，在把中国科幻往前推，我就只有这个骄傲。遗憾的是，我们整个杂志社的体制，问题就很大了，不是我今天能够说清楚的。我们自己拼命干的时候，没有想怎么把这个东西在内部机制上进行制度化，更深入地进行改革。这方面我们做得不够，非常不够，所以说我跟杨潇觉得很遗憾。

科幻邮差：其实这既是遗憾，也是留给后人发挥的空间。后面的人有思想、有想法，有这样的勇气大胆去开拓的话，也能找到一条新路。

谭楷：对，那个时候动不动就说你们是资本主义，要讨论姓"社"姓"资"。但现在你们面临的是新的问题、新的烦恼，我们要看到社会在进步。人的生命就应该是一条小溪，哗哗哗地不停流动。

激情、熊猫和《科学文艺》，生命的三原色

科幻邮差：四川省科普作家协会理事长吴显奎老师，也是中国科幻银河奖第一届

的得主，他曾经用三个词来形容谭楷老师，分别是激情、熊猫和《科学文艺》，说这构成了您生命的三原色。您认同这个说法吗？

谭楷：我觉得他有点儿鼓励我的意思。哈哈，这是他用他的眼光来看我。

科幻邮差：主要您二位有个相同点，身上都有诗人的气质。

谭楷：我是极力避免自己的生命死气沉沉。死气沉沉的不好。所以我常说，人的生命应该是一条小溪，而不是一潭死水。

科幻邮差：不是小溪，是大河。

谭楷：不不不，就是小溪，弯弯曲曲的，最后反正朝大海方向走，不停地走，就应该是这样。推动它前进的，是每天都要跟外面的世界、跟客观世界摩擦，但是始终要克服种种困难，向着好的方向往前走。生命不可以没有激情。人从生下来到死都该是充满激情的。要过鲜活的人生。第二个，熊猫，我觉得可以解释为大自然，翻译为我对大自然的热爱。为什么我这么忙？那个时候给我两天假，就能在《人民日报》副刊登一篇关于熊猫方面的报告文学，一个整版。《人民日报》登一整版不容易啊。"五一棚"我已经去了多少次了，但最后一次定稿的时候，我又一个人踏着积雪上山，半夜跑到海拔两千六百五十米的山上去。

科幻邮差：那是在哪儿啊？

谭楷："五一棚"是卧龙自然保护区的大熊猫观察站。那时候真是挑战啊，很冒险。一般人根本不可能半夜走那些路，但我走那些路的时候一点儿都不怕。我是人，属于大自然的人，对大自然很热爱，如果将大自然画成一个具体形象，就是大熊猫。如果一个人，对大自然有激情，回到森林里边去，就像回到家乡一样。大自然不会嫉妒你的。你要唱歌唱多大声都没问题，你要跳舞怎么跳都行，大自然不会嫉妒你，只会包容和接纳你。我认为，人第一要有激情，第二要对大自然有激情，第三是科幻。科幻是什么？是幻想，那么你的脑瓜还要不停地有幻想。我觉得能为中国的科幻事业尽我的一点儿微薄之力，使科幻能往前走，也不错。我聊以自慰。

1995 年 4 月，"熊猫专家"谭楷和他心爱的熊猫宝宝在一起。

1999 年 10 月，谭楷在第二届全国百种重点社科期刊奖颁奖大会现场。

蔡志忠的画 & 流沙河的字

科幻邮差：热爱自然，是一种精神的寄托；热爱科幻，又是一种思想的寄托。这一切成就了一个永葆激情的谭老师……

谭楷：我是看着你们高兴，看到你们年轻人，我就有激情。

科幻邮差：谭老师，跟我们说说蔡志忠给您画的那幅画是怎么回事吧？

谭楷：有一次，三联书店（出版社）老板董秀玉（时任总经理）请翻译家杨武能吃饭。杨说自己讲话没趣，就把我拽上。"三联"当时正好买了蔡志忠的版权，蔡志忠也来吃火锅，吃得不亦乐乎，摆成都龙门阵嘛。杨武能教授领衔编了《成都大词典》，三百多万字。我们是因为《成都大词典》结的缘。

1992 年底，流沙河（右）在蔡志忠画作上题写的神来之笔，是他和谭楷（左）历久弥坚的友谊的见证。

科幻邮差：《成都大词典》您也参与了？

谭楷：我参与了编辑工作，担任第一副主编。现在给我三百万元也绝对编不出来，太累了。那天，我们和蔡志忠在成都人民公园旁吃完火锅，就回锦江宾馆，说坐车回去，我说我不要坐车，我走路。蔡志忠就说他也走路，然后我俩就边走边聊，聊着聊着就聊到阿弥陀佛，聊到佛教，聊到那些源头。他就说，干脆我们去喝咖啡吧，然后我们就到他房间里去喝咖啡，聊到夜里快一点，我说我要走了。他说我给你画张画。他就给我画了一张。后来给流沙河看了，他很高兴，就题词配画。非常绝的诗与画。

成都有很深厚的科幻底蕴，要用起来

科幻邮差：确实是神来之笔呀！谭老师是哪年离开科幻世界杂志社的？

谭楷：2003 年底，到点就马上退休了，那是国家规定的。

科幻邮差：您还在科幻世界杂志社任职的时候，经您的编辑团队挖掘出的科幻作家有哪些？

谭楷：最早应该是吴岩、星河、韩松、张劲松和杨鹏，之后是王晋康、绿杨，后来就是何夕、刘慈欣，还有就是一些打一枪换一个地方的。女作者赵海虹、凌晨、彭柳蓉，也是那个时期发掘的，我认为 20 世纪 90 年代末、1997 年前后出的人才特别多。

科幻邮差：那个时候柳文扬也出来了……

谭楷：出来了，还有刘维佳。

科幻邮差：那个阶段的辉煌，放到现在大的环境来看，科幻的热潮还在持续发酵中，但科幻世界杂志社似乎还可以达到更高的高度。您觉得最大的症结是什么？

谭楷：我认为在中国办事，领导重视非常重要。比如我建议成都一定要换名片，应该着力打造"科幻之都"。"科幻之都"既可以虚，也可以实。非常好。我认为成都有一个很深的文化底蕴，就是"巫"文化、三星堆啊、金沙遗址这些，是按照中原文化、黄河流域文化来划分的，有很多无法解释的东西在里边，属于"巫"文化。

科幻邮差：都跟想象有关。

谭楷：嗯，像眼睛向外突出的纵目人，这些都是超出想象的东西，所以我认为成都有很深的底蕴，我觉得要用起来。

科幻邮差：在科幻世界杂志社数十年的发展中，既有过高潮，也有过低潮，要想让它进一步发展，还需要什么样的土壤和条件？

谭楷：我认为市场已经在关注科幻了。市场资本进入科幻，是很不得了的，或者现在已经开始了，我感到很欣慰。我觉得现在反过来了，资本对你很期待，对科幻电影很期待——就好像拿着钻石戒指，把项链什么都准备好了，结果出来一个很丑的新娘，那简直是惨不忍睹，科幻电影马上就要掉价。所以我觉得现在只是看起来非常热，包括我们的银河奖、星云奖，我认为这些可能是礼花。很绚烂的礼花，放过了礼花就是一地废纸，我就害怕那样。我觉得，现在真正需要科幻作家还有大量——科幻迷做的，是沉下心来不断推出优秀作品，做最基础的工作。

科幻邮差：就是希望我们的创作队伍潜心创作，耐得住寂寞。

其实在准备今天这个访谈之前，上周我们曾到谭老师家去采集资料，当时在谭老师的书柜里看到了一满柜各种各样的图书。我们以为这里面会有《科幻世界》杂志或与科幻相关的物料，结果相反。作为科幻世界杂志社的功臣，谭老师取得的奖章和证书远没有我们想象的多，而谭老师为中国科幻做出的贡献，给我们留下了丰厚土壤——以科幻世界为平台，以谭老师为核心，汇聚起广大作者和读者，是我们取之不尽的一座宝库。值得欣慰的是，在今年（2016）银河奖三十周年的颁奖典礼上，谭老师得到了迄今为止最特别的一个奖赏——中国科幻功勋奖，我觉得谭老师当之无愧。在未来前行的路上，中国科幻发展不可能一帆风顺，外面各种各样的诱惑和干扰一定也少不了。如果我们能像谭老师这样永远怀着一颗赤子之心拥抱科幻，中国科幻一定会有展翅腾飞的那一天。今天的访谈就到这里了，谢谢谭老师。

谭楷：谢谢你们。

趣问趣答

01 您能否就科幻小说给出一个自己的定义？

科幻小说就是小说，小说就是故事，这是福斯特说的；除此之外，还要有科学的内涵，还要有幻想。我经常说科幻小说就像跳水——那个十米高的平台就是科学，一定要爬到科学高度，然后跳出花样来，就是幻想。

02 作为一名创作者，您是否会有灵感枯竭的时候？

写诗写不下去的时候，我就写小说；小说写不下去我就写散文，写纪实文学。不存在灵感枯竭的问题，几十年没有写，现在来好好写，总有一种写不完的感觉。

03 您在生活中是不是一个重度科技依赖者？

有手机我就用手机，有电脑我就用电脑，没电脑的时候，我就写字了。我觉得对我来说，换笔换电脑或者以后用眼球都可以，人总要表达。

04 您作为熊猫专家，如果要给一只熊猫起名字，您会起什么名字？

枫枫。（笑）正好今年（2016 年）10 月，加拿大那一对熊猫一周岁，它应该取名叫加枫枫，结果取的名字是加盼盼、加悦悦。是他们加拿大的人给取的。

05 假如有一天您有机会去太空旅行，您会去哪儿？

我不去，我恐高。

06 如果有一本关于您的传记，您最希望用一句什么样的话作为开篇？

渴望崇高。人都是活得庸庸碌碌的，我达不到崇高，渴望崇高总可以吧？

07 如果时间可以倒流，您最想回到什么时候？为什么？

北宋、盛唐。那样的话，我就要住万里桥，"万里桥边多酒家，游人爱向谁家宿"，很自在、很潇洒的人生。

08 在二十多年的职业科幻编辑生涯中，您觉得在培养作者方面，最重要的一点是什么？

最重要的还是交流，要多替作者想，帮助作者。比如说，柳文扬第一篇稿子《黛西救我》，我是在退稿中发现的。我一看马上推荐，结果得了银河奖。我后来才知道，是著名作家陈建功在指导柳文扬。

09 在谭老师心中，四川科幻在中国科幻版图中占什么地位？

四川是重中之重，科幻真正的起源地、发源地、发动机。北京也是一个重要的舞台，可北京诱惑太多了。

10 请您说说对中国科幻的祝福与期待。

星光灿烂，汇入银河。

"没有想象力的人，是灵魂的残废"

"A PERSON WITHOUT IMAGINATION HAS A CRIPPLED SOUL"

流 沙 河

导语 INTRODUCTION

流沙河是名满中国的诗人、学者、作家，他的诗作《理想》曾入选 2007 人教版语文七年级课本。但很少有人知道，流沙河也是一位充满幻想的科幻作家。

流沙河曾是四川大学农学院学生，并非文科生。在四川老一辈的作家之中，他是罕见的对自然科学有着浓厚兴趣的作家。他还对未知世界充满好奇心。记得《飞碟探索》的主编时波到成都来找他长谈，他滔滔不绝地讲了几十个飞碟与地球人接触的案例，笃信其真。

我觉得他最适合给我们的作者上"科幻课"，所以，1981 年曾在成都市劳动人民文化宫请他讲"幻"。那天，他从"幻"字说到中国对未知世界的认识，并结合自己的特殊经历，深有感触地说："想象力对人非常重要。没有想象力的人，是灵魂的残废。"

我将鲁迅说的"导中国人群以进行，必自科学小说始"、爱因斯坦说的"想象力比知识更重要"和流沙河说的"没有想象力的人，是灵魂的残废"三句话，作为我的座右铭。

流沙河是"不需要想起而绝不会忘记"的中国优秀作家。他于 2019 年 11 月 23 日病逝。2022 年，在他逝世三周年之际，11 月 28 日，成都武侯祠博物馆特举办《流沙河书法作品回顾展》，本地文朋诗友纷纷举办追思会、诗歌朗诵会，缅怀他。浙江那边，徐志摩的故乡，也有文化人的聚会，盛赞他对中国古文字研究的特殊贡献。

我突然感觉，诗与科幻，有共通之处，都是比拼想象力的文学。流沙河的著名诗篇《就是那一只蟋蟀》，写一只小蟋蟀，一跳跳过台湾海峡，唤起乡愁，也可以演绎成一篇科幻小说，写若干只高科技蟋蟀，如何用攻心的音乐，消除对立情绪，唤醒人间大爱，实现和平。今夜，回忆起流沙河，对他的认识，又有了新的感觉。

（谭楷）

LIU SHAHE

"A PERSON WITHOUT IMAGINATION HAS A CRIPPLED SOUL"

■ INTRODUCTION

Liu Shahe is one of the most famous amongst Chinese poets, scholars, and writers. His poem *Ideal* is included in the 7th grade language and literature textbook published by People's Education Press. However, few people know that Liu Shahe was also a science fiction writer full of wild imagination.

Liu Shahe was not trained in the humanities; he studied agriculture at Sichuan University. Amongst the older generation of Sichuanese writers, he was one of the rare people with a profound interest in natural science. He was also curious about the unknown. When Shi Bo, the editor-in-chief of *The Journal of UFO Research* visited him in Chengdu, he had an entire speech about dozens of examples of humans encountering UFOs, convinced that extraterrestrial civilizations existed.

Believing that he was the most suitable person to give our writers a lecture about science fiction and fantasy, I invited him to talk about the fantastical at the cultural center in 1981. He expounded on the ways that Chinese people recognized and conceptualized the unknown as well as his personal experience, and left us with an important insight, "Imagination is crucial to human beings. A person without imagination has a crippled soul."

I have three mottos in life: "Only through science fiction can we begin to lead the Chinese people forward" by Lu Xun, "Imagination is more important than knowledge" by Einstein, and "A Person without imagination has a crippled soul" by Liu Shahe.

Liu Shahe is a splendid Chinese writer who does not need to be commemorated on purpose, yet he is never forgotten. He passed away three years ago on November 23th, 2019, after a long struggle with illness. Recently, the Chengdu Wu Hou Shrine held an exhibition that featured his calligraphy; other writer and poet friends in Chengdu also organized memorial events and poetry readings in his honor. In Zhejiang province, where the great poet Xu Zhimo was from, artists also gathered to extoll the significant contributions that he had made to the research on ancient Chinese script.

Suddenly, I feel that poetry and science fiction have many overlaps: they are both genres that rely on imagination. Liu Shahe's famous poem, *It's that Cricket,* describes a cricket that was able to hop across the Taiwan Strait, evoking nostalgia for many people. The same story could also be told as a work of science fiction, in which several technology-enhanced crickets could use their songs to dissolve antagonism and prejudice and awaken a yearning for love and peace within people's hearts. Tonight, as I remember Liu Shahe again, I gain a new understanding of him.

(Tan Kai)

■ TABLE OF CONTENTS

我与谭楷的友谊
从1979年开始

MY FRIENDSHIP
WITH TAN KAI
BEGAN IN 1979

第一幅字：困顿之时，愿庄子常伴左右

《科学文艺》从 20 世纪 70 年代末杨潇、谭楷他们创办以来，我和他们的关系就很密切。当时，我经常到他们那边去，因为我也是一个《科学文艺》的爱好者。

我这个人从年轻时就有一个愿望，希望把科学常识普及开来，但是用什么办法普及？如果用很简单的办法，就很难收到效果，因为科学知识和原理都相当抽象、枯燥。谭楷他们办《科学文艺》，是想把科学和文学结合起来，是想通过文学的样式普及科学常识，直到现在我都认为，这个任务是非常神圣的，是有意义的，特别是对中国这个文盲基数比较大的国家更是如此，这是非常有必要的。除了普及科学知识以外，《科学文艺》还可以使科学圈以外的人受到启发，因为哪怕你不是从事科学研究，《科学文艺》也可以丰富你的头脑，增加你的科学常识，激发你的想象力。

我曾经跟谭楷说过，没有想象力的人，是灵魂的残废，所以我和谭楷关系好不仅是个人关系好，还有共同的志趣。很多他所从事的事情，都能引起我的共鸣。

想当初我经常到他们编辑部去。我记得曾经有一次，也是在（20 世纪）80 年代末，他们编辑部要招收编辑，他们就商量请我出题，我只出了一道题——我写了一篇文章，上面有一百个错误，全部是科学常识的错误。这一篇文章写得相当长，考试的卷子都有两三张，这些错误改一处就一分，这样也好打分。当时我是很认真的，我不认为是在给谭楷帮忙，因为我喜欢他们这个《科学文艺》。

另外就个人来说，我和谭楷的交情也很深。在我还不认识他、连名字都还没有听过的时候，我母亲就提到过他。

那时候，1978 年，我在家乡被调到（四川金堂）县文化馆去。大概在 1979 年春天，有一次我下了班回去，我的母亲就说："你快来看，有个叫谭楷的人写了你们原来那个单位。"然后我就看到写的是"布后街 2 号"（原《星星》诗刊编辑部所在地），从那以后我就知道他了，那个时候我们连面都没有见过。

后来回来之后，他在红旗剧院楼上住，我几乎每个星期天都到他那里去，去的时候我们都没有摆其他什么龙门阵，谭楷摆的都是科学界的新动态，偶尔谭楷也写一些诗。我就很喜欢听他谈科学界的新动态、国外科学界的新发现。我本来对物理学和天文学就很有兴趣，所以有时候也附和着他谈，特别是我曾经非常迷信过飞碟，Unidentified Flying Object，不明飞行物。

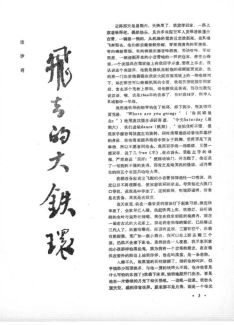

流沙河基于飞碟幻想创作的科幻小说《飞去的大铁环》，
刊登在《科学文艺》1982 年第 1 期。

我也写过科幻小说，两篇都登在《科学文艺》上，有一篇写的是飞碟和农村小孩的关系，还有一篇写的是鬼镜，镜子里面有鬼出现。

这些（作品）都受了我在（20世纪）50年代读的苏联科幻小说的影响，因为我读过很多苏联的科幻小说，所以当时跟谭楷的关系好。除了这个，在十二生肖里面，他也是（属）羊，我也是（属）羊，羊就是没有什么进攻性的，只不过我比他大一轮。

谭楷的为人呢，那个时候我就笑他——你就是一个社会工作者，因为一天到晚都在帮别人的忙。所以我就看出了，他当时对《科学文艺》非常之投入，跟他在一起，他谈的总是"我们编辑部又做了啥，准备做啥"，甚至他们那边有什么活动也把我叫去。

当然，这些都过去了。后来我们知道，在我给谭楷写这幅字（图见P122）的这一年，20世纪80年代末，那个时候中国该往何处去，也是知识界、文化界非常关心的一件事。当时各种事件起伏，使人希望，使人失望。谭楷就在这个时候努力地工作，但也是由于这一年他的工作做得太超前了一点儿，后来就惹了麻烦，就让他检讨。

前期谭楷就很苦恼，因为他想不通："我全部精力都投到这里面，怎么我还要检讨？"我当时就劝他，这些事情还要退一步看。

于是，有个星期天我在他人民南路的家中，我就把庄子的一段原文背给他听，一句一句我给他解释："一受其成形，不亡以待尽。与物相刃相靡，其行尽如驰而莫之能止，不亦悲乎！终身役役而不见其成功，苶然疲役而不知其所归。"

这段话就是说累得脸上都没有表情了，都还做不完。一天到晚跑来跑去，连自己都不知道要回到哪里，不由人了，"可不哀邪！"这个事情想来还是很悲哀的，"人谓之不死，奚益！"人到了这个时候，活着就没有意思了，还不如死了算了，活得这么麻烦，既要检讨，又要痛苦，还想不通。"其形化，其心与之然，可不谓大哀乎？人之生也，固若是（之）芒乎？其我独芒，而人亦有不芒者乎？"

谭楷并没有读过这些，但是他悟性高，马上就明白了。我认为庄子的好处就是安慰失败者，我和他都是失败者，不是什么成功人士，我们这些人永远不可能有什么成功。

他付出了那么多精力，还要被弄去做检讨，不是非常失败是什么？（庄子）就是安慰我们这些人。我之所以研究庄子，到处讲课，后来还写过庄子，也跟这个有关系，就是退后一步的意思。因为谭楷那个时候应该是他碰钉子、最想不通的时候，所以作为朋友，我现在看到几十年前给他写的这个条幅我很感慨，这个就是朋友之道，互相

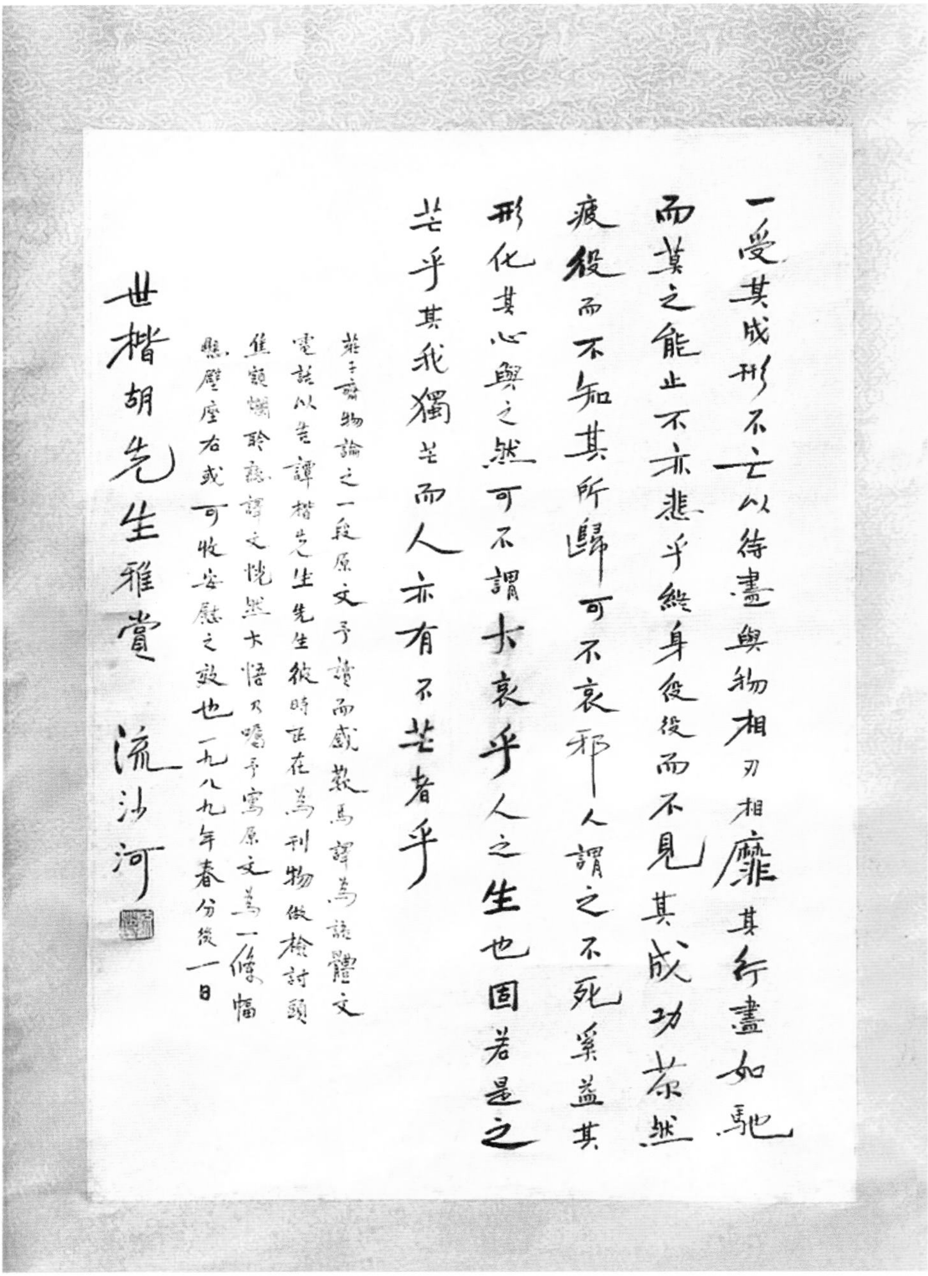

一受其成形不亡以待盡與物相刃相靡其行盡如馳

而莫之能止不亦悲乎終身役役而不見其成功苶然

疲役而不知其所歸可不哀邪人謂之不死奚益其

形化其心與之然可不謂大哀乎人之生也固若是之

芒乎其我獨芒而人亦有不芒者乎

莊子齊物論之一段原文予讀而戲敩為譚為諧體文
電話以告譚楷先生彼時正在為刊物做檢討頭
催頗煩於意譚之悅然大悟又嘱予寫原文為一條幅
縣壁座右或可收安慰之效也一九八九年春分後一日

世楷胡先生雅賞　流沙河

1989 年 3 月，在谭楷为《奇谈》(《科幻世界》前身) 写检讨深感苦闷之际，
流沙河题字一幅赠予友人，聊作安慰。

安慰、鼓舞。

我从来没跟他说，谭楷，要去告状，要去跟他们斗争，因为我属羊，他也属羊，天生不适合（斗争），斗不来任何狼，退后一步就算了。我还曾经给他说过一句话——因为到（20世纪）90年代了，他就弄得更加痛苦——我说谭楷你弄清楚，你是在这儿打工，你不是主人，虽然是你创办的，你也不是主人，我们来了都要去的，他就想得通。

第二幅字画：红尘潇洒，愿友灵魂自在遨游

蔡志忠先生也给我画过画，他还到家中来过，画的是一条河。我跟他摆过龙门阵，他只读过初中，但他真正有漫画天才。所以那个时候谭楷把他带来，摆龙门阵，好像还一起吃过饭。那时候我和吴茂华（流沙河先生第二任妻子）正是刚刚认识大概有十天，原来面都没见过，谭楷都不晓得这个真相。

当初跟蔡志忠结交，是因为我看到他的画就觉得好有趣，谭楷拿给我看，我非常欣赏。

我说这张画好啊。画中人坐的蒲团就是飞碟，你看他眼睛已经闭上，灵魂已经飞往太空，他有一种解脱的状态，所谓禅，就是一瞬间的自得其乐，一瞬间的醒悟。

我后来跟谭楷讨论过，这也是科幻。然后我给这幅画题了两行字：

"身居红尘世界之中，梦入圆融自在

流沙河、吴茂华夫妇

身居紅塵世界之中
夢入圓融自在之境
蒲團坐成飛碟
靈魂邀遊太空
此即禪也
流沙河題
一九九二年將盡

1992 年底，蔡志忠赠谭楷画作一幅，流沙河看后有感而发，信手题写了一段话。

之境，蒲团坐成飞碟，灵魂遨游太空。此即禅也。"

第三幅字：淡泊挚友，建焜煌业如临水观星

这幅字写的是："为淡泊人创焜煌业，临沧浪水观灿烂星。"

"沧浪"指的沧波、大水。苏州有个沧浪亭，他们很多人读不来这个音。有一个作家大家喊他"刘沧浪（làng）"，我听着就笑起来了，肯定是"刘沧浪（láng）"，他们全都错了，没有文化，因为没有读过《孟子》。孟子的书里说过："沧浪之水清兮，可以濯我缨。沧浪之水浊兮，可以濯我足。"

我就发现，谭楷这一生的确是淡泊明志，他心里是怎么想的，我清清楚楚。我发现，我认识的好多朋友的最后目的都是去当官，但谭楷绝对不是，如果他要去，不知道有多少机会。他没有，始终为人淡泊，创焜煌业，当时全国只有两家科幻杂志，太不容易了，他真的是创了个焜煌业。

"焜煌"见于《古诗十九首》，"临沧浪水"是什么意思？

就说谭楷这个人，能够像孟子引的《孺子歌》上面写的，沧浪的水很清，他就用那个水来洗帽子；沧浪的水脏了，他就去洗脚，还是很聪明。所以说，淡泊人他把一切看得淡，这跟谭楷是我们成都人有很大的关系。我发现很多成都人爱好广泛，有趣味，喜欢谈话，当不来官，当官的都是川东、川北来的。

进入新世纪，科幻世界杂志社扬眉吐气，迎来了新的历史发展期，流沙河深为谭楷高兴，特题字一幅赠予老友。

2008年5月，四川汶川发生5·12特大地震后，流沙河受住持邀请到成都大慈寺暂住，谭楷前去探望。

邮差问答：
科幻让人反思何为正统文学

科幻小说丰富了正统文学

科幻邮差： 沙河老师好！上次过来拜访的时候，我们其实已经准备好了一些问题，后来忙着听您和谭楷老师讲故事聊了很久，耽误的时间比较长，就没有忍心继续打扰您。今天我们特意过来，想把这几个问题补充问一下。

流沙河： 好的。

科幻邮差： 沙河老师，您对科幻小说的定义是什么？

流沙河： 从谭楷他们办《科学文艺》起，这就已经是一个问题了。最初叫"科普文学"，一般是着重于普及科学知识，就是讲一个故事来普及科学知识，那么文学只是手段，目的是科普。后来就提出"科幻文学""科幻小说"，这个概念在很多年前我跟谭楷讨论过。谭楷当时就跟我说其实只有两种，一种"软科幻"，一种"硬科幻"，我听了他的意思，很是赞同。

今天我们面对的科幻小说，基本上是文学，它的目的不是普及某一项科学知识，它的目的是引起读者对科学的关注、对科学的兴趣。它并不是直接向你传播科学知识，因为科幻小说只能顾到一边，你如果把传播科学知识摆到首位，就牺牲了文学。那无非就是编造一个故事，来普及某一项科学知识，从前（20世纪）70年代、（20世纪）80年代初这样摸索过。

后来（20世纪）80年代国门打开了以后，国外的很多科幻小说都进来了，还有中国台湾、香港这些地区的作品，这些小说基本上是另外一种样式，它是文学。这个文学并非要普及某一项科学知识，而是针对绝大部分与科学无缘的读者，引起他们对科学问题的关注。所以其目的是让人们关注整个科学，觉得科学是有趣的事情，而不是重点传播某一项科学知识。

当时，谭楷定义这些都是"软科幻"，我说这是非常显然的，是因为人们读这些科幻小说，首先把它当作文学。所谓文学，就是读者把自己投入作家塑造出来的文学、艺术生活中，这一段生活尤其要让人感受到与日常生活迥然不同。

这样一来天地就广了，因为首先它是文学，文学的目的不在传播某一项知识，而是陶冶人的情操，打开人的眼界，引起人的兴趣，还消磨人的时间。那科幻小说就使文学呈现出了多种样式。

读了琼瑶我们才知道原来有言情小说，当然，这种言情小说清末民初的大陆也有，最有名的就是张恨水的，但台湾地区的言情小说比张恨水的老一套要丰富得多。这是一门新的文学，原来完全不被承认。很多文艺界人士认为别人的言情小说比较低级，我不这样看。

为什么别人的读者那么多，是因为你们所谓的严肃文学根本没有几个读者，你们置身于读者之外了。如果不放开，大家还不知道；放开之后，大家知道了类型文学也是文学。

原来所谓正统文学观念，基本上就是从苏联、德国、法国跟英国来的，那都是历

1986年5月，流沙河受邀参加首届银河奖颁奖典礼。左起依次为：流沙河、童恩正、温济泽。

史了。所以像金庸写的武侠小说，那是文学，你个人爱不爱读是一回事，比如我就没有读过金庸的作品，琼瑶的也没有读过，但是我尊重别人，别人有那么多读者，比正统的所谓严肃文学的读者多很多倍，那不是文学，那是什么呢？

这些东西来了，所谓的"正统文学"应该有所反省，为什么琼瑶的言情小说、金庸的武侠小说有这么多读者？为什么港、台地区的科幻小说这么迷人？再不能闭着眼睛不看或是不承认那叫文学，我觉得这都是一种启发。

这个启发就和最近的这件事一样，就是鲍勃·迪伦，诺贝尔文学奖授予他了，不管他接受不接受，绝对是有道理的。

因为我知道这个背景，台湾的余光中在（20世纪）60年代就写文章赞扬过鲍勃·迪伦。那些文章都还能找到，（20世纪）60年代初写的，他说这给了诗歌一个启发，诗歌今后如何走上大文化的道路，不然读者群越来越小，那也是对作为文学的诗歌的一种丰富。所以科幻小说、武侠小说、言情小说、歌词都是一种崭新的样式，这种崭新的样式是随着现代化的生活来的，特别是拿来唱，这就远远突破过去小说只是文字，它们都拥有广泛的读者。

所以我认为科幻小说首先是文学，至于它写得好不好是一回事，它是一种文学样式。也有的武侠小说写得很差，只会模仿别人，言情小说不会写的人也只会模仿别人。但是，科幻小说作为一种文学样式是很有前途、很有未来的，所以我的基本看法是：科幻小说丰富了正统文学。

所以正统的作家，也应该反省"正统"这两个字是什么意思，是不是只有从鲁迅、茅盾、巴金他们传下来的，"五四"以后的才是文学。（笑）所以我觉得科幻小说有广阔的道路，我虽然不能写，想象力也很差，但是我读起来是觉得兴趣盎然。早在"文化大革命"以前，很多苏联的科幻小说已经远远超过中国了。

我看过好多苏联时代的小说

科幻邮差：我们之前采访王晓达老师，他说早年最大的愿望是去做一名焊工，他当时就是受到苏联小说《茹尔滨的一家》的影响，无论是电影还是小说，都给他留下了深刻的印象。

流沙河：我还看过好多本苏联时代的小说。

科幻邮差：都有哪些？

流沙河：我记不清名字了。有一篇是写他们一个考古队偶然在亚细亚发现了一个中世纪以前的遗址，这个遗址就是在沙漠当中，有一片悬崖对着阳光。有一个考古队员突然看到悬崖的崖壁变成屏幕一样，映照出古代的一只恐龙在那里走。结果他后来解释，是古代的一种沥青——石油化合物里面含了另外的成分，阳光从某一个角度照射，它能起到摄像机的作用，哪怕过了万年，遇到那个瞬间又会回放出来。

科幻邮差：看这个小说的时候您多大呀？

流沙河：二十多岁。这篇小说你如果放在科普的维度去讨论，科学家决不赞成，但是我读了以后深受吸引。

还有一篇，讲一支考古队到中亚细亚阿拉伯的一个古国，考察古代的一个天文观察所的遗址，考古队员奇怪，怎么到了那里心里变得特别快活？后来发现，那里的岩石含有某种放射性元素，修建这里的人有意地利用了它使人愉快这一点。

如果让正经的科学家来看，他们会觉得这个说法未免太不着边际了。苏联在那个时候的科幻小说一样很吸引人，因为人们都有对未知事物的强烈好奇心，科幻文学就是抓住了人的这一点。

与正规的小说（传统观点里的主流文学）不同就在于这一点，"正规的小说"是满足人类对正常生活中的社会现象、人物的重新观察；科幻小说一样满足读者对科学上的未知事物的好奇心，所以我读了外国科幻小说才知道，它们与中国早期的科普文学完全不一样。比如像高士其他们，就只能普及科学知识，因为那个时候的想法太实用主义了。

而今天科幻文学堂堂正正地来了，是文学当中的一个门类，它不属于科协管。（笑）而且作为文学，它完全能够生存下去。

科幻邮差：记得沙河老师您早年也写过两篇科幻小说？

流沙河：都是谭楷他们鼓励的结果。

科幻邮差：有没有比较满意的一篇？

流沙河：不满意，我个人从没对自己满意过，但是谭楷说，我写的那个《飞去的大铁环》是非常好的，非常吸引人，那就是所谓的"软科幻"，中间假设性的东西太多。但是，如果没有这个，就不能称之为"幻"了。你们了解这个"幻"字吗？

"幻"就是变化的意思

科幻邮差："幻想"的"幻"吗？它的由来请给我们讲讲吧。

流沙河："幻"就是变化的意思，变得你完全认不出来了。我来画给你看。这个字古代就有了。古代见于《周书》《尚书》，三千年了。这是原文，周朝政府下的命令，

2010年8月，流沙河受邀在第22届中国科幻银河奖颁奖礼上致辞。

谎言为幻，用来骗人，指的是什么？就是周公那时候，社会上有很多变魔术的人，后来把魔术叫作幻术。周代的人不准许这个，所以这个"幻"字已经非常古老，研究文字发现它是这样来的。这个字就是"幻"。

科幻邮差："幻"是一个整体的字？

流沙河：是两个字，左边是"予"，右边是"幻"。后来我就发觉，右边是画的蝌蚪。（如图所示）这个是蝌蚪变了，这个是蝌蚪在水里面，这个是上了岸，蝌蚪后来长了脚，最初的小青蛙还有尾巴，蝌蚪变成青蛙就叫"幻"，完全变了一个形态，这个是一种解释。还有一种解释认为，"幻"字左右两边都是"幻"，说这两个都是织布机上面的梭子，"鱼"加一个"木"字旁，就是一个"梭"，所以这是梭子上面带着线的尾巴，之所以这样画，是因为可以来回跑动。如果你的眼睛专注看这个梭子来回运动，人就会产生"幻"，迷惑了，这是对这个字的另外一种解释。

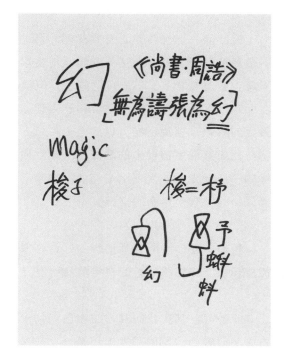

2016 年 10 月 10 日，中国科幻口述史采访当日，流沙河用图文演示"幻"字的由来。

科幻邮差：我觉得这个解释也很有道理啊。

流沙河：就是一种奇妙的变化。有什么问题你继续提，看我们都说到一边去了。（笑）

最期待自然学科取得重大进展

科幻邮差：上次听您跟谭楷老师聊天的时候知道，以前你们经常会一起讨论科学的最新动态。

流沙河：期间就讨论了好多次"软科幻""硬科幻"。

科幻邮差：我想知道，你们在讨论前沿科学的过程中，沙河老师最期待哪个学科取得重大进展？

流沙河：那当然是自然科学咯！我告诉你，《参考消息》最末的那一版常常登一些最新的科学发现，包括天文学、考古学、远古人类学、基因遗传学，这些我都极有兴趣。我虽然老了，不能写这些了，但我作为读者还是非常爱这个。

我也不是只对某一两门学科感兴趣。我对数学也有兴趣，比如最近人们在追求的最大的素数，据说已经可以到七千多位，大家提出素数有没有终止的问题，这无法证明。比如其他宇宙学中的暗能量、暗物质，这是个假说。再比如黑洞的推断，宇宙边缘的一些发光体的光发生了弯曲，表明那里有一个强大的物质，但是天文观测也无法确认，这就有了黑洞的推测。

科幻邮差：沙河老师这样的好奇心保持了一辈子，很神奇啊，一边在考证字的源流，一边又在追踪最新的科学前沿动态。

流沙河：其实我研究古文字已经几十年了，最近马上要完成的一部著作也是有关古文字研究的，写的基本上还是一个故事，写完我就写不动了。八十五岁了，眼睛和嗓子都坏了。

好奇心：用中国名字命名行星

科幻邮差：作为一名非常资深的天文学和物理学爱好者，假如您发现了一颗行星并要为它命名，您打算如何命名呢？

流沙河：实际上，行星的名字历来都是以欧洲文化中的神祇来命名的，比如天王、海王、冥王，冥王叫 Pluto（笑），木星是 Jupiter，星座也带着鲜明的西方文化色彩，他们的大熊、人马就是我们的北斗、南斗。这个问题太悬空了。但是，如果我们中国人又找到一颗小行星，那么中国人就有资格去命名。已经有的是，月球表面有个环形山叫祖冲之环形山，有一个小行星是南京紫金山天文台给命的名，也是某位天文学家的名字（方成）。

至于行星，基本上没有几个人发现。你想美国那个天文学家克莱德·汤博在 1930 年发现了冥王星，定为太阳系第九大行星，过了几十年又取消了。中国人要想发现一颗行星，就更加困难了。发现海王星的是法国的勒维耶，还有一个英国的约翰·柯西·亚当斯，结果取名还是"海神"。中国人要发现一颗行星（目前）不现实，我们的天文设施、光学天文仪器、无线电天文仪器都赶不上别人那些大的设备。

小行星不一样。就靠天文爱好者，一年三百六十五天，每天晚上都守着好好找，或许能找到一颗。但如果真正能找到一颗小行星，我希望给它起个中国名字，叫"孟轲"。孟子，战国时代的孟子，因为孟子有一句话，在孟子的书上，好像他们都没有查到，"天之高也，星辰之远也，苟求其故，千岁之日至，可坐而致也"，就是不管天有多高，星辰离我们有多远，如果我们把道理弄透了，千年之后的夏至那天是哪一天，现在我们都可以推断出来。这是孟子说的，这句话是很惊人的，做得到。现今天文学，研究历法的一下就推出来了，但最初说这个话是两千三百年前的孟子，孟子一定是对天文学有所了解，他没有在著作中来说。

屈原也是一个对天文学很有理解的人。屈原写他在被流放到汉江北岸湖北那边，夜晚做梦要回到楚国去，"惟不知郢路之辽远兮"，"南指月与列星"，是凭借天空中的星座找到了哪个方向是南。（笑）

科幻邮差：那个时候没有雾霾。（笑）

对世界永远充满好奇心的流沙河老先生的书房。

流沙河：不是，他是凭黄道十二星座。"望孟夏之短夜兮"，"南指月与列星"，指定了是在孟夏，孟夏相当于现在的 6 月份。他梦到在孟夏的时候，他的灵魂要赶回祖国去，找不到方向，他就看星座——因为他知道孟夏的时候在夜晚正南方、过子午线的又是黄道星座中的哪一个，凭这个他就知道哪边是南方，所以屈原也一定是懂天文的。庄周也是懂天文的，庄周在《天运篇》就提出了好多个天文学问题。要给小行星命名，可以把他们的名字拿来用，表明古老的中国早就有人关注天象。

我是《飞碟探索》的忠实订户

科幻邮差：好像上次听您说自己还是个飞碟迷，是吗？

流沙河：是在（20 世纪）70 年代跟 80 年代初。

科幻邮差：早先看过《飞碟探索》杂志吗？

流沙河：嗯，还不只是看，我是它的忠实订户。我订了好多年的杂志，垒起来都好高，后来全部送给了我的一个小兄弟。

科幻邮差：您心目中的飞碟是什么样子？

流沙河：我在（20世纪）60年代就是《天文爱好者》的读者，每一期，我从乡下，就是成都驷马桥、将军碑方向的凤凰山，当地有个农场，我从那儿赶进城去买杂志。

科幻邮差：那会儿你住在那边吗？

流沙河：住在农场里的，我在那儿劳动。赶上星期天，一个月有一次，就是总府路那里有一家卖刊物的店。当时，《天文爱好者》每一期我都在那儿买，因此，天空中的星座、北半球四十四个星座大部分我都能认，黄道十二星座烂熟于胸。

二十八宿，我能够背，中国古代的"角、亢、氐、房、心、尾、箕、井、鬼、柳、星、张、翼、轸、奎、娄、胃、昴、毕、觜、参"，欸，还有一个是什么（笑），四七二十八个才背了二十一个，噢！还有"斗、牛、女、虚、危、室、壁"，总共二十八个。这是中国古代天文学的知识。

科幻邮差：啊，您的记忆力太强悍了！

流沙河：那个时候我非常相信飞碟，我读了好多与飞碟有关的书，香港一个朋友——一个报纸编辑，他就知道我特别爱读这个，香港只要一有关于飞碟的著作就买给我。很多啊，后来我就入了迷地读，那个时候我真是相信。

有时候我出差到外地去，（20世纪）80年代，夜晚在火车上就守着窗口，因为这是看天空的机会，结果（飞碟）一次都没有看到。（笑）

科幻邮差：希望看到一次飞碟。（笑）

流沙河：我给你说，这一类事情，不管其有无，可能性都太小太小，但是人保持着对神秘事物有一种追踪的兴趣，还是说明这个人心还没有老。

至于有没有，那都是科学问题了，我不是科学家，没有这个本事解答。

科幻邮差：您第一次知道飞碟这个概念是什么时候？

流沙河：第一次知道这个啊，是十六岁，1947 年。

科幻邮差：啊，这么早你就知道了？

流沙河：我当学生，（20 世纪）40 年代。

科幻邮差：那个时候就有"飞碟"这个说法？

流沙河：有，这两个字都有了。第一次有，是 1947 年的某家报纸上，说空中有什么东西飞过，怀疑是苏联搞的什么事情，后来苏联说，他们也不知道，他们哪有那个本事。后来就有了"Flying Saucer（飞碟）"，就是有这个名字了。

有了这个名字，才有后来美国商人阿诺德的事——他驾驶小飞机经过美国西海岸华盛顿州，那里有个莱尼尔山，经过山的上方，看到九个类似盘子一样的东西从天空飞过。然后记者就问究竟是什么样子，他说就像盘子旋转着从水面上飞过去，所以后来记者就把它写成"飞碟"了。他说的是就像这样飞，并不是说像一个碟子的形状。

科幻邮差：我知道飞碟这个概念都是（20 世纪）80 年代了，但我也好相信飞碟啊。

流沙河：（笑）你想我是在（20 世纪）40 年代就知道了。

科幻邮差：（20 世纪）80 年代那时候我刚刚上小学四五年级，眼睛已经近视了，那会儿看《飞碟探索》那个杂志迷得不得了，在课桌上写作业我就总喜欢把窗户打开，希望有一架飞碟可以把我接走，治好眼睛再送回来，但是最终也没有见到飞碟。（笑）

流沙河：我说嘛，这一类事情，人只要还保持着对神秘事物的兴趣……

我觉得科幻文学也有这个（功能），让人们对未知的大自然满怀好奇之心，不要以为一切都被发现殆尽了。这个就像法国天文学家弗拉马里翁所言："你以为一切都发现了吗？真是无比的荒谬，这好比把有限的天边看作了世界的尽头。"（笑）

所以人要保持这个好奇心，科幻文学如果能够保持这个好奇心，就能够使人年轻。

如果时间可以倒流，我最想回到宋朝

科幻邮差：既然谈到了年轻，谈到了青春，我想问问沙河老师，如果时光可以倒流，穿越回古代，您最想回到什么时候呢？

流沙河：宋朝嘛！

科幻邮差：为什么呢？

流沙河：北宋是中国古代文化最繁荣的朝代。南宋就不行了，社会大倒退。元以后，起来一个朱元璋的文化政权，胡乱整，整个明朝也把中国整得不像话，很荒谬。

宋代有两样东西可以使我们想回到那里去，一个是张择端的《清明上河图》，是吧，汴京城的市井生活；还有就是南宋孟元老写的《东京梦华录》，全部写的汴京城的日常生活，那些非常吸引人。

科幻邮差：如果有一本您的传记，希望用一句怎样的话做开头？

流沙河：写谁？

科幻邮差：写您啊。

流沙河：噢，绝对拒绝。

我遇到好多回了，人家说要给我写传记，我坚决不干！决不同意！我自己也不愿意，因为我们这一生太可怜了，不值得拿来说，而且很滑稽，我们不是在生活，而是在被生活，我们不是自己想要选择什么，而是被造成了什么。

你要知道所有的传记都装模作样，我看了好多传记。不来，何况我也没有什么值得特别拿来说的，坚决不来。

友谊之道：君子之交淡如水

科幻邮差：前次来您家中听您讲述和谭楷老师之间的友谊，我看到谭楷老师眼眶都红了。

流沙河：因为我跟他相处了这么多年。

科幻邮差：那想问问沙河老师，什么是您心中的友谊之道？

流沙河：我们这个叫"君子之交淡如水"，真的是淡如水呀。谭楷连吃饭都没有请我一次，我也没有请谭楷吃一次，（笑）但是两个人非常信得过，从（20世纪）80年代初期起就信得过。我就觉得我也理解他，他也理解我，虽然我们年龄差距这样大，但是作为朋友还是非常好。

真正有用的东西看起来无用

科幻邮差：沙河老师曾经说过："没有想象力的人，是灵魂的残废。"

照片拍摄于 2016 年 10 月。
流沙河（右）和谭楷坐在
一起总有摆不完的龙门阵。

流沙河：这是我跟谭楷说的。

科幻邮差：在平时的创作中，您觉得科学幻想都给过您什么样的灵感？

流沙河：人要有想象力。你知道人为什么要学平面几何和立体几何？（笑）我认为，是训练人的想象力。因为你要说这个学来有什么用，确实平面几何和立体几何我们学了一辈子，可能都找不到任何一个地方用。但是，真正有用的东西看起来无用，实际上它就是训练我们的想象力，还有训练我们的逻辑思维能力。

所以人不能够缺少想象力。人家说人和牛最大的区别，牛永远只知道低着头看地下的草，哪里草好吃就行；人还要仰头看天，还要看周围的人，还要看山看水，看够了眼睛一闭，还能够想象。人类的各种文明离不开想象力。如果没有想象力的话，人就还处在很低级的阶段。

科幻邮差：就是还没有完全脱离动物这个阶段。

流沙河：哦，动物就没有什么想象，牛跟马你很难说它想象到了什么？（笑）

科幻邮差：您觉得成都科幻在中国科幻的版图中处于什么样的地位？

流沙河：哎呀，这个我就没有资格谈了，因为我没有全面研究过。你要知道千万不要把我算到这个队伍中，因为我是另外一个队伍的人，只是有时候还很感兴趣（笑），而这中间有很大的原因跟谭楷分不开，我从（20世纪）80年代跟他交往，凡是他知道外面的科学动态都要跟我讲，哎呀，两个人讲起来觉得很有趣。

科幻邮差：非常感谢流沙河老师接受我们的采访，给我们分享自己的科幻人生，讲述您和谭楷老师之间长达四十年的珍贵友情。祝您身体健康，一切顺遂！

流沙河：谢谢。

中国科幻的思想者

A TRUE THINKER OF CHINESE SCIENCE FICTION

王 晋 康

信仰科学
敬畏自然

王晋康

导语 INTRODUCTION

20世纪90年代，中国科幻刚刚经历过一场暴风雨，百废待兴。在最需要一位明星作家来拯救这个领域的时候，王晋康出现了。他以极高的文学素养、精妙绝伦的科幻构思、冷静成熟的叙事和沉郁苍凉的风格，迅速统领了当时的科幻文坛。他的创作让科幻作家明白了直觉和一手生命经验的重要性，在科幻文学和科幻文学史两个向度上，都具有举足轻重的意义。

WANG JINKANG

A TRUE THINKER OF CHINESE SCIENCE FICTION

■ INTRODUCTION

In the 1990s, after the genre of science fiction had just
weathered a storm of suppression, the Chinese science
fiction community was in dire need of a star writer to save
it from its misery. Wang Jinkang emerged as the knight in
shining armor. Producing works of high literary quality,
Wang conquered the science fiction scene with his skillfully
crafted narratives, brilliant imagination, and unique somber
voice. He inspired his successors to notice the importance of
intuition and first-hand life experience. As a writer, he plays
a pivotal role in both science fiction literature and science
fiction literary history.

■ TABLE OF CONTENTS

童年：
求学坎坷，差一点去做力工

科幻邮差：今天非常荣幸邀请到王老师参加《中国科幻口述史》的采访，希望通过王老师的讲述，带领我们穿越一段跌宕起伏的岁月，触碰中国科幻历史发展中的人和事。我们在很多地方都听过王老师讲述如何与科幻结缘的故事，但是好像很少听到王老师介绍自己的童年，请问王老师生活在一个怎样的家庭？早年的生活经历对您成为科幻作家有哪些影响？我们就从王老师早年的生活经历谈起吧。

王晋康：我的故乡在河南南阳，是个相对比较贫穷的地方。我父亲是一个二级教师，工资在南阳市相对还是比较高的。当时南阳就两个一级教师，接下来就是他，所以我们家的生活水平相对还可以。但即使这样，从幼年时期起直到成年，身上还是带着贫穷的烙印。所以我自己的定位一直是草根作家，社会底层的一个人。

上学的时候，我性格内向，不善言辞，但脑瓜子灵。小学时基本就是数学一百分、语文九十八分或九十九分这样的成绩。五年级时候写的作文还被选入《小学生作文选》，虽然不是什么了不起的事儿，但毕竟那是我写的东西第一次变成铅字，值得我保留在人生的记忆中。

上小学时班主任对我特别好，她叫冯国亭。那是1958年，还有小升初考试，小升初报到时我带着学费就去了，根

1948 年 11 月 24 日，王晋康（前排右一）
出生于河南南阳一个知识分子家庭。

本没想过我会录取不上。结果到那儿一看，录取名单里没我，在备取栏里才找到我的
名字。我至今还记得当时如一瓢冷水劈头而下的感觉！然后就哭着回家了。后来班主
任冯老师派人叫我去学校报到，我说"不去上你们烂学校"，原话就是这样说的。冯
老师第二次又把我叫过去，说你一定要来一趟。我到了后，她含泪对我说，你很优秀，
还是来上学吧。我这才去重新上的学。

这个冯老师现在还健在，我每次回家乡都要去看她。她回忆说，本来我当年连备取生名额都没有的，但她一再向学校说："这个学生太优秀了，不录的话太可惜，就按备取生来录取吧。"就这样，她帮我争取到了上学的资格。总结这一生对我影响比较大的人，冯老师是第一位，如果没有她，我也当力工去了，不会当工程师，也不会写科幻。

知青岁月：
整个农场全靠我们干出来的

科幻邮差：王老师，您 1966 年高中毕业，1977 年参加高考，中间这十一年都在做什么？

王晋康：下乡，上山。我下乡到南阳地区的新野县和湖北交界的一个地方，那里是当地最穷的一个地方。当地人说，从互助组成立以来，乡民们没有分过一次红，地里也没上过一次粪。是穷到骨子里、完全绝望的那种贫穷。乡民们全靠喂个鸡、扎个扫帚去挣点零花钱。老百姓都不想要地，因为地多，交的公粮就多。当地政府就把六百亩地组合到一块，成立了一个知青农场，整个农场全是靠我们干出来的。

1966 年 5 月 4 日，王晋康（最后排右一）高中时期班集体合影，那年遗憾与高考失之交臂。

我第一天去挖堰塘，手上血泡磨烂，血顺着锹柄往下流。因为干活儿太用力，一天撅断了两根锹柄。去换锹柄的时候仓库保管很不乐意，说你们这些学生恁不知道东西金贵，你分红都不一定分得够锹柄的钱。对他的话当时我是不信的。农村一年两次分红，夏季预分红我是负数，秋季分红我分了七块钱。一个锹板五毛钱，两个一块钱，最后看来仓库保管说的大差不差。

我老伴儿当时也是知青，下去得比我稍微晚一点。她去时正赶上农场搞基建，出砖窑。我看别的女孩一趟背两块砖，她能背十块。我悄悄跟她说：背那么多干啥？别伤了腰。实际上我背得比她更多。她被感动，开始追我，我俩的姻缘就是从那时候开始的。

科幻邮差：王老师那会儿一定特别帅，是吧？

王晋康：帅也谈不上帅。（笑）下乡三年以后，我被招工到南阳地区云阳钢铁厂杨树沟铁矿。那时的口号是"上山下乡"，我是两个地方都走了。进矿后，作为知识分子家庭出来的孩子，还是和一般工人不一样。好多新工人抢着去干掘进工，因为掘

王晋康与夫人段战平
相识相爱于知青时期。

进工待遇是"双六十"——六十块钱、六十斤粮食，在当时算得上小康水平了。但我觉得还是去学个技术吧，当时矿里最有技术的活儿就是木模工，不过要当三年学徒，第一年二十一元工资，第二年二十三，第三年二十五。

学木模工是在南阳柴油机厂学，在那一届学徒里面我算是出类拔萃的。木模工这个行当大致解释一下：铸造工件之前，要先做个木的模型，把它埋到型砂里，然后起箱取出木模，再合箱浇入铁水。木模中最难做的工件之一是叶片，因为叶片不是标准的几何形状，它的曲线要一刀一刀修出来。我在离开工厂上大学前已经可以单独做叶片了。

科幻邮差：后来您写的长篇小说《蚁生》，跟您早年的经历是不是有很大的关系？

王晋康：《蚁生》属于半自传性质的作品，只是把我的个人经历分给了郭秋云和颜哲两个人物，但基本都是真实的经历。小说中只有"蚁素"是虚构的。所以我从来不把这本书送给我的同学，害怕他们在书里看到自己的影子。（笑）

《蚁生》这部作品我自己是比较看重的，确实是十几年生活的积淀，包括一些很鲜活的生活细节，比如蚂蟥怎么把牛给害死、当木匠第一天怎么去摸索做"牛槽"（牛槽四边都有斜度，榫卯比较复杂，资历浅的木工学徒是做不出来的），都是亲身经历。

2007 年 8 月，王晋康半自传长篇科幻小说《蚁生》由福建人民出版社出版。此作 2009 年 1 月荣获南阳市第四届文学艺术优秀成果一等奖。

上大学是心中
一直割舍不了的情结

科幻邮差：一直到参加高考前，您都还是在木模工的岗位上？

王晋康：对，一直做木模工。虽然经过这么多挫折，但上大学是一直舍不了的情结，关键是我上学时成绩太好，从小学到高中，我若说自己是年级第一，没人敢说我是第二。

到 1977 年，听说大学招生不看出身了，我们几个同学就商量着报考。当时课本都找不到了，好不容易把书凑齐，打开书本，数理化公式全忘了。好在学得比较扎实，基本是从头到尾看一遍，学过的知识就归位了。厂里比较支持，给了两个星期的假期，让我回去复习功课。那年不公布成绩，我也不知道考得怎么样。录取时好多朋友都录取了，就是没有我。一直到最后才等到一个焦作师院（焦作师范学校，现焦作师范高等专科学校）大专班的录取通知，我决定放弃。当时还想是不是自己没考好？一直到第二年我才知道，原来1977 年我是全市第一名。那时虽然中央政策不论阶级出身了，但下边执行还并没有到位。所以那年没有走成。

但这次考试也让我顿悟：耽误了十一年的青春，再也不能耽误了。然后就买了《高等数学》的教材来自学。我当时是木模工，有个工作台，工作台一边挂着工作图纸，一边挂着高数公式，就这么自学。第二年本来我是坚决不想考的，但一位朋友劝我，就算丢人咱们再丢一次吧，最终把我劝动了。第二次考的时候，厂里面不给复习时间了。我就用四个星期天把书本重新过了一遍。

1978 年高考成绩改为向社会公布，我是全市第二名。

公布前爱人替我去查分数，高招办（高等学校招生办公室）工作人员问：你爱人大致多少分，知道后更容易查找。爱人说可能是四百多分？那人把嘴一撇："三百多分的都很少了，你还四百多分？"后来一查，还真是四百一十二分。那段时间家乡就出了一个坊间传闻：一个小木匠怎么在"文化大革命"中一直坚持学习，考了全市状元，如此等等。我一个邻居也到我家讲，讲得眉飞色舞。她说，我们家人都笑，也不解释。结果过了几天她终于反应过来，跑来对我妈说，那个小木匠不就是你家康娃嘛！

其实第二年的"高招"（高等学校招生）对我也是暗藏风险。很多年以后才听厂里一个朋友说："你知道不知道，你第二次报考的时候，厂里的吴（传璧）书记交待主管科室查一下王晋康的出身到底有啥问题，问题不大的话放人家走吧，是个人才，别耽误了。"我听到这个情况的时候，吴传璧书记已经去世了。回首往事，如果没有他放话，可能第二年我也走不了！所以，吴传璧先生是影响我人生的第二人。排第三的就是科幻世界杂志社的杨潇和谭楷了，下面再说。

科幻邮差：好的王老师。在当工人到高考前这段时间，有关注过文学吗？

王晋康：只是一般的关注。我是个标准的理工男，基本思维方式都是理工式的，和文学不太搭界，也从来没想过将来搞文学。不过，求学时因为脑瓜比较灵，还是有余力看了不少文学作品。家里的经济情况至少能让我订一些《中国少年报》《少年文艺》之类的报刊，再加上偶尔买上几本书。我在学校里，文科和理科的成绩都比较棒。

科幻邮差：您前面提到父亲是二级教师，二级教师是什么概念？

王晋康：南阳市当时没有本科学校，所以没有教授。在专科教师中间，最高的是一级和二级教师。我父亲当时教"植物保护"这门课。

科幻邮差：他很注意培养您对文学的兴趣？

王晋康：那倒没有。我父亲经常不在家。我们家住南阳镇平县的时候，他在云阳蚕校教书，除了假期基本不回家。后来我家搬到南阳市后，他在远郊的农校工作，基本是一星期只回来半天。他是比较内向的书呆子型的人，不管家务，也没有时间、没有余力来管我，所以我的兴趣都是自己培养的。唯一有利的一点是，他工资相对比较高，可以给我买一些书籍。那时候我也看科幻，也喜欢，但科幻大概只占我阅读量的十分之一或者再多一点。所以对于科幻来说，我真的是一个偶然的闯入者。

科幻邮差：那大量阅读科幻是在考上西安交通大学之后？

王晋康：大学是我一个阅读高峰期，但也没有读太多科幻，或者说没有刻意区分科幻和非科幻。

科幻邮差：进到大学之后学的专业是什么？

王晋康：1977 年河南所有"老三届"考生，几乎全都是被师范院校录取，没有一个理工科学校。那年正好我没被录取。1978 年，虽然考试成绩很好，但因为是"老三届"学生，有年龄劣势，不敢高报，第一志愿是大连理工学院（现大连理工大学）。

1978 年，王晋康作为恢复高考后的"老三届"考生，
考入西安交通大学能源与动力工程学院。

后来一位熟识的教委主任特地告知我，今年对"老三届"学生不歧视，你还是改一下吧。当时志愿都已经报到高招办了，不过那时管理不严格，我通过一位熟人去改志愿。也是在十几分钟时间内胡乱改的，第一志愿报了南京大学数学系，现在回想真是糊涂，虽然我数学很棒，但那时候已经三十岁了，学数学肯定难以学出成就。第二志愿报的西安交通大学的动力专业，因为我是柴油机厂的，拿着工资上学，所以大概率要回柴油机厂，这个专业比较对口。至于怎么没取上第一志愿而是走了第二志愿，我也说不清。可能那时管理不严，哪个学校看中了，拿走就是。

科幻邮差：我看到有资料说，王老师大一的时候就当过一些文学征文比赛的评委，小说曾经拿过奖，对此您还有记忆吗？

王晋康：大一的时候，系里边举行了一个征文比赛，请我当小说类征文评委。我看了征文后不免摇头，都是"文化大革命"刚过来的年轻学生写的，水平确实很低。我说干脆自己写两篇吧。于是就用很短的时间写完，赶着征文结束前投出了。两篇的名字是《野蜂》和《人与狼》。

《人与狼》是写我当年的一个同学，他在体育和技术上很有天分，电工、钳工都是好手，这在学生中是极少见的。但他出身不好，备受歧视，而他本人的狼性也比较重，在被伤害的同时也深深地伤害他人。

《野蜂》是以我一个亲戚为原型。他过去是国民党的军官，在审问一个女共产党员时把人家强暴了。后来他随部队起义，1949 年以后过上了平静的生活。有一天在街上偶遇这个当年的女犯，回家他就跟妻子说：我肯定要进监狱了。后来真被逮捕，关了二十多年。他爱人回到家乡农村，一直在等他。多年以后他获释返回老家，家人乡亲在家中欢迎他。热闹半天后他忍不住问孩子：你妈怎么一直没露面？孩子说，第一个和你说话的就是我妈呀。当时她已经老病得没有一颗牙，完全脱相了，夫妻相见不相识。我听了这事很受触动，就以他为原型写了这篇小说。

这两篇小说都不是科幻。投稿后是评委会主任审阅，他说这和其他投稿完全不是一个数量级嘛，最后把《人与狼》给评了一等奖。

《人与狼》的手稿我还保存着，此后以"文化大革命三十年祭"征文在家乡杂志《躬耕》上发表。《野蜂》手稿则遗失了。

结缘科幻：
偶然中的必然

科幻邮差：王老师，我们接下来聊聊您跟科幻结缘的故事吧。王老师为儿子创作科幻小说的故事我们耳熟能详，很多读者可能都觉得这是一个偶然的机遇。但基于王老师前面的讲述，其实我们知道，王老师开始创作是有很强的必然性的，这跟王老师早年的积累关系非常密切。下面想请王老师重点聊聊创作《亚当回归》这篇小说的缘起，以及投稿《科幻世界》杂志的一些趣事吧。

王晋康：我这一生没有太多的人生规划，有很多这种偶然性。像写科幻就是非常偶然的。青少年时也看科幻，也喜欢，但科幻在整个阅读量中占少数。大学的时候是想在专业上有所成就的，但那时候是时隔十二年才进了大学，学习时弦绷得太紧，绷断了，失眠非常严重。没办法，只能放松学习，打篮球，看文学类书籍。

我一生有几个大的阅读高峰，第一个高峰是在小学毕业。我大姐是中学图书管理员，我一个假期就泡在图书馆，拿到什么书我就看什么，像"聊斋"（《聊斋志异》）这类文言文，虽然艰涩，大致是能看懂的，就这么囫囵吞枣地读下去。

第二个阅读高峰就是大学期间，因为失眠而放松专业，把文学阅读作为调节。当时好多的外国文学译介进来了，国内文学创作也步入高潮。那几年的文学期刊像《收获》《外国文学》之类，可以说我一期不落全部看了。这两个阅读高峰都是没有丝毫功利性的阅读。

第三个高峰就是写科幻以后，这次阅读是有目的的，挑选一些科学、人文方面的东西看。这是后话。

大学期间，在大量的阅读之后，我也开始文学创作实践，当时写的小说属于主流文学，已经基本入巷了。回过头来检查当时的习作，应该说已经能在刊物上发表了，可惜因种种原因没有发表，如果发表，有可能我就走文学路了。我同班同学的哥哥看了我一篇小说，很喜欢，说你最好不要往外投稿，我来筹备拍电视。

科幻邮差：他想拍的是哪篇小说？

王晋康：也不是科幻，是一篇叫《琥珀》的小说，依据我的矿山经历，写一个野性十足又心地善良的矿山司机的故事。可惜电视剧最后没有成功，作品的手稿也遗失了。

大学毕业后到了工厂，因为工作紧张，阅读量少多了，也把曾经的半个文学梦扔到了脑后。一直到1992年，儿子十岁，每天睡觉前都要当爸的讲一个睡前故事。偶尔想不出现成的故事，我就给他现编一个，其中一个就是《亚当回归》。这个故事大受儿子欢迎，问我是不是自己编的故事？说这个故事比书上的故事还好。我想难得儿子欢迎，干脆费点力气把它变成小说吧。于是借着一个假期，把它写成了文字。写完后我就想我投到哪儿呢？

写《亚当回归》纯属偶然，那时候作为纯粹的科幻圈外人，还不知道国内有没有专业科幻杂志。虽然从报刊上知道当时科幻受到所谓"伪科学"的批判，但不大了解内情，也不知道当时所有的科幻发表阵地全部失守，只剩下《科幻世界》杂志。

有天正好上街在地摊上看见了一本《科幻世界》，当时买都没买，蹲下来抄了个地址，就把小说寄过去了。没想到很快就收到回信——后来编辑部这个传统可能没有了，就是在稿件没有录用之前，编辑先发一封信表示稿件收到了，正在审读。后来又收到了一封信，说了很多夸奖的话，但说刊物已经转型了，面向中小学生，希望我把小说改浅一点。我很认真地改了，删掉了一些少儿不宜的东西。寄回删节稿的同时，我给杂志社写了封信，说改完以后味道比原来差了不少，但我也没坚持用原稿。后来听说是杂志社经过讨论，决定按原文发表。这是一个大胆的决定，因为那上面多少有些性描写。不过总归是发表了，是我写的作品第一次变成铅字（不算小学那篇作文），心里很高兴。到年底竟然还评上了银河奖的一等奖，更是出乎意料。

王晋康最初的写作动力是给儿子讲故事，处女作《亚当回归》首发于 1993 年第 5 期
《科幻世界》（左上图、右上图），这篇小说为王晋康赢得了第一张科幻奖状（右下图）。
科幻迷孙悦 2011 年根据这一场景制作的手办（左下图），王晋康珍藏多年。

但当时我没有准备再写，1991年我开始搞新产品，搞特种底盘。底盘制造技术在我们石油二机厂（石油工业部第二石油机械厂，现南阳二机集团）完全是技术上的无人区，是我带着两个徒弟从零开始干出来的。这里得说明一下，那时大学毕业是国家分配，我所在的柴油机厂因为效益不好，要不到名额，我只好去了本地的石油系统。我去同柴油机厂总工程师告别那天，他还埋怨我，拿着柴油机厂的工资上学却不

1985年在油田工作时期的王晋康，是厂里名副其实的技术骨干。

回柴油机厂。我说，我第一分配志愿就是柴油机厂，但你们要不来名额啊。

回头说写作。当时专业工作很忙，没有打算再写。不久，《科幻世界》杂志编辑部给我来了封信，说希望我能再写一篇，继续下去。当时我有点"士为知己者死"的感觉，那就再来一篇吧。第二篇《星期日病毒》，第三篇《科学狂人之死》，都是用非常短的时间写的，几天就写完了，因为那时已经有相当的积累。这两篇都顺利发表了。

从那之后，就真正走入正轨了，基本一年发表四到五篇吧，多的时候六篇。我的

走在这些自己设计的石油
机械旁，王晋康（右）意
气风发。

情况和别的科幻作家有点不一样：一是我本人科幻阅读量比较少，没有想到以哪位名家为目标来写，没有这个概念。全是出自自己的顿悟，从这些灵感闪光再生发出来一个故事；再一个是，我开始写的时候已经四十四岁了，发表的时候四十五岁。可以说，《亚当回归》这一篇基本代表了后来我的写作风格，整体变化不是太大——比较巧妙的科幻构思，比较冷静的叙述，苍凉沉郁的风格，长于理性而弱于感性，这些东西在一开始就基本定型了。

回首往事，我写科幻既有偶然性又有必然性。偶然性就是给儿子讲故事；必然性的话，我回忆和几个因素有关：一个因素就是大学时期的文学准备，我写短篇的一些技巧在那时候基本已经成熟了。大学时的习作现在拿来也还可以看。第二个就是对科学的震撼力以及大自然的深层秩序有比较敏锐的感觉。小时候生活在七彩童话世界，有一天突然知道，原来白光可以变成七色光，七色光实际上只是频率不同，是一个数字化的东西——把我原来觉得那么美丽神秘的东西，裂解成干巴巴的物理定律。但同时我又感到一种非常深的震撼。它才是这个世界的深层机理，而且普适于全宇宙。白光变成七色光，到一百亿光年之外还是这样。人怎么能在这么小的一个地方发现一个规律，竟然适用于全宇宙？！就是这样的东西，在我心里引起的震撼比较大。所以我写小说和别人不太一样，被读者称为"哲理科幻"。它多少类似于宗教故事，当作者

四十四岁才开始科幻创作的王晋康，迄今已发表短篇小说九十篇，中长篇小说二十余部，近六百万字。上图为王晋康部分出版图书书影，下图为科学普及出版社 2023 年 3 月推出的二十一卷本《王晋康文集》，其中包括中长篇（部分为合集）十二卷、短篇结集八卷和创作随笔一卷。

在讲一个精彩故事时，内心真正关心的是宣扬科学与大自然的荣光。

所以我在创作中，总是先有一个科幻构思的灵感闪光，由此再来铺陈故事、组织人物，按这样的顺序往下写。我曾经和科幻作家星河谈到这一点，星河奇怪地说："科幻还能这样写？"因为他的写法就完全不同。我的写作模式有优点也有缺点，这里不详细说了。反正不管怎样，我的写作之路就是这样凭着直觉、凭着对大自然敏锐的共鸣或者说对科学的信仰，这样一路写下来。我不大看科幻创作理论，基本不受它的影响。

科幻邮差：王老师早年对儿子兴趣上的培养，对儿子后来的职业选择有多大的影响呢？

王晋康：实话实说，没有多大影响。经常有人问我，你的专业和写科幻有没有关系，我说基本上没关系。如果非要说有关系，当设计工程师要有严谨的思维、敏捷的思维，可能和写作有点关系。一台特种车几千个零部件，如果出了问题，你必须要在几百个工人的盯视下，用最短的时间找出故障所在。严谨、敏捷的思维，可能在科幻上有所表现，但仅此而已。

我儿子小学时数学很好，语文很差。语文老师常对我老伴儿吐槽：你儿子数学那么好，怎么作文跟干柴棍儿一样？等他上了初中，有人跟我说，你儿子的作文经常作为范文在班里面读。我说不可能吧？回来问他才知道，真有这回事儿。但我们也没有存心培养他这方面的才能。后来他实际上还是走的理工这条路，只是偶尔玩一下文学票，写个一篇两篇。写的东西的风格也和我不一样，老是被我批评得体无完肤。前几年，他瞒着我投了一篇到《科幻世界》杂志，还发表了。

科幻邮差：王老师的创作精力一直是很旺盛的，在早年非常繁忙的工作当中，还能每年发表五六篇小说，现在看来很多的年轻作家都是没法比的。您是怎么在写作不辍和日常工作做平衡的？

王晋康：我后来在厂里成了学科带头人，地位比较特殊，我只在专业上掌握全盘，具体活儿有人干。这样，即便上班写小说也没人管。五十岁的时候，石油系统的政策可以提前退休，我就提前退休了。原因之一是不想在国营工厂干了，干得再好个

年轻时的王晋康与儿子王元博。

人也没收益。我算不上斤斤计较金钱的人，但一直这样，工作激情最终也被磨蚀了。原因之二是，老爹那时候已经是植物人了，虽然家里请了保姆，但我还得守到身边照顾。原因之三是，我觉得退休了还可以搞文学创作，闲不住。于是，我就果断申请退休。工厂本来不放，我通过一个朋友疏通才得以如愿。

当时，我在设计所的几个老部下下海成立了一个公司，办得还比较红火。他们力邀我去当常务副总，也当过短期的总经理，那时是非常忙的。大约2002年，《科幻世界》杂志要搞作家专辑，那正是我最忙的时候。但既然杂志社提出来了，我就硬挤出时间写了两篇，一篇是《水星播种》，一篇是《新安魂曲》。当时写得非常仓促，用电脑都不方便（因为要经常下车间），就随身带着稿纸，抓紧时间写一点是一点，然后请公司的年轻人帮我录入电脑。所以写短篇还是不太受工作影响的，不管怎么忙总还能挤出点时间。写长篇确实是非常费精力，没有一个完整的时间段很难办到，至少对我是这样。

科幻邮差：王老师1991年在克拉玛依创作的《生命之歌》，这篇小说背后有什么故事？

王晋康：《生命之歌》的灵感，最早我写成的是一个微小说《告别老父》，两三千字，投给《我们爱科学》。编辑说，虽然这篇很短，但还是让她心里有一次强烈的震荡，就给发表了。但是我觉得那个故事太短，没把我想说的话说完，再加上后来又搜集了一些资料，特别是基因音乐的资料，我觉得可以把这些攒到一块儿，心里就开始构思。

后来到克拉玛依油田试验两台新产品。这两台新产品是我徒弟干的，我不太放心，现场试验还由我去盯着。试验很成功，我已经给家里报了喜。但到最后一刻，有一台车的传动轴突然断了，需要从工厂再发一根新传动轴，当时交通不便，发货时间至少得半个月。那段时间什么事儿也没有，我是带着四个工人去的，他们正好凑一桌，天天打麻将，我寻思那我把小说写出来吧。在那个地方纸笔都买不到，我就用一支铅笔在一个小学生作业本上写了起来。

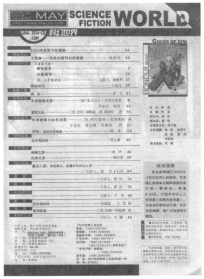

《科幻世界》2002年第5期刊发王晋康专辑，《新安魂曲》和《水星播种》
这两篇小说是他随身带着稿纸写出来的。

1991 年 5 月 1 日《生命之歌》定稿，作业本上写出来的名篇。此文荣获 1995 年度科幻文艺奖（银河奖前身）特等奖。（原稿现收藏于成都时光幻象博物馆）

科幻邮差：写出来之后取得了巨大的反响。

王晋康：当时确实反响比较大，《科幻世界》杂志一般不登读者评论的，那次破例，用整整两版的篇幅刊发读者来信，我看了后真的是热泪盈眶。我写东西的动机，一是因为确实心里有东西想说出来，还有就是读者的鼓励和喜爱。正好昨天我还收到一个读者发来的微信，说她父亲八十二岁了，卧床养病，她给父亲读《爱因斯坦密件》，读《失去的瑰宝》。他爸在流泪，她自己也几度哽咽，被人物命运的坎坷触动心弦，几经停顿才能继续下去。这样的读者反馈是我的最大动力。

科幻邮差：所以说优秀的作品是不会过时的。听说 1995 年，科幻世界杂志社专为《生命之歌》开过研讨会？

王晋康：会议名称是"王晋康作品讨论会"，不是专对《生命之歌》，但以它为主吧。那是 1995 年的事。我 1993 年才发表处女作，到那时最多也就发了十篇。

1995 年第 12 期《科幻世界》杂志用两页整版刊发《生命之歌》的读者来信。页末的读者饶骏，1996 年创建了北京航空航天大学科幻协会，现为中国天宫二号有效载荷运控中心副主任。

王晋康

王前辈，前几天才开始读您的作品，是《中国科幻名家名作大系》中您的部分作品，我先看了《爱因斯坦密件》，我父亲82岁了，目前卧床养病为主，前天他坐在轮椅上，我在一旁，晒着不是太热烈的秋日，我读给他听，我借此给他讲述了质能转化方程，他大概是听懂了，对宇宙的奥秘有些觉得奇妙不可思议。因为看他状态还好，我又接着读了后一篇《失去的瑰宝》，没想到，是关于阿炳的故事，因为小时候我听老爸经常晚上一个人拉二胡，对这首《二泉映月》也很有印象，我爸曾戏说过曲子开头第一声就像在说"请让我来告诉你我的故事吧"的味道，所以，读的过程，我自己也很是几度哽咽，莫名就被那种命运的坎坷触动心弦，经常要停顿一会儿才能继续读下去，我老爸也多次低头藏住泪水，最后藏不住，就慢悠悠的擦拭，不是我读的感人，是故事本身比较能引起共鸣，其中最后的主题，不要对已经发生的事情太过纠结，要努力调节自己的情绪，我觉得很有正能量。今天就是忍不住想表达一下感谢您的佳作，今天是父亲生日，因为这两篇作品，我自觉提前陪父亲过了一个有意义的生日，毕竟，能催人泪下的一定是优秀的作品，这应该是最朴实的标准了。

谢谢您！您身体健康，万事顺遂！！！

读者的喜爱，支撑王晋康在科幻创作道路上走了三十年。此为 2022 年 11 月 5 日（中国科幻口述史采访当日），王老师收到的读者留言。

科幻邮差：啊，有那么多？

王晋康：第一年两篇，第二、三年大概各四篇，然后就召开了那个作品讨论会，当时谭楷说，我们把能用上的媒体关系都叫来了，包括中央电视台的骆汉城，《人民文学》的刘虔等。但后来央视并没发消息，《人民日报》只发了很小的一个豆腐块儿，毕竟当时科幻还非常边缘化，甚至被一些人当作异类。不管怎么说，杂志社尽了最大努力，我非常感谢。

前面说过，这一生中对我影响最大的人，排在第三位的就是科幻世界杂志社的杨潇和谭楷。我第一次投稿后杂志社那篇回信我不知道是谁写的，但我心里总认为是杨潇写的，字很娟秀。这封信可以说改变了我后半生的轨迹。我现在还记得第一次去杂志社，谭楷带我上电梯，看见一个可能是科协（四川省科学技术协会）的人，谭楷很高兴地介绍说："这是我们最新发掘的作家！"又夸我文学素养怎么高，等等。那个人听了没有什么反应，但我对谭楷兴高采烈的印象很深，那是发自内心的工作激情。

科幻邮差：王老师确实是在《科幻世界》杂志最需要一个明星作家的时候出现的。1993 年的时候小说稿件实际是很匮乏的，特别是缺乏新生力量。刚刚说到王老师对科学内在东西的独到感受，确实带给读者的冲击力非常大。《科学狂人之死》里面有句话好像是说"爱情就是荷尔蒙的相互作用"，原话我有点忘了，但这句话把美好的爱情一下子全部消解掉了，冲击力真的非常强。

王晋康：我经常说的一句话，虽然有吹牛嫌疑，但我确实觉得：科幻作家就是以更宏大的视角看世界，而且能看到事物的深层肌理，把好多事儿看透了，包括爱情，包括人生的宿命和无奈。我给老伴儿开玩笑，我说像我这么把荷尔蒙看透的人，还能在实际的生活中对爱情绝对忠诚，这才是世上最难得的。（笑）

1995 年 11 月 28 日，《科幻世界》杂志编辑部跟中国石油文联一起在成都举办王晋康科幻作品讨论会。关于这场讨论会的详细报道，见 1996 年第 1 期《科幻世界》中谭楷所写《历史老人的手已放在你的肩上》一文。

科幻邮差：科幻文学在20世纪80年代末90年代初曾经历过一次低谷，您了解吗？

王晋康：我是后来才了解的，那时候也泛泛知道，但没有太当回事，毕竟我当时完全是圈外人，只是作为不是非常虔诚的读者。当时就什么书都看，但以主流文学为主。俄罗斯的科幻其实对我影响比较深，比如《蟹岛噩梦》，还有一部描写地下城的小说，我已经忘了书名和作者，但还能感受到作品的气魄。我看的科幻真的不算多。真正小学时候读的印象深刻的还是凡尔纳，像《海底两万里》。威尔斯什么的读的都比较少。

科幻邮差：20世纪90年代中期到新世纪，在王老师周围，还有一些年轻作家比如杨平、韩松、何夕等也都出来了，您对那个阶段科幻整体发展的样貌还有印象吗？

王晋康：这是我的弱项，我的性格内向，一向是闷头写作，对外边的事基本上不太参与。泛泛说几点吧，比如星河，我对他的作品比较欣赏，嬉笑调侃，带点北京油子味。不过他从《潮啸如枪》后风格变了，当时不少北京作者夸奖这是他一个新起点，而我认为是退步。还有，对何夕的短篇小说印象比较深，因为他常常有很灵巧的让人眼前一亮的构思，文笔抒情。韩松是我的好友，但从作品风格来说与我完全不同，所以从不敢说我能完全读懂他的作品。还有一些年轻作者一下回忆不起来了。那时候很多作者写了几篇就停笔了，像张劲松、米兰等等，坚持下来的是少数。

2019年11月23日，第30届中国科幻银河奖颁奖典礼在成都举行，王晋康（右）获得"终身成就奖"。（与王晋康同获此奖的杨潇因故未能出席）

2007年8月，王晋康参加《科幻世界》创作笔会。第一排左起依次为：刘慈欣、江晓原、王晋康、姚海军、长铗。第二排左起依次为：小庄、赵海虹、杨平、凌晨、星河、苏学军、拉拉、刘维佳、赤色风铃、田子镒、小姬。第三排左起依次为：陈楸帆、姬十三、严蓬（电子骑士）、黄永明、王魁宁、陈颖、飞氘。

科幻邮差：那时候是流星多，恒星少。王老师进入科幻领域后，参加过很多次科幻创作笔会，能谈谈参加笔会的印象吗？

王晋康：参加科幻笔会和科幻活动放在一块儿说吧。我家乡南阳是一个比较闭塞的地方，周围没有什么科幻迷或者科幻社团，更没有科幻作家，河南写科幻的基本上就我一个人，后来出来一个刘相辉。所以我对科幻活动还是比较重视，有机会可以当面听听学生读者的意见。当时大学的科幻活动也不少，只要邀请我，我基本上都会去。

那时候谭楷是这种活动的中心人物，他的煽动力特别大，走到哪儿，那儿的温度马上就提高几度。经常是我们俩一块儿去参加活动。当时科幻社团的活动都很简陋，黑板上粉笔字写个欢迎什么的就完事。有一次去郑州轻工业学院（现郑州轻工业大学）参加科幻活动，我一个朋友是该校副院长，我去那儿一看，这才是正规的由学校出面组织的社团活动啊。

说点儿题外话，有一次参加北京林学院（北京林业大学）的活动，组织者说她一个师兄在跟杨振宁读博，可否通过师兄邀请大师来参加咱们的活动。我们说当然好啊，就怕请不来。结果，杨振宁大师轻易就答应了，所以我对杨先生印象特别好。你想他那么大的科学家，而我们是这么简陋的民间活动，他都愿意来和学生交流。非常遗憾的是他后来没成行，是学校不让来，说安保什么太麻烦。

科幻邮差：哎呀，太遗憾了。

王晋康：这是科幻活动。科幻笔会那时候我也是基本每次都参加。虽然也有收获，但每次时间太短，没有很深、很透的讨论，不过还是有收获吧。比如有次和刘慈欣闲聊，他说你最近有什么构思，我说了一下，他说这构思应该是写长篇的，不应该是短篇。这正是刘慈欣的优点，好的构思能写长篇就不会轻易写短篇，省得读者觉得不新鲜。不像我，有个构思我就写成短篇了，没有计划性。

我们谈话时我的那个短篇已经投到《世界科幻博览》，后来我赶紧写信，希望把这篇小说收回来，但那边说已经排版了。不过，后来我还是用这个构思写了一个长篇，就是《与吾同在》。

科幻邮差：在笔会上作家之间的交流确实很重要，有的时候可以互相点拨一下。

王晋康：对，有一次何夕看了我的长篇《与吾同在》的草稿，提了一个非常中肯的意见。小说中写主人公带有狼性，是根据我们南阳发生的一件真实的事情。就是一群小孩出去玩儿，结果一个小孩淹死了，然后，其中一个小孩就说我们不能回去告诉其他人，不然要挨打，于是就把淹死小孩的衣服埋起来了。

何夕看了之后说，你前边做了这么多铺垫，但这个事儿表现的狼性还是不够足，在揭牌时会让读者失望。我觉得他提得很对，就把情节做了修改。这个修改其实蛮难的，因为既要写出主人公足够的狼性，又不能影响他总体是正面人物的设定。但不管怎样，我按何夕的意见尽量做了修改。这也是作家之间交流的收获。

科幻邮差：其实刚刚王老师提到了，在很多科幻活动和读者见面会上，和科幻迷们建立了深厚的友情。想请您分享一下，您眼里的科幻迷是一个什么样貌？

王晋康：我真正了解比较多的，还是 20 世纪 90 年代的科幻迷。那个时候没有那么多商业活动，我们去跟读者见面都是在很简陋的环境中，真的是面对面的交流。我总觉得相对来说，科幻迷都是理想主义的，理性比较占上风的。他们有个特点就是，只要年轻的时候喜欢科幻，一般就是终生喜欢，有可能后来比较忙，甚至不怎么看科幻了，但科幻对他们的影响还是久久不忘的。有些现在已经成了著名科学家、影视人、文学编辑的读者，比如著名量子物理学家陈宇翱，一见面就说小时候看过我哪篇小说，甚至说自己是看着我的作品长大的。我对此特别感动。尘世茫茫，大千世界，有人在阅读二三十年后还能记住你某一篇小说，确实是对作者最大的恩赐。

2011 年 9 月，《与吾同在》由重庆出版社出版，这部作品探讨了人与上帝（造物主）的关系。此作 2012 年 10 月荣获第三届全球华语科幻星云奖最佳长篇科幻小说奖。

2010 年 8 月 7 日，成都老书虫书店，王晋康与喜爱他的年轻读者在一起。

关于创作：我写的是 "红薯味儿" 的科幻

科幻邮差：接下来，我们就回到王老师科幻创作者的身份以及作品上来，请王老师跟我们分享一些您的创作理念以及对科幻文学的思考。首先想请王老师聊聊，您的科幻创意与创作灵感是怎么来的？因为大家都知道您是点子大王，创意就跟泉水一样源源不断。

王晋康：科幻创意和灵感是属于量子效应，没有规律的（笑）。如果真要是有规律的话，我们马上就要被写作机器人代替了。只能说，灵感和人的素质有关，每个人有个人的爱好和优势。我觉得自己有个突出的优点，就是感觉比较敏锐，比如很小的时候我就观察蚂蚁，看蚂蚁爬过一个很小的土块，对它们来说相当于是一座大山。我就想知道蚂蚁怎么能回家呢？还会挑选最近的路？那么小的蚂蚁脑袋里边，就能具有这样一个类似数学积分的功能。总的说，对类似的事物我有比较敏锐的感受，经常胡思乱想。比如小说《天火》中提到：物质无限可分但在每一个层级里物质又只占空间很小的一部分，那么到最后物质不就是零了吗？这实际上就是我中学时代的一些胡思乱想，最后把它用到了科幻创作上。我记得这篇小说发表以后，《科幻世界》杂志收到读者来信，说王老师是一位物理大家。我对这句话敬谢不敏，我绝对不是物理学家，小说中写的就是很典型的孩子的胡思乱想。但是这些胡思乱想从本质上说，和近代物理理论是相通的，有其厚重性，所以给读者留下的印象比较深。

我对自己评价比较高的就是：能从一些很简单的、普通的事，看到里面更深的一些东西。

科幻邮差：那您会为了一篇科幻小说的写作去补习背后的科学原理和相关知识吗？

王晋康：是这样的，你必须有比较广泛的通读，保持胡思乱想，不定什么时候一个灵感就迸发了。而不是临时抱佛脚，如果想写基因题材就赶紧去看基因的科普，想借此萌发灵感，这是行不通的。但是，在萌发灵感之后，那就经常要去深化一下，特别是为了获得一些技术性细节，这时候就需要阅读。所以我说我这一生有三个阅读高峰，其中第三个高峰就是开始写科幻之后，而且看的更多的还不是科幻，而是科学人文方面的一些东西，比如说大师系列之类的。其中我印象比较深的是一本不太有名的作品《我们为什么生病》，作者自己说它不属于科学，只能算潜科学，他只是站在达尔文理论的基础上，对人们为什么生病做一些初步的猜想。但我认为那些猜想非常到位，应该就是正确的。所以在我的小说《生死平衡》和《十字》（又名《四级恐慌》）里，实际上就是宣传这种观点。

科幻邮差：另外，在创作上，王老师您早期作品的结构中常常用到悬疑甚至侦探小说的一些悬念设置技巧，跟 20 世纪 80 年代的一些作者，比如叶永烈老师的一些作品有一些共同点，您怎么理解科幻小说的通俗性一面？

王晋康：我写的科幻小说经常被人称作"哲理小说"。我说过，哲理小说有它的优点，也有缺点。它的优

世界生物医学领域的优秀代表作《我们为什么生病》，启发王晋康创作了《生死平衡》和《十字》。

点就是善于表达科学本身的震撼力，表达大自然深层的简洁优美的秩序，这些东西很厚重，给人的印象非常深刻，甚至能让人牢记终生。但哲理科幻的缺点是，如果你过分关注"上帝的荣光"，那么无疑你会放松其他，比如人物的塑造、情节的雕琢等等。我的小说这方面基本上还是比较平衡的，因为我经常用一些悬疑推理手法，把作者认为值得告诉读者的东西埋到情节当中。但由于哲理科幻的先天特点，有时候还是让理论的论述冲淡了小说本身的魅力。

科幻小说本质是小说，而且是通俗小说。它应该是在下里巴人的东西里放入一些很深的思考，但是从本质上来说，它首先应该满足大众的口味。我通常是这样做的，但有时候还是心有余而力不足。比较明显的就是《养蜂人》这篇小说，其创作冲动是因为我看了国外一本科普书《水母与蜗牛》，很薄的一个册子，是关于科学人文思考的一些短篇结集。书中提到整体论，提到生物界一些很奇怪的现象。比如黏菌，在食物匮乏的时候，个体的黏菌会自动集合起来形成一个整体，这个整体甚至会出现一些器官的初步分化，比如软足，等它爬到食物丰富的地方，再分散成一个个的个体。这个现象太神秘了，简直不可思议，我非常想把这个整体论用小说的形式表现出来，为此思考了很长时间，至少超过一年吧。后来我才决定用悬疑方式，以一个科学圈外人的眼光来看待养蜂人的世界，层层剥茧，这样才写出来了。总的来说，它的故事性还是能让人看下去的，但是想拍成电影就比较难，因为情节相对还是太简单。

美国国家科学院院士刘易斯·托马斯的代表作《水母与蜗牛》，催生了王晋康的科幻名篇《养蜂人》。

科幻邮差：赵海虹老师最早把王老师称为"中国科幻的思想者"，这个说法后来也受到读者的广泛认可。王老师，您作品中的这种人文关怀和对科技的哲思来源是哪里？

王晋康：差不多是本能吧，在这方面比较敏锐吧。1997年国际科幻大会（'97北京国际科幻大会）上，我做过一个发言，发言之后，香港科幻作者李伟才专门过来跟我说，我的发言很好，希望稿子给他看看。我的稿子里说，1996年、1997年世界上发生了两件大事，一是"深蓝"战胜了国际象棋的人类棋王。我觉得这是一件历史事件，因为我们人类之所以傲视群雄，站在地球生命之巅，就是靠我们的大脑。但从此之后，至少在国际象棋这个领域人类已经被碾压了。那时候人们还不相信人类在围棋上也会被人工智能碾压，而我当时断定，围棋上肯定也一样，但即便如此，我也没想到我在有生之年能看到这一天（柯洁被AI战胜）。

1997年5月，王晋康拥有了第一台586电脑，那时他已对人工智能有了前瞻性的思考。

另一件事就是克隆人，因为它挑战的是人类最重要的一个功能——繁衍。这本来是上帝的权利，但是人类已经给接过来了。现在没有出现克隆人，只是因为人们从道德伦理上不让干这件事，如果可以，肯定十年、二十年就出来了。我觉得这也是一件翻天覆地的事，它的重要性不亚于人类从树上下来。所以在那次大会上，我作为科幻作家发言的时候就提出，后人类时代已经开始了，可能是国内最早提出这个观点的。

所以我过去总说一句话，有时候科幻作家是站在更宏大的角度看世界。他能跳出人类的圈子，跳出当下时空，用一种超脱的、他者的目光来看世界，而且能看得比较深。

科幻邮差：说到 1997 年科幻大会（'97 北京国际科幻大会），那确实是中国科幻振兴的标志，王老师对这场大会还留有什么印象？

王晋康：那个大会也是在比较困难的情况下举办的，但是科幻世界杂志社老一辈班子杨潇、谭楷他们，确实很能干，最后把好几个宇航员都邀请来了。虽说那时对科幻的批判风已经过去了，但实际在很多人眼里，科幻还是另类。我们作为科幻作家，是没有任何人关注的，别说关注了，不批判就是比较好的待遇了。（笑）

我也没想到最后把这个科幻大会办成了，我们国家还是比较重视的。我记得当时全国人大常委会副委员长、科学院院长周光召也参加了，他要见包括科幻作家在内一些人。恰巧那时候我去小便，他们到处找不到我，等我回来后，杨潇满脸的着急，说你跑哪儿去了？！结果就这样与周老遗憾地失之交臂。可以说，'97 科幻大会（'97 北京国际科幻大会），已经为科幻正名了，对科幻以后的发展大有好处。

科幻邮差：在那次科幻大会上，王老师的作品《西奈噩梦》又夺得了银河奖吧？

王晋康：不是，《西奈噩梦》获得了头一年（1996）的银河奖。这次大会给杨潇颁了银河奖（组织编辑方面的），给我颁了一个银河创作奖，不过不是针对哪一篇的，而是对我的整个创作。我记得大会前半程是在北京，后半程去成都。上飞机前韩松乌鸦嘴，说如果这架飞机出事，中国科幻可就差不多全军覆没。（笑）

当时绿杨也参会了，但他登记的名字是李钜康。我那时特地看了参会人员名单，想着认识的人要去拜会一下，结果不知道他就是绿杨。非常遗憾，这一次错过就是终生，一直到他去世也没见过。

科幻邮差：确实非常遗憾，还有不少作家我们这些后辈都只见过名字，没有见过真人。

1997 年 8 月 2 日，'97 北京国际科幻大会期间，科幻世界杂志社在成都月亮湾组织中美科幻史上第一次作家交流会，就王晋康在 1995 年第 10 期《科幻世界》（左上图）上发表的《生命之歌》展开深入讨论，具体报道详见 1997 年第 11 期《科幻世界》杂志《第一次对撞》（右上图）。下图为参加本次研讨会的部分中外嘉宾，前排从左至右依次为：凌晨、詹姆斯·冈恩、王晋康、米兰，后排从左至右依次为：杨平、刘珉（江渐离）、严蓬、星河。

王晋康：是这样的。其实我很满足了，因为虽然科幻真正起来的时候，我的创作高峰期基本已经过去了，但还算是赶上了末班车。而绿杨去世前曾说过一句比较伤感的话，就是他没有赶上好时候。

科幻邮差：他 20 世纪 80 年代初就开始发表作品了。

王晋康：在上一代作家中，他算是唯一到了 20 世纪 90 年代还继续发表作品的，比如"鲁文基系列"。其他作家像吴岩、萧建亨、魏雅华等基本上都不发了。

人生不太顺遂的还有翻译家孙维梓，用极差的视力一直坚持翻译。那时候还没有微信，我们一直邮件联系。后来他说眼睛全瞎了，不能工作，邮件也只能让儿子替他读。后来有一天，我收到一封信，说："我是孙维梓的孩子，我不知道你是谁，只知道你经常跟爸爸联系，所以给你报告一下，老人已经不在了……"我马上跟（姚）海军通报，后来海军还在杂志上发了一篇纪念文章。

科幻邮差：王老师，您在很多场合都称自己的小说是"带有红薯味儿"的科幻，您怎么看待自己小说作品中的现实主义关怀和民族性问题？

王晋康："红薯味儿"这个说法其实最早来自一个北京的科幻作家。在我出现之前，北京一批科幻作家的作品在《科幻世界》杂志上占有相当的比重。我火了以后，他们多少有点情绪，就对杂志编辑说，自从王晋康登上《科幻世界》杂志以后，杂志就带着一股"红薯味儿"。我听说后笑了，说我的作品确实带"红薯味儿"，因为我写小说的时候已经四十多岁了，而且一直生活在河南一个比较小的城市，过的是相对底层的生活。这些烙印难免在作品中呈现，唯一的不同就是，我对大自然、对科学、对人生有一些比较深的思考，这是和其他"红薯味儿"作家不太一样的。

不过我觉得"红薯味儿"也是好东西呀，所以后来我就干脆接过这个说法，自称"红薯味儿"作家。我写小说《豹人》，有人在网上批评我说，你笔下的希腊感觉就是来自于旅游介绍，那确实，因为我没有去过希腊。那个时候稿费水平太低，如果为了写一篇小说专门去希腊采风不可能。所以我们只能是尽量搜集书面资料以弥补劣势，有时候搜集得还相当丰富，但是纸上得来终觉浅。

不过《蚁生》就不一样，那完全是原汁原味的生活。里面好多生活细节，比如怎么在蚊帐上捉臭虫、在第一次下水田时惧怕蚂蟥等，都是非常独特的生活经历，所以给读者的印象就比较鲜明。正是因为这个原因，我一直对《蚁生》这部小说比较看重。

还有短篇《黄金的魔力》，实际上也带着很重的个人色彩。那时候，国营工厂里的通病是干多干少一个样。像我在工厂属于技术大拿，新产品车间里只要有问题，工人第一个就是找我，而且只要我去，基本上就是几分钟解决问题，现在回忆起来都觉得很闪光的——产品车队马上就要出厂了，结果进口柴油机突然不能启动，几百人在现场等。工人赶紧请我过去。我很快找到故障所在，把一个管子卸开，塞个棉纱进去，再启动就好了。这种闪光的时刻太多，但完全没有转化为个人应得的经济利益。时间长了，工作激情就被磨蚀尽净，心里总有种愤愤不平的感觉，这种郁愤在《黄金的魔力》小说里有清晰的展现。小说主人公当了一辈子正人君子，忽然想转变人生指向，竟然和贼王联手盗窃国库黄金。我和小说主人公不同的是，我没有走到那一步，我只是把那种郁愤在小说中做了一些宣泄。

再比如《时间之河》，我后来不是当过民营企业副总嘛，但是我不能适应，所以两三年后就辞职了。不过这段生活也有收获，这部小说里好多情节，包括有人进监狱什么的，都是源自那段现实生活。

总的说来，身边的事还是更容易写，国外的事就只能通过查资料来尽量逼真地描绘了。

大概三年前，在日本召开过一次我的作品研讨会，后来我看了会议发言，给我印象比较深的是，一位作家觉得我写的《转生的巨人》里描写日本背景很到位。这个评价让我非常高兴，因为那些背景也完全是靠书面资料。小说写的是某位日本首富，本来是高高在上的，经常和首相往来，后来出事以后，高官们翻脸不认人，部下有的自杀、有的叛变等等，这些在新闻中有详细报道。我就把这些组织到《转生的巨人》小说里，写出这么一篇"新闻体科幻"，又被日本作家评价为很到位，是我的意外之喜。

再比如《生死平衡》是写阿拉伯世界的，我不会阿拉伯语，也没去过这些国家，只能通过各种手段，包括查阅资料、看一些阿拉伯小说，努力走进那个环境中。然后我在小说中尽量嵌入了好多阿拉伯的生活细节，比如结婚风俗等。这部小说中原来是用真名，比如国家就是伊拉克，人物就是萨达姆，后来出版社认为这样写牵扯到宗教，全部改掉了。我遗憾得不行，白费我一番力气。（笑）

2019 年 7 月，王晋康作品研讨会在日本东京举办，本次活动由资深翻译家、东北师范大学教授、东北亚文学交流中心主任孟庆枢联合日本科幻俱乐部共同发起，得到了日本国内众多关心中国科幻文学的友好人士的积极响应。图为参加本次研讨会的部分嘉宾，从左至右依次为：《三体》日文译者上原香、日本著名科幻作家 & 翻译家立原透耶、日本中国科幻研究会前会长岩上治、日本科幻小说家津原泰水、日本学者巽孝之教授及夫人小谷真理子、《三体》日文译者泊功、孟庆枢老师代表孟旸。

科幻邮差：王老师，20 世纪 90 年代您的作品几乎是投一篇就发表一篇、拿奖一篇，可以说最初的创作道路非常顺利，那个时候您会研究杂志或读者的需求吗？

王晋康：没有，所以我一直说，我这个人相对来说是比较随性的。走到这一步完全是凭着感觉、凭着直觉写作，没有在这方面特意下功夫。比如大刘（刘慈欣）就很重视接收读者的反馈，我一般不太在乎这个，我的写作一直比较个人化。

我印象很深的一件事，就是我们南阳市举办了一个高端的文学培训班，当时请了一位姓刘的、国内有名的先锋派作家讲课。南阳的文联（南阳市文学艺术界联合会）主席说，这个培训班我是去得最勤的，学习最认真的。但结果实际上我没有什么收获，因为他的路子和我完全不一样。科幻作品，一定是我有东西要告诉读者才会去写。

但是这位先锋派作家讲他的某部有名的作品是怎么写出来的，就是摊开纸写第一行字还不知道自己要写什么，而是顺着感觉往下写。依我看，尽管他能够这样写出一个有名的作品，但这样写科幻我绝对写不出来，所以我也不学他了，还是按我自己的笨办法来。

有一种说法："老树不可移栽。"我写第一篇小说的时候，因为已经到了"不惑"和"知天命"的年龄中间，人生观和生活习惯、文学偏好等基本定型了，不可以"移栽"了。我觉得还是要按自己那种比较随性的、跟着直觉走的写法来创作。至于写什么能获得更多读者或者得罪读者，我真的从来没有在意过。但是读者的夸奖和中肯的批判，我还是很在意的，不过这是两码事，我很在意，但并不改变自己的写法。

而且 20 世纪 90 年代的时候，科幻也没有商业化的条件，我一直认为科幻天生比较边缘，就是少数人看的。那时候完全就是因为自身有宣泄科学情结的内心需求，还有读者给了我坚持的动力，所以才一直坚持下来。那时候稿费比较低，虽然科幻世界杂志社已经很努力了，不过稿费相对还是比较低的。银河奖奖金也不高，比如我第一次得奖，是第一届"吕应钟"奖，奖金好像是八百块钱。解释一下，吕应钟是一位台湾地区的科幻作家，在中国科幻最困难的时候曾捐款给银河奖，所以银河奖有几年以他的名字冠名。

科幻邮差：王老师的第一个长篇是哪一篇？从短篇到长篇写作的过渡还顺利吗？

王晋康：第一个长篇是《生死平衡》，这个过渡其实不太顺利。《生死平衡》应该说是一个大中篇吧，它的路子基本跟短篇差不多，所以写的时候还不算太难。但后来有的长篇小说写作还是比较难，容易的就是《蚁生》，因为《蚁生》是我自己的生活。但其他特别是牵扯到国外的，比如《豹人》和《拉格朗日墓场》，要牵扯到美国的生活方式或是社会习俗，就比较困难。

如果不算《生死平衡》和短篇扩写的几篇，我真正的第一部长篇应该是《与吾同在》了，就是前边说过的、听从了刘慈欣的建议后写的那部。再后来的《逃出母宇宙》《天父地母》《宇宙晶卵》等，和短篇扩写的《生命之歌》《拉格朗日墓场》等就不一样了。后面的这些是真正的长篇创作，虽然里边也常用上短篇的一些构思，但这些使用是服务于长篇小说的整体构架，并非以一部短篇为骨架的扩写，路子不一样的。

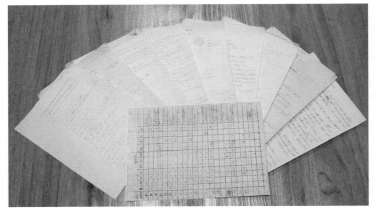

王晋康《逃出母宇宙》长篇写作大纲（左图），包含完整的时间线、人物列表和情节线索。图书（右图）由四川科技出版社于2013年12月正式出版，此为王晋康"活着"三部曲第一部。本书2014年获第25届中国科幻银河奖最佳长篇小说奖，2016年获第四届中国科普作家协会优秀科普作品奖（图书类）金奖。

科幻邮差：早先把短篇小说补缀成长篇的过程，王老师会跟编辑进行探讨吗？

王晋康：会，不过探讨基本上是在我写完以后，让编辑提建议，我斟酌采纳。至于写作早期、构建小说大构架时都是我自己进行。

其中和姚海军探讨是比较多的。至于杨潇、谭楷、（邓）吉刚那代编辑，因为那时我是以短篇为主，基本是个人创作，和他们之间对作品的具体交流并不多。

科幻邮差：在新世纪之初，科幻世界杂志社的姚海军老师提出了"视野工程"，想通过长篇小说打造中国科幻自己的畅销书作家，您和当时的作者怎么看待这样一种思路，对您的创作有什么影响吗？

王晋康：应该说是恰逢其会吧。我刚说过，我一般是比较随性的写作，都是按着自己的路子和节奏往前走。并不是说看到海军提出这个，我就要写，不是这回事，而是觉得写到这个时候，确实应该写点长篇，所以就开始写长篇。二者是恰逢其会。

王晋康〝活着〞系列三部曲第二部《天父地母》2016 年 3 月由四川科学技术出版社出版，2017 年 5 月获京东文学奖〝年度科幻图书奖〞。

我写了长篇后发现，长篇对语言的精细琢磨肯定不如短篇。所以长篇写多了以后，再回来写短篇甚至有点困难。短篇小说非常注重技巧，比如说写作视角，写同一件事，视角不同，味道就完全不一样；还有对文字的打磨，甚至小说氛围，我写短篇的时候经常先找到一个我认为比较好的、氛围比较接近的小说，比如苍凉的或是诙谐的，然后多读几遍，等自己进入那个氛围之后再开始写。

长篇则主要考验一些大的架构，是在有了相当积累（生活积淀、文学积淀、知识积淀）后的自然转型。所以当时海军提的这个，只能说跟我是不约而同想到一起了。

科幻邮差：后来姚海军老师还提到过科幻文学〝只有核心强大，才能突破边界〞，跟王老师的〝核心科幻〞有不谋而合的地方，王老师您觉得现在科幻创作的〝核心〞够强大吗？本土科幻文学是否已经突破边界了呢？

王晋康：我最近几年得了干眼症，阅读量大大减少，这方面我没有发言权。我只能说我还是希望，第一，作品能多元化、通俗化，尽量拓宽读者边界；然后一定要保

2019 年 7 月,《人民文学》全文首发王晋康封笔之作《宇宙晶卵》(左上图、右上图),这是《人民文学》创刊 70 年来首次刊登长篇科幻小说。2019 年 10 月,该小说由四川科技出版社推出单行本(左下图),也为"活着"三部曲终曲。2022 年 9 月,《宇宙晶卵》获第三届吴承恩长篇小说奖,右下图为王晋康出席颁奖典礼。

留我说的那种"核心科幻"作为骨架——那种非常理性的、非常激情的、有精巧构思的科幻。在我少量的阅读中。我感觉现在年轻作家的视野比我们那时候广多了,文笔也自由多了,但是"核心科幻"、有冲击力的科幻构思相对少一点。

科幻邮差:您觉得后辈的科幻作家可以怎么做来补足这方面呢?

王晋康:我总觉得科幻与主流文学有所不同,科幻更个人化一些,跟作者的素质、才干、偏好有关系。作者最好沿着自己熟悉、爱好、擅长的路子往下走，不能太受其他人的影响。

科幻邮差：王老师对国外的科幻关注多吗？最近几年，您早年发表的作品很多都被翻译成了英文、德文、日文以及韩文在国外发表。其中最突出的应该就是《天火》了，被日本主流文学杂志《三田文学》（2019年春季号）收录，甚至之后还在《亚洲文学》推出了您的专辑，对于中西方或者中国与亚洲各国的这种科幻文化交流的前景，您怎么看？

王晋康：其实我在科幻作家中，对于科幻文学的阅读量还是相对偏少的，所以谈不上对哪个作家全面了解，只能说因为当时看了这位作家的某一篇小说，从而对他的印象比较好。给我留下比较深印象的作家，比如阿瑟·克拉克，我很喜欢他的作品。还有海因莱因，实际上他的作品风格与克拉克完全不同，但我也喜欢。日本的科幻小说，实际上我看得不太多，而印象最深的就是《日本沉没》。依我的阅读感觉，作为我这个年纪的中国人看这本书，会有一种亲切的感觉，因为思维方式是比较接近的。书中的灵魂人物渡老人，原来设定为有中国血统的和尚。这也证明作者的思想可能比较靠近于中国哲学。但拿另一本非常畅销的日本科幻小说《寄生前夜》来说，我看完之后不太喜欢，觉得陌生。总的来说，我对国外的科幻作品没有太多的了解，阅读量不太广泛。

科幻邮差：王老师您现在已经有一二十篇作品被翻译成各国语言在国外发表了。虽然这个翻译的量只占了您浩瀚作品总数的很小一部分，但总归让国外的读者看到了我们中国核心作家的代表作。请问您希望国外的科幻读者从这些作品当中看到什么？

王晋康：我还是希望他们能够看到一个不同于外国科幻作家的中国科幻作家。最近我的《蚁生》已经翻译成德文即将出版，也将出意大利文的版本，意大利文出版是意大利科幻作家弗朗西斯科促成的，他说读完《蚁生》后印象深刻。所以我觉得外国读者还是能够读懂中国作品的，能够读懂我们国家的生活，还是挺难得的。

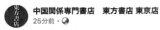

中国関係専門書店　東方書店 東京店
25分前 · 🌐

【入荷情報】
雑誌『三田文学　第137号（春季号　2019）』（慶應義塾
大学出版会／税込980円）が、東方書店 東京店に入荷しま
した！

今号の特集は「世界ＳＦの透視図」です！沼野充義さん
（ロシア東欧文学者）、立原透耶さん（中国文学者）、新
島進さん（フランス文学者）、識名章喜さん（ドイツ文学
者）による座談会を収録。司会は巽孝之さん（英米文学
者）。本書に、中国のＳＦ作家・王晋康（1948〜）の短編
小説「プロメテウスの火」（泊功 訳）と、立原透耶さん
による解説「中国ＳＦ四天王の一人、長老的作家　王晋康」
を収録。

表紙には「中国」という文字は入っていませんが、東方書
店のお客さま、特に昨今人気が高まっている中華ＳＦにご
関心のある方にお勧めします！

2019 年 5 月 1 日，《天火》被日本主流
文学杂志《三田文学》（春季号）收录。

科幻邮差：王老师，您的科幻创作
取得了令人瞩目的成就，想问您心里最
骄傲的事情是什么？

王晋康：成就小小的，但我最骄傲
的事情应该是：碰见当年的科幻迷，然
后听他们说，"王老师，我是看您的作品
长大的。"（笑）这真的是我最骄傲的事。
这些科幻迷好多都成长为一线的科研工
作者，比如量子物理学家陈宇翱。还有
相当多年轻科学家，以及一些科幻编
辑、电影界人士，还包括一些新技术公
司（的骨干），比如中国第一家制造可回
收火箭的公司，它的老板和总工都是科
幻迷。我们经常说，科幻能为孩子们普
及科学知识。这当然是科幻很重要的一
项功能，但更重要的是：科幻通过精美
的包装，在把科学知识传授给孩子的同
时，给孩子的心底种下一颗爱科学的种
子，至少让他们对科学不陌生。这样等
到有合适的阳光雨露时，就会发芽结果。
因为经常见到很多科幻迷都比较有成就，
有时我就瞎想：科幻迷是不是相对来说
成功的可能性要高一些呢？不知道，我
没有做过真正的调研，但科幻迷的思维
比较不受约束、天马行空，所以成功的
概率也许会大一些。

科幻邮差：那您的心中留下了哪些

遗憾呢？

王晋康：遗憾就是，我觉得自己在文学上的成就应该是短篇高于长篇。长篇小说考量的因素很多，很依赖作者的社会阅历和生活积淀，毕竟我们这一代曾经生活在比较贫穷、闭塞的年代，眼界相对来说还是比较窄。这种先天性的弱势很难通过后天努力来补救。而短篇小说主要取决于作者的灵性，特别是科幻小说，作者本身的灵性特别重要，相对来说受其他方面影响比较小一点。短篇创作中作者的某些弱势可以通过文学技巧来补救，长篇就很难。

友谊地久天长

科幻邮差：王老师，想请您回忆一下在科幻这一路上，跟很多的编辑、作者、评论家以及科幻迷之间的记忆深刻的故事。

王晋康：首先要说的就是杨潇老师，她和谭楷并列为我人生中排名第三位的"贵人"。据说我的处女作是她在一堆自由来稿中发现的，她说当时有眼前一亮的感觉。然后，在没有正式用稿之前，就给我来了信，这种态度让我非常感动。还有谭楷，他是一个非常有激情的人，嘴巴有点大，他不管去哪里参加活动，马上都会变成众人的焦点，他确实是对科幻事业真心热爱。

王晋康（左）与谭楷（右），相交多年的作者和编辑早已成为好友。照片 2016 年 8 月摄于成都人民南路 4 段 11 号科幻世界杂志社楼下。

王晋康的处女作《亚当回归》是由时任《科幻世界》杂志主编的杨潇在一堆自由来稿中发现的。图为王晋康（左）与他的"伯乐"杨潇（右）合影。

还有一个令我印象深刻的人是杂志编辑邓吉刚，他的个人生活比较悲剧，但他对科幻非常热爱。实际上他本人原来是主流文学的编辑，后来到科幻世界杂志社之后，把全部身心投入到了科幻事业。至今还记得我们第一次见面，他聊起我的作品，那种眉飞色舞的模样。可叹的是，他退休之后我再见他，感觉他明显衰老，仿佛精气神都被抽干了，跟当时讨论作品的眉飞色舞简直是天壤之别。他已经离世，但中国科幻不会忘记他。

还有就是大刘（刘慈欣）、何夕。记得有一次在听江浦开笔会，大伙儿一起聊天、吃串儿，我年纪较大，早早睡下了。半夜何夕给我打电话，让我和他一起劝劝刘慈欣，让他不要工作了，专职写作。当时刘慈欣出道不太久，我听了之后立即说：以我自己提前退休的经验来说，大刘千万别辞职，因为那时候写科幻还养活不了自己。辞职专职写作以后心态会变得不一样，生活压力和心理压力陡增，不利于创作。那时没人料到后来的刘慈欣会大火。

刘慈欣所在电厂那时要解散，处于最困难的时候。我给他去了电话，就说实在不行你来南阳吧，南阳有一个很有名的电厂，如果你愿意过来，我尽量想办法来办调动。他想了想还是觉得不动为好。事后给我来信，说在科幻界能体会到一些在别处体

王晋康（左）与刘慈欣（右）合影。他们一致认为："科幻界能体会到别处体会不到的真情。"

会不到的真情。

再来说说韩松，我俩都是比较内向的人，交往淡如水，但相知很深。要说他作品的风格，实话实说，我是不大喜欢的，（笑）与我走的完全是两个路子。我是紧扣科学本身来深挖主题，而他基本是以科学为背景，作品风格相对比较阴暗。但我们关系非常好。记得有一次他说爱喝黄酒，我说家乡的黄酒比较有名，我给你寄两壶过去。后来邮局不让寄液体，没寄成，等我去北京开会的时候，顺手就拎了两壶给他。就因为这件小事，他和他爱人说了好多次，说非常过意不去，让我这么大年纪还为此跑腿。我从来不上网，这些年，我发现好多人提到我的一些事，都是通过韩松的一些采访知道的。

还有姚海军，相识也非常早。那时候他还在林场，在极为艰苦的条件下他办了《星云》。《星云》的运营费用是作家捐的，那时都穷，捐得最多的好像是单次一百块钱。杂志后边列有清单，谁捐了多少钱，用到什么地方，都列有明细，那时候确实生活艰难，而海军作为一个低工资的林场工人，连复印都得跑几十里。在这种情况下竟然他创办《星云》并坚持下来，也真的是科幻了。后来他可能是通过杂志社知道了我地址，给我来了一封信，寄来杂志。我也开始捐款。当时参与办杂志的还有一位武汉人叫金熔，也给我来过信，但后来他没有坚持下去，泯然众人。这些信我一直都保存着，但后来搬家的时候弄丢了一些，有些捐给董仁威的科幻博物馆了。1997 年国际科幻大会，海军作为科幻迷自费参加了，但在那个会上我和他好像没有交集。后来慢慢有交集了。他后来去《科幻大王》，工作不大顺心。我曾给科幻世界杂志社推荐过他，至于我的推荐和后来科幻世界挖他过去有没有关系，我就不知道了。

王晋康（左）与姚海军（右）合影。自姚海军 20 世纪 90 年代初期在林场工作开始，两人就已经建立友谊了。

科幻邮差：王老师扮演过伯乐的角色呢。

王晋康：开始的时候我觉得海军只是个科幻迷，到后来，看了他写的一些文章，特别是综述之类的文章，我发现不知不觉间他已经修成正果了，是大师级别的水平了。

跟杨枫接触相对比较晚，那应该是 2003、2004 年的时候了。但是后来我对杨枫印象比较深，我当时给杨的评价是"女中丈夫"，不知杨枫记不记得。特别是 2010 年 3 月那次事件（科幻世界杂志社员工要求撤换一把手的"倒社风波"），显示了她"女中丈夫"的气质。你们那时候说需要作家声援，反正只要是我自己能够出力的，我马上就会去。我听说我是第一个对你们表示声援的作家。而且你（杨枫）是非常有事业心的，跟中国科普研究所的王卫英非常相似，对事业特别看重。

再谈谈科幻迷。有一个印象比较深的事情。有位科幻迷在军医大学（中国人民解放军陆军军医大学）上学，给我来信，说他想写科幻，不想上学了。我赶紧给他回了封信，劝他不要这样。毕竟现在从商业上说、从个人收入上来说，想靠写科幻养活自己非常困难。我说建议你还是先把大学上完，毕竟你的学校还不错，是军医大学。我在信的最后写道："因为我也很忙，这封信回完以后，可能我就不再回信了。"后来我们就断了联系。一直到至少十年以后吧，他突然给我来了一封信，还把我原来的回信复印了一份，信中说："王老师我非常感谢您，我听了您的话把书读完了。"他现在在上海市第九人民医院工作，那个医院是国内整形技术最好的医院，不是做那种面部整容，是做人体再造器官的。我有一次到上海，我们还见了面。

科幻迷中让我感动的另外一个人就是孙悦。他在星云奖（第二届全球华语科幻星云奖颁奖礼）上给作家写的一封信，那封信我到现在还保存着。信里流露出的是那种特别真挚的感情，写了自己如何结缘科幻之类的，让我印象很深。所以说能让我在科幻道路上一直坚持下来，有很多因素，这些读者就是其中一个很大的因素。

王晋康（右）与孙悦（左）合影。读者喜欢是对作家最大的鼓励。

亲爱的老王：

　　当您笔下的王王当乘着他的"夸父号"宇宙飞船回归地球向人们诉说着他的传奇经历时，很遗憾，我还只是一个懵懂的孩子，一个宇宙于我只是白纸一张的孩子。时间推移，当白纸开始斑斓，我接触了科幻，接触了您的文章，于是这些色彩便跳跃成鲜活的图像，世界开始生动起来。

　　03年，旧书摊，一本被人翻得破旧的《科幻世界》，让我第一次接触了中国科幻。《水星播种》，几亿年前的人类在水星孕育了生命，而如今的索拉人类在文明的启蒙阶段背负着世世代代的原罪……朴实的语言流露着一位饱经沧桑的老人的经验与反思，汇聚成一股无名的感染力，刺激着我的每处神经。"我看见了，心中有黄钟大吕在奏响，那是深沉苍劲的天籁，是宇宙的律动。"文章的话或许就能够表达我当时的感受。自此，我牢牢地记住了一个名字：王晋康，同时也记住了一种被称为科幻的文学。我开始不间断地买《科幻世界》，最为期待的，便是您的作品。《泡泡》《养蜂人》《终极爆炸》《决战美杜莎》……每部作品都令人思索，使人留恋。

　　科幻以科学技术为依托，但并不代表他会因为让人费解的科学名词而枯燥无味，您完美的诠释了这点。您的作品，在我看来是最富有人情味的，因为您无时无刻不在思索，思索人性，思索这个已知抑或未知的世界，并将科学技术融入在深深的人文关怀和朴实的语言中，看似高深的科幻文学被带入了普通人群中。

　　一晃已经是七八年的光景，正如《一生的故事》中所讲，"岁月就像水一般汹涌，无始也无终"。我已不是当时懵懂的孩子，我也不再只是认为世界的色彩永远鲜艳，可是我却依旧在您的作品中思索，苦苦追寻，在广阔星空中追逐自己的梦想。

　　芒芒宇宙中，我们只是一粟，但我会永远记得教会我仰望星空的人。

　　当我抬头看天时，我却忘却尘世的黑暗和痛苦，因为指引我的人用温暖的人性之笔为我描绘出纯真与晴朗。他摊开掌心，用岁月蚀刻的纹路指出通往浩瀚天域的方向，告诉我们，光明就在那里，在他的眼中我看到希望，看到向往，看到光亮。我知道即使自己坠入深渊，溺于深潭，也会有一双手始终等待着被我牢牢抓住，他轻抚过成长的伤痛，发出的微高，慈祥地对我们说："孩子，别怕，我在这里。"

　　是啊，他在，他永在，陪伴我们穿过破碎山河，黑暗丛林。他有一颗跳跃的、被温暖包裹着的心，他也唯有着这份纯真，才能用人性之笔为我们绘出这片清寂的星空。

　　我知道，抬头看天，月亮在笑，谢谢您，王老师！

孙悦
2011年11月12日于成都
第二届全球华语星云奖颁奖典礼

在2011年11月第二届全球华语科幻星云奖颁奖典礼上，孙悦当场诵读了致王晋康的一封信。

产业发展：
试错才知道哪条路是对的

科幻邮差：目前科幻行业内有各种各样的科幻奖项，王老师不仅担任过许多科幻奖项的评委，同时也有以您的名字冠名的晨星科幻文学奖"晋康奖"，王老师您是怎么看待名目繁多的科幻奖项？在挖掘培养新作者方面。您有什么建议呢？

王晋康：晨星的"晋康奖"是当时小马哥（马国宾）他们几个，还有一个河南的科幻迷组织的。他们专程去到西安我家里去提这个事，开始的时候我是拒绝的，我说我不认为自己的名声可以冠名奖项了。但他们说，这个奖项是为那些初学写作的年轻人设立的，我说既然这样，那就用吧。但这个奖虽然挂了我的名，而且我还担任过评委，但实话实说，基本上我没有参与，都是他们在做，我最多就挂了个名，一个名义上的支持。

至于说现在对科幻如何推进的这个事，我觉得确实有必要做一些事情，比如说办培训班，有可能这个培训班就能出来一个作家。但因为我自己的性格是比较随性的，总的来说我也持一个随性的看法。科幻的发展最重要的还是取决于一个社会中科技的渗透程度。你的科技进步了，整体的科学素质都提高了，生活在一个很现代化的社会里了，那么科幻它自然而然就有了发展的土壤。所以我对中国科幻的前景相对是比较看好的。如果思想不封闭，科学基础又好，因为我们现在的基础越来越好，中国科幻应该是处在世界前列，不说

为了鼓励新人，王晋康冠名支持晨星科幻文学奖〝晋康奖〞，该奖于2015年举办了首届，截至目前已举办到第八届。图为第三届颁奖典礼现场，从左至右依次为：张冉、王晋康、三丰。

超过美国，中美并列完全有可能……科幻和科技、经济的发展呈非常明显的正相关。你看世界科幻中心几次转移，唯一没有被转移到的大概就是德国。德国的科幻虽然也不错，但是总的来说还没有形成中心。日本呢，有一段时间差不多算是世界副中心了吧，还有俄罗斯、英国、美国、法国。所以科幻和社会的科学技术的发展，呈非常强烈的正相关的关系。

科幻邮差：王老师在整个创作生涯中，一直非常注重跟青少年的交流，同时在后期您也开始尝试进行一些少儿科幻的创作，比如《古蜀》还获得过大白鲸儿童文学奖，王老师为什么到后期开始重视少儿科幻？与成人科幻相比，少儿科幻的发展有什么优势劣势？

王晋康：严格说来，并不是后期才重视。在前期的20世纪50年代到80年代，科幻曾经有过一个半高峰，当时发展得也不错，但缺点就是过于少儿化、过于科普化。所以不说我是有意来扭转这个局面，但是从根本上说，我从来没有认为科幻就是少儿文学。所以经常有人说我写的小说里边有一些男女的情事，我说如果把它放在主流文学中，我写的东西是非常淡的，因为我从来没有把它当成纯少儿文学，所以说对这些我也不太忌讳。但我一开始写作的时候也四十五岁了，再加上以前也受到过一些挫折，所以我的文风相对来说有点老气横秋。

在 20 世纪 90 年代的中国科幻界，儿童科幻占着很不重要的位置。除了杨鹏，杨鹏可以说是他一个人在单打独斗，创造了一个天地。杨鹏跟我说，那时候他从不去参加评奖，因为他认为自己写的科幻在我们正宗科幻圈里边是待不住的。我认为这是 20 世纪 90 年代中国科幻一个比较大的缺憾。但是我刚才说了，我干什么事一般都是比较随性的，实际上为儿童科幻创作并不是后来才开始的，像《寻找中国龙》《少年闪电侠》，还是相对比较早的时候就有了。我觉得只要在心里有一个能够给儿童讲的故事，我就会写，并不是刻意的。

其实《古蜀》不是专门给儿童写的，《古蜀》是一个电影公司需要一个古蜀题材的剧本，就给了我一个剧本，然后请我把剧本变成小说，我一看剧本，觉得太臭，我

2014 年 5 月 12 日，王晋康（左）与学者王泉根、吴岩（右）在北京师范大学参加文学讲座。

说你如果要让我写，那我就从头创作，你们愿意用就用，你们不愿意用我就自己拿去发表。后来就写了，写完以后，我个人认为在创意上比较巧妙，画面上也很有美感，和历史的结合也比较有巧思。我自己还是比较看好的，但是他们觉得和他们的思路有差距，就没用。后来在大白鲸奖当评委的时候，我忽然想起来这篇小说，因为没发表，我就想着也去投一下试试，因为虽然不是儿童文学，但孩子们也能看。然后我就说自己想投作品，问组委会退出评委可不可以，他们说可以，后来就投上去了。当时评选的时候听说还有一些不同意见，认为这个作品不是少儿文学，所以评少儿奖不合适。当时好像是王泉根教授说了一句，说如果因为这个原因这部作品没有评上奖，将会是这届征文奖一个很大的遗憾，这才评上的。虽然说这部作品小孩也能看，不过写它的初衷并不是为了孩子们。

科幻邮差：王老师最近这几年虽然自己说在科幻上封了笔，但在很多科幻活动中还是可以看到您的身影。作为中国最具影响力的作家之一，您觉得当下这个时代，中国需要什么样的科幻作品？从您的观察来看，您觉得应该如何吸引更多的圈外人关注科幻？

王晋康：说到这儿，我想起来姚海军曾给我发过一个韩国女作家金草叶的《共生假说》，那个作品我是相当不看好，在构思上写得比较行险，里面犯了在科幻上的大忌。但是后来海军对我说，这个作品牺牲了一些科学性和科幻性，然后来满足了更大的一些读者群。我认为海军这个话说得也很到位，就是我们平常已经习惯于以我们认为的那种比较正统的、有灵气的观念来看科幻，反而是有局限性的。因为毕竟擅长理性思维的人在整个人群里还是占很少数的，所以海军这个观点我也是赞同的。所以，这个作品我不看好，我认为我的看法是对的，但海军这种说法我也是认同的。

由《共生假说》延伸，生物进化、社会进化本身就是一个试错法，甚至人的智慧就是一个试错法。对中国科幻的未来，我们不妨就按试错法走下去，哪个流派能够越来越占据主流，越来越发展，那么这就是一个好的方向。我当然更喜欢那种民族性比较强的、更有科幻内核的、有非常亮眼的那种科幻构思的，我个人是更喜欢这种。这方面我可以保留自己的观点，但我并不认为自己的观点就是正确的。

影视改编：
"叫好"和"叫座"至少占一个再拍

科幻邮差：2015 年前后，国内科幻文学的版权开发迎来了一个小高潮，很快王老师跟"南派泛娱"展开合作，成立了杭州水星文化创意公司，共同开发运营您的作品，这在当年真的是开了中国科幻领域的先河。经过几年的努力，王老师的作品目前在影视、漫画、动画等各个方面都有进展，能给我们介绍一下这方面的情况吗？

王晋康：这个进展我真的不太清楚，现在我基本不参与这些，如果你想了解，一会儿我让我儿子王元博给你介绍一下。整体相对来说进展还是比较慢，主要拍了一些短片，也有一些作品获了奖，最近好像还有个作品也要获奖。但因为是短片作品，我总认为它多多少少脱离了原著小说这个味

2016 年 9 月 10 日，王晋康与南派泛娱有限公司合作成立杭州水星文化创意有限公司，共同开发运营王晋康的众多作品。参加成立发布会的嘉宾左起依次为：姚海军、吴岩、王晋康和南派泛娱创始人之一叶在飞。

儿，就是这些短片只抓了某原著一个点子，然后再借此铺陈，并没有真正地抓住原著的整体……

科幻邮差：是单开了一条线？

王晋康：有的也不能说是单开，反正就是没有沿着原来的那个故事路子往前走，只抓住一个科幻点子，然后这样铺陈。虽然说对他们的一些构思，我本人也不是特别认可，但我也不认为自己的看法就是正确的，所以说现在就是基本放手，让他们大胆去弄。不过还是做得比较慢，好几次和大片都失之交臂，还没有取得大的成功。

2022 年 7 月，改编自王晋康小说《转生的巨人》同名动漫短片开始展映。

科幻邮差：失之交臂的最核心的问题是什么？

王晋康：我觉得最核心的问题还是对经济前景的考虑。当然即使你拍出一个大片，在市场上成不成功是一个方面，就是"叫好""叫座"之间，哪怕至少占一个也行，"叫好"不"叫座"也行，"叫座"不"叫好"也行。如果两个都没有，我认为你拍起来也没多大意思，所以我现在对这个事儿，真的是完全放开了，就是走到哪一步是哪一步吧。

科幻邮差：那从您的眼光看来，您觉得要想完成一次好的影视改编，影视化的各个环节应该具备什么样的基础条件？

王晋康：我觉得现在中国实际上各方面的条件都已经具备了。文本积累就不用说了，因为中国这么多年拍的科幻电影很少，基本没拍过什么。文本素材就不说新创作，单是过去那些老的文本积累拍个十部八部甚至二三十部都没问题。

技术上好像基本上问题也不大了，现在就是欠缺一种统筹能力吧。首先是对市场还是没有太大的把握，如果对市场有很大的把握，那作品很快就上去了。当时《流浪地球》的成功，多多少少有点石头里蹦出来个兔子的意思，感觉就是这部电影超越了一般的规律，中国科幻电影还没有到这个份儿上，它突然有了一个比较大的成功。

现在好像又有个《独行月球》，这种科幻我不太喜欢，听说在商业上也很成功，但是我不太喜欢这种风格的科幻。中国的科幻，要想真正打开局面，还是需要那种大制作的正剧，不要这种调侃风格的。要走正剧大场面，还是需要我说的那种核心科幻的东西。要用这个来打开市场，打开局面，然后再发展。比如说当时我们的公司，他们原来想走一个比较捷径的路子，就是把科幻和悬疑这俩结合起来拍悬疑科幻电影。当时周浩晖他们专门为这个成立了新公司，不过最后没有成功。

2021年6月，《生命之歌》改编的同名短片开始在全球电影节展映。

科幻邮差：《流浪地球》上映之后，王老师写过一篇文章《中国科幻电影向前冲》，是不是里面想表达的就是您刚才讲的这些观点？

王晋康：对，从我个人来看，我对自己的作品改编成电影，现在持非常谨慎的态度。"叫好""叫座"至少占一个你再拍，要不然就干脆别拍。

科幻邮差：作为科幻作者，王老师怎么看待资本进入科幻领域？

王晋康：世界上所有事情都是有两面性的，是把双刃剑。你看像科幻活动，我们过去的科幻活动完全就是人和人之间的交流，没有什么商业因素。现在的活动商业因素很重，特别是董（仁威）老师，董老师的全球华语科幻星云奖搞的走红毯什么的。（笑）你说这样做有没有好处，肯定有好处，只有这样，科幻才能在社会上扩大影响力。你看现在华语科幻星云奖好像在名声上已经超过银河奖了，这样搞肯定是有好处的；但是肯定也有害处。就比如现在的作者，很难像我们那一代那样静下心来，心无旁骛地写作，不去媚俗，不去媚金，不去媚权力，自己愿意怎么写就怎么写。现在肯定会受到一定影响的，世界上所有事都是两面的嘛，是双刃剑。那个路子不可能再走回去了，说不搞商业化，那是不可能的，但是怎么尽量减少商业气息、商业的冲击，是需要考虑的。

科幻邮差：2021 年，《生命之歌》荣获了第 48 届比利时根特电影节的最佳短片奖，取得了非常优异的成绩。在这之前，中国电影导演只有贾樟柯的《天注定》和王全安的《恐龙蛋》在根特电影节获过荣誉……

王晋康：这个得奖了吗？

科幻邮差：得了呀，在网上都查得到的消息。

王晋康：我真是不太关心，之前好像听经纪人何超群跟我说过，我没有太放心里去。

2021 年 10 月 18 日，《生命之歌》获得第 48 届比利时根特电影节最佳短片奖，图为获奖证书。

科幻邮差：这部作品是根据您的《生命之歌》的原著小说来拍的短片吧？

王晋康：改动也比较大。

科幻邮差：在王老师看来，科幻小说和科幻电影之间是一种什么样的关系？

王晋康：这点确实也是我比较头疼的事，因为毕竟一位科幻作家，既然有一篇作品能够打响，肯定这一篇在构架啊人物啊什么的整体上是比较强的，而且特别是科幻小说的构思，并不是说随便拉一个人就能够写出来的构思。我有时候一个科幻点子都会用在几个小说里，那也是没办法，因为那会儿想不到别的科幻构思，既然这个构思还可以再写一个故事，那干脆就写吧。但是对于影视界的人来说，他们体会不到这一点，体会不到著名作品那种结构的完整性和整体性。

比如说他们想拍我的《蚁生》，我就说《蚁生》现在能拍吗？现在肯定拍不了吧，他说只保留"蚁素"这个设定，然后改编成一个在现代公司里发生的事情，公司老板给他们打蚁素，然后员工变成什么样的一个故事。这样当然也是可以的，也能走得通，但是脱离了那个历史背景，就明显没那个味儿了，就单纯是一个故事了，后来也没拍成。所以我非常希望能有影视界的人士，不管是我的作品，还是大刘的或者何夕的、韩松的，能够认识到科幻小说本身的核心价值，它那种艺术的完整性，然后在基本遵循原著小说构架的基础上来拍个大片。《流浪地球》虽然不错，但实际上也基本是再创造的同人作品。

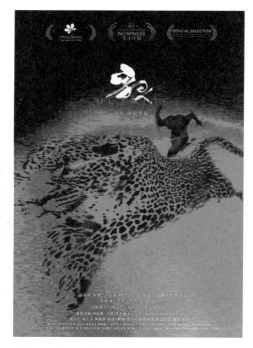

《豹人》改编同名短片，后入围 2022 年国际 A 类电影节华沙电影节，王晋康在片中饰演的科学家角色。图为该片海报。

科幻邮差：不知道王老师有没有关注到，2022 年 9 月在华沙国际电影节发布会上公布的片单当中，就有您的《豹人》？

王晋康：这应该说是在我所有改编的短片中，我个人相对看好的一部，我自己在里面还扮演了一个小角色——一位目光阴鸷的科学家。

科幻邮差：《豹人》不仅入围了竞赛单元，还在波兰的华沙进行了世界首映。当时王老师作为特邀演员，饰演了其中一个科学家的角色，能跟我们分享一下背后的故事吗？

王晋康：在科幻作品里边，作家作为演员出演，这也不是第一次，比如当时他们拍大刘的《三体》的时候，就邀请我去演一个科学家，后来因为某种原因，没去成。这部作品的话，好像就觉得是自然而然的事，既然是你的作品，你就在上面再小露个脸，（笑）也是个很次要的角色。

科幻邮差：您本身就有科学家的那个气质，穿上白大褂真是非常像了！

世界科幻大会：
中国科幻的前景是光明的

科幻邮差：经过长时间的努力，成都成功申办了第81届世界科幻大会，2023年秋天会在成都举办这次盛会。您觉得成都为什么能够能赢得世界科幻大会的举办权？这次大会对成都或者对中国的科幻有什么重要的意义？

王晋康：我原来一直认为成都申办世界科幻大会有困难，后来听说申办成功了，对我来说是一个意外之喜。我一直有一个观点：科幻文学是各种文学品种中最具世界性的文学品种，因为它的源泉是科学体系，而人类的科学体系是唯一的，没有所谓的西方科学和东方科学之别。科幻关注的是全人类的命运，它是以全人类为主角，关心的是共通的人性。所以说我非常希望科幻能够成为各国人民互相交流的一个强大的武器，一个平台。当然我们大家都知道，目前世界上有很多我们不愿意看到的东西，我不希望这些东西成为历史的主流。我希望的是，通过科幻，能够让全人类走在同一条路上。

趣问趣答

01 您能否就科幻小说给出一个简单的定义或描述？

科幻小说范围太大，我就只对我比较擅长的哲理科幻来给个定义。我在一篇文章里面说过，实际上我认为哲理科幻在某种程度上是一种宗教故事。它表面上讲的是一个精彩的故事，但作者内心是在宣扬造物主的荣光，宣扬科学的荣光。

02 您信赖科技吗？在生活中是不是重度的科技依赖者？

我绝对地信仰科学。我认为科学就是以上帝视角来看世界，它确确实实说出了这个世界的本质，而且我也说过一句话，就是科学实际上是最深刻的人文，不要把人文和科学分离开。科学发展到极致就是最深刻的人文。但我在生活中完全不是一个重度科技依赖者，比如说我到现在都没用过 VR 眼镜，我也从来没打过一次游戏。

03 生活当中除了科幻，您还有什么其他的爱好？

我的爱好相对比较少，不太广泛。比如说旅游和看电影，现在还增加了一个吹笛子。每天都要吹一两个小时的笛子吧。

04 吹笛子最喜欢哪些曲子？

《梁祝》《鹧鸪飞》……我为啥脱口而出《梁祝》，因为这个曲子过去我就喜欢，但只有自己吹了以后，心里才有那种特别的感受吧。单是听的话听不出来，只有自己把它很顺畅地吹下来以后，才能感受到那种韵味儿。这两天我一直都在吹《梁祝》。

05

希望有机会能够现场聆听！王老师最喜欢的科幻电影是哪一部？

写科幻的时间长了，就好像变成了一个解剖师。你写的东西多了，看的东西多了，看作品的时候就老会去看它是不是科幻味儿不足啊，或者去挑各种各样的毛病。虽然说有些电影比较喜欢，但没有那种很震撼的感觉。

真正震撼的感觉，还是最开始接触科幻电影的"童年期"。就像小学读诗歌，"朝辞白帝彩云间"，马上就有那个意境了。还有听歌，《牧羊姑娘》第一句"对面山上的姑娘"，我听完以后马上一怔，这简直是仙音。科幻电影能给我这种感觉的，可能就是《侏罗纪公园》。看这部电影的时候，我还没有创作，没有看过多少这种电影，所以当时的新鲜感是很强烈的。如果再往前推点儿呢，就是《大西洋底来的人》《回到未来》这种电影，虽然现在看来水平不能算是高，但在我们初接触的时候，还是觉得非常震撼的。《侏罗纪公园》应该算我早期所看电影中相对水平比较高的，而且给我的印象比较深。后来比如说《火星救援》《阿凡达》《星际穿越》这些电影虽然说也觉得很不错，但没有那种震撼的感觉了。

如果有一台时光机，王老师最想到什么时候去？

当然是回到年轻的时候。现在我跟老伴儿都是在计算着我们这把年纪，还能在全国跑几年。我老说当个科幻作家也没有真正的时光机器，太遗憾，如果有，咱们也回到二十多岁也去爽一把，也每天让你穿个超短裙什么的，（笑）开玩笑。

如果以后有一本关于您的传记，您希望用哪句话做开头？

他在努力探寻冥冥中神灵的秘密。

08 **最想对年轻的作者说一句什么话?**

坚持。还有,挑自己最喜欢、最擅长的路往下走。

09 **对中国科幻说一句祝福的话吧。**

相信中国科幻有一天在世界上可以走到中美双雄并立的地步。

传递中国科幻的火炬

HE WHO CARRIES THE TORCH

吴 岩

让科幻引领人生

并非梦想！

吴岩

导语 INTRODUCTION

　　吴岩是南方科技大学教授、科学与人类想象力研究中心主任。在四十载科幻教育、科研过程中，他为中小学生编科幻教材，为中国培养了第一批科幻硕士、博士生。在繁忙的教学之余，他创作了大量优秀的科幻作品，其中，2020年出版的《中国轨道号》荣获第11届全国优秀儿童文学奖。当我们惊讶于他用如此多创纪录的"第一"为中国科幻培养人才时，吴岩告诉我们，他自少年时期起就是郑文光、叶永烈、童恩正、萧建亨等老一辈科幻作家的"追星族"，自己在科幻之路上也深受前辈提携。因为这份传承，吴岩将用他与老前辈们的往事回忆和自己的小说创作为他们正名。

WU YAN
HE WHO CARRIES THE TORCH

■ INTRODUCTION

Wu Yan is a professor at Southern University of Science and Technology. He also serves as the Director of Science and Human Imagination Research Center. Having dedicated more than three decades of his career to science fiction education and research, he produced various volumes of science fiction textbooks for primary and secondary school students, and mentored the first cohort of masters and doctoral students who specialized in science fiction studies. In addition to his busy teaching work, he also created many excellent works of science fiction, among which *China Orbit* published in 2020 won the 11th National Outstanding Children's Literature Award. When we were in awe of the number of record-breaking firsts that Wu had made on his path to cultivate new talent for Chinese science fiction, Wu told us that his endeavor was never in fact isolated. He has been a die-hard "fanboy" of older generation writers such as Zheng Wenguang, Ye Yonglie, Tong Enzheng and Xiao Jianheng since he was a teenager, and their help and encouragement ultimately convinced Wu to pursue his dreams. Viewing himself as a part of the lineage, he chose to honor his predecessors with documentation of his own memories with them as well as more science fiction novels.

■ TABLE OF CONTENTS

早年经历

我的少年时代是《阳光灿烂的日子》

科幻邮差：吴岩老师好，非常荣幸今天可以邀请您参加《中国科幻口述史》访谈，希望通过您的讲述，带领我们穿越中国科幻跌宕起伏的岁月，触摸中国科幻发展历史中的人和事。

吴岩老师是在部队大院里长大的，请问您对科普、科幻的兴趣是从何而来呢？是来自家庭还是学校？

吴岩：我确实是在部队大院长大的，我写的《中国轨道号》就是一本回忆录。我幼年居住在北京王府井边上的同福夹道四号，那个大院属于空政文工团（中国人民解放军空军政治部文工团），用今天的话来说，里面住的都是演艺人员。文艺界思想比较活，有文化土壤。但我是 1962 年生人，小时候没什么书，学校的课程也很简单，这样的好处是我们有很多空闲时间可以玩儿。

科幻邮差：让人想起了《阳光灿烂的日子》。

吴岩：就是那样，四处乱跑。不过，我自己有独特的学习渠道。我有一个表哥，他母亲是中学老师，有时候会从中学资料室里，弄几本书回去给我表哥看。而我每星期都到他们家去玩儿，也借书看。印象很深的是一些科普书，比如尼查叶夫写的《元素的故事》。我们不但看，看完之后还会做实验，比如电解水，表哥就带我照着书上做。表哥父母都有学问，他们给表哥买了几根试管，用墨水瓶帮他做了个酒精灯，再去药店买一点用于消毒的高锰酸钾，搁试管里一烧，氧气出来了！其中也有科幻类的书籍，这是我接触科幻的一个渠道。另一个渠道是我的那些小伙伴，他们家里有那种发黄的没封皮的书，翻开一看发现是科幻。

早期给我留下很深印象的几本科幻书，凡尔纳的三部曲（分别是《格兰特船长的儿女》《海底两万里》《神秘岛》）就不用说了，很早就看过，然后郭以实写的《在科学世界里》，还有就是从表哥那里借来的苏联作家沙符朗诺夫夫妇（沙符朗诺夫和沙符朗诺娃）写的《人造小太阳》。

不过，《在科学世界里》既不是从表哥那里也不是从小伙伴那里获得的。这本书跟我小学的自然课宝老师有关，当时叫常识课。宝老师名字叫宝惜珍，是一个老头儿。老人家对自然课的研究真的太透彻了，但他管理学生不行。宝老师那会儿正跟太太打架，就搬到了学校仪器室住。这一下，他获得了自由，没事儿就在仪器室做各种无线电实验。仪器室里面除了仪器，还有学校存的一摞书，我就从那里借到了《在科学世界里》。这本书讲的是有一个叫小王的小孩儿，喜欢做实验，结果用雨伞当降落伞从台子上跳下来摔坏了腿。父母坚决禁止他继续研究科学。但终于有一天，他收到一封来自"科学世界"的信，让他去"科学世界"旅行！哈，是不是有点《小灵通漫游未来》的意思？等他旅行结束后回家，家人改变了态度，说要给他提供科学实验的条件，给了他一柜子科学仪器，包括显微镜等各种各样的东西……每次看到这里，我一定会流眼泪，就觉得父母怎么不给我买啊！我当然是错怪父母了。我们那个年代，商店里根本找不到这些东西。

科幻邮差：感觉您最早接触的书更偏向于科普，您是怎么接触到科幻的呢？

吴岩：在当时，科普和科幻都混一块儿的，科幻是属于科学普及的一部分。但我对科幻是非常关注的。那时，我还能借到一些老的《我们爱科学》《知识就是力量》《科学画报》，这些杂志里经常会刊登一些苏联的科幻小说，篇幅都很短，今天看，不外乎一个新科技或新发明，然后闹出点意外，但在当时，生活是那么无聊，这些作品一下就让人"飞"起来了。比如《空中飞人》，这也是叶永烈看的第一篇苏联科幻小说。这个故事讲述了一种新材料，人站在里面可以形成一个气泡，飞翔在空中。我当时真

童年时期的吴岩（左上图），与他当时所居中国人民解放军空军政治部文工团院内的房子（右下图）。

是看得心潮澎湃。后来我发现，我特别喜欢看故事。所有的杂志来了之后，里面有科普文章、科幻小说、科学童话吧，我肯定是先看科幻小说，接下来看科学童话，然后是科学家故事，最后才看科普文章。可能孩子都是这样。

　　科幻邮差：从您的朋友圈了解到，您的母亲是名副其实的艺术家、舞蹈家，那她身上的艺术家气质，以及她喜欢的东西，对您产生了什么影响吗？

吴岩：我父母从没有过望子成龙，不要求儿女成为什么，自食其力就行，所以我们没有任何包袱。我还有一个妹妹。我母亲是搞舞蹈的。我父亲是拉二胡的，后来搞点儿创作，写写相声什么的，但也没写出什么作品，后来就转到办公室去了。不过，我们住的大院文艺气氛浓厚，搞舞蹈的搞乐器的，孩子们凑一块儿都会表演，后来还出来了一些人，比如崔健。我母亲是重庆人，性格直率，舞蹈功底也特别好，她能在舞台中间连翻几十个跟头，是功夫型的演员。那会儿，我父亲总笑话我母亲"四肢发达、头脑简单"，但我后来发现，妈妈是凭借一种坚持和勇敢精神做到这些的，她的这种精神特别重要。现在大多数人都是头脑太发达了，但母亲那种扎实做事的人生态度，渐渐地让我领悟了她才是真正坚韧不拔的那种人。

后来，国家要裁军，文艺团体要先裁，他俩就复原转业到了地方上工作。我母亲去了北京人民汽车公司一厂，我父亲去了北京皮革工业公司。后来，几年之后，我母亲回归本行，这也就是为什么在我小时候，她就劝我要去学点儿科学或技术，别搞文艺，永远别搞。

之后，我母亲先到了朝阳区少年宫搞少儿舞蹈，从演员变成了儿童舞蹈的编导，她编的一个舞叫《周总理来到少年宫》，这应该是国内舞台上第一次有领导人形象出现在舞台上。我记得妈妈的舞蹈上演的时候，大家见到"总理"感动得不得了。所以说我母亲还是出了一些作品的。但在这之前，她评价自己的人生都觉得是失败的。与此同时，我父亲也从皮革公司到了北京市二轻局（第二轻工业局），然后从二轻局到了（北京）市委。他一直就在宣传口，最后市里又把他派回到北京人民艺术剧院。所以我父亲退休时是北京人艺的副书记，等于他又回到了文艺的团体。

科幻邮差：完成了一个大循环。

吴岩：对对。我母亲后来去了皮革工业学校（北京市皮革工业学校），在办公室坐了几年，然后退休。退休之后，她又开始教老年人舞蹈，直到去世她都一直在教舞。我母亲在八十岁去世之前，还可以快速地旋转许多圈。她教舞教到最后一刻。

科幻邮差：您的母亲真是过了燃烧的一生。

吴岩母亲早年的照片（右下图），与她编导的舞蹈作品
《周总理来到少年宫》剧照（左上图）。

吴岩：她最喜欢的是《卓娅和舒拉的故事》，就那种为了伟大目标投入一生。但
她觉得自己没有做到。她在那个年代是高中生参军。我父亲则是小学没毕业就参军。
母亲的有些同学后来当了教授，她还觉得失落，觉得不应该当时选择文艺工作。我母
亲一生都想做事情，想做那些更有益于人民的事情。我父亲退休之前做了一个手术，
想改善颈椎病，没想到做坏了，做完之后有点半身不遂。之后二十年里，我母亲只好
全力照顾我父亲。她想放松放松、想周游世界的愿望都没有实现……

科幻邮差：太遗憾了，可能她之后那么努力想去做各种事情，也是对青春荒废的
一种弥补。

吴岩：是的，她后来教舞嘛，一旦进入那个状态，就自我感觉特别好。为什么

呢？因为到那里（舞蹈室）之后，家里的烦人事儿全忘了。同来练舞的阿姨们也是，在家就带孩子、做家务，到了练舞的地方，烦恼就全忘记了。所以她特别明白这几个小时对阿姨们的意义，教得很卖力，那些阿姨也把她当成特别好的朋友。后来她去世好几年，她们还去吊唁。

科幻邮差：有个问题我很好奇，您父母下到地方时，应该没有太多精力投入到您身上，那您的阅读兴趣是自发的吗？

吴岩：那会儿不仅不鼓励阅读，有时候他们还不让（子女）看书。因为是双职工家庭，他们都要上班，我们得干些家务活儿，得去很远的地方打开水、打饭、扫地……很多事儿。父母到了地方上之后，不能吃食堂了，我们就得自己做饭。当时从同学手里借一本书，只有两天时间看，所以就不想干活儿，想赶快读完。为这个我还哭过，父母不得已只好说你看吧。哪怕如此，我还是对阅读保有热望，特别喜欢。

我是老一辈作家的疯狂"追星族"

科幻邮差：1978 年，您十六岁，发表了第一篇评论叶永烈老师的小文章，在此之前，您有练笔的经历吗？

吴岩：这个最有意思，我没有写过太多东西，但我喜欢读。叶永烈，我对他的名字特别有感觉，这名字太文艺了。我觉得所有我喜欢的科幻作家名字都特别文艺。郑文光的名字是不是代表着文学之光？童恩正，谁会用"正"做名字？刘兴诗常常诗兴大发吗？萧建亨更有意思，谁会用"亨"做名字啊（笑）……他们的科幻小说写得太好了，怎么看也看不够。

科幻邮差：天然就有一种敬仰。（笑）

吴岩：特别敬仰。回到叶永烈老师。上世纪 70 年代，他出了几本科学童话，比如《奇怪的病号》《烟囱剪辫子》《铁马奔腾》，我都特别喜欢。那会儿我上初中了，科学院搞了一个组织科学家和青少年见面的活动，一共要在劳动人民文化宫持续三天。中学班主任钮重阳老师给了我活动第二天的一张票。我喜欢科学，就赶紧去了。等科学家讲完之后，科普作家高士其请人朗诵了一首他写的诗——《让科学技术为祖国贡献才华》，到现在我都能背下来："祖国大搞四个现代化 / 科学技术兴奋地赶来参加 / 你的领队是数、理、化 / 工、农、医都是你的部下"，这是最开始的四句。

科幻邮差：高士其老先生那会儿是坐轮椅上吗？

吴岩：坐轮椅上，从 20 世纪 20 年代末就这样了，用今天的话说，（他）是中国的霍金。听完那首诗我就特别感动，活动不是办三天嘛，虽然我没有下一场的票，可我第二天又去了，请求工作人员让我进。所以我一共听了两天，两次听高士其的诗。听说高老是中国科协的人，当时我就想："不行，我得给他写信。"那会儿就是科幻迷嘛，特别轴，我在信里说："我这是第一次知道您，特别敬仰，但我知道另一个人，

1981 年，高士其（左）看望在北京医院养病的儿童文学作家谢冰心（右）。

叫叶永烈，既然您是大佬，您应该表扬叶永烈……"大致是这样。写了不到两个月，我就收到了高老的回信，信上说："我可以表扬叶永烈，你也可以自己表扬他，他在上海科影，我给你他的地址。"结果我就这样拿到了叶永烈的地址，开始给叶永烈写信，建立了联系。

我当时主要跟叶永烈请教问题，然后他回答我。有一次他到北京来拍片，就给我打电话。家里没电话，部队大院里有。他打到收发室，收发室警卫说："好，我去给你找。"然后，警卫一路走到我家喊："吴岩，你下来，有电话。"然后我再去接这个电话。这么下来，总有七八分钟了。那边电话中的人就等着。联系上以后，他就说：我住哪个哪个宾馆，你来吧。我觉得特别有意思的是，第一次我还不敢去，是我父亲带我去的。宾馆就在东单北极阁，离我家很近，他当时在给公安部拍《红绿灯下》，后来得了百花奖。到了之后，发现是很大的招待所房子，四张床。没有人。等了一会儿叶永烈才回来，穿着背心裤衩，提溜着一个水桶还是脸盆，是洗衣服去了。那会儿坐火车，到目的地时身上都是土，得赶紧洗衣服、晾上，第二天早上衣服干了，再穿出去办事儿。叶永烈就说你们等一等，然后换上衣服，大家才聊起来。

科幻邮差：那是哪一年呢？

吴岩：估计 1976 或 1977 年前后。见了他以后，我回家就写了一篇关于叶永烈小说的读后感。写好之后我拿给语文老师，请她帮我看看。过了两周，我又去找语文老师，说您看了吗？她给忘了，就说挺好挺好，等于什么也没提出来就还给我了。我当时喜欢看《光明日报》，上面经常会发些科技文章。我就把稿子一折，搁到信封里，当时投稿不用花钱，写上"邮资总付"，画一方块儿，就寄去《光明日报》了……过了几个月，有一天班主任在门口叫我出去，很凶地问我：你是不是给《光明日报》写文章了？我说写了。（又问）有没有人看过？我说你去问语文老师，我给她看了。班主任找到语文老师，证明文章确实是我写的，然后就说："跟我走吧，《光明日报》记者来了。"我们就去校长办公室。校长正跟《光明日报》文艺部的秦晋老师在一起，我到现在还记得，后来在中国作家协会全国代表大会上还见到了他。他来学校是跟我和校领导说，我这文章他们准备发表，都打成长条清样了，今天主要来调查一下，看看有没有要改动的，一两个星期改好寄回去。

上海出版的书发行到北京，大概有个运输的时间差。所以，每次当我看到《少年科学》期刊总是在预告时，总要提前推到下几口几上。因为从这时到我被买到时，有一段相当长的时间。有一天，我看着报纸上的预告，忽然被"科学幻想小说《海马》"这里几个字给引住了。真有趣，再三寸长的场马有什么可幻想的呢！当我得到这本书后，怀着好奇的心情，我看了一眼作者的姓名，叶永烈就是。

我从书本上认识叶叔叔已经有好几年了。作为一名科普读物的爱好者，我从小学二、三年级就开始读这样的书。在"四人帮"横行的时期，能有几本科普读物可读，又该得有什么之要啊！我不能把想象者书的叔叔们，他们不是不想写，更不是不想把它写好，只是在"四人帮"的淫威下，他们不能写。但叶永烈叔叔，却是顶着"四人帮"的淫威坚持创作的。这些年来，我能看到的科普作品就是叔叔写的。现在，自己手头就有他的科学作品集五本，各类科普文章二、三十篇。这些作品，帮助我这个无知的孩子打开了通向成年人看，电会使他们感兴趣的。

叶叔叔的作品大多是很有趣味的，当然其它一些作品相比真可以说是别具一格。

他的科学童话，经常以各种小动物、植物和一些浅的发明自述或以成人的形式出现在作品中，我看到它篇津津有味，我看到他的第一本童话集《碧螺姑娘了》，而这本书的小聪明。当时，我才读小学三年级。可是看到小小的蝌蚪终于找到大的神通，就什么也不知道头头尾把它给了下来。我把这本书带到学校以后，教自然常识的老师就把这本书分给别的同学，介绍给更多的同学。

叶永烈叔叔的科学幻想小说更是引人入胜。最近发表在《少年科学》上的《石油蛋白》、《世界最高峰上的奇迹》和《海马》，我看了以后，真是越来越开心。这也是由于在我的成长路程正通上了"四人帮"的文化专制，使我们这一代的许多的幻想小说的原因，我在看《世界最高峰上的奇迹》这篇作品时，一直是提心一颗心，要不就是怕别人只在球模型的路上走得越远，就知道了许多新科学技术和它们的发明远景。叶叔叔的作品是多么有严肃的科学性。例如，《碳的一家》，这部作品首先从什么是碳说起，而后介绍了碳的一家的各个主要"成员"，以及它们的制造、用途和作用，最后还对生命起源作了探讨。

我读这本书时，还没有学过化学，看到这个化学元素这样子和众不同的小聪明。当时，我才读小学三年级。可是看到小小的蝌蚪终于找到大的神通，就什么也不知道头头尾把它给了下来。我知道了碳"为人民服务"的历史，知道了在生命起源问题上唯物主义和唯心主义的斗争，还知道了碳的未来。读了《燃烧以后》，不仅了解了许多燃烧与化学变化的历史，一些古代的科学家和它们的科学实验活动有了个大概的了解。

记着《燃烧以后》，我还深受启发。"一个真理、数之四两面而特清。一个道理、书是找别人看的，最后几段还没抄完就给别人看啦。"鱼目混珠骗人的科学。科学、是一门老老实实的学问，在科学上，牵强附会，提出恐吓的要求，希望它们为了祖国的四个现代化，培养一代新人，写出更多更好的科学文艺作品。我也要向科普创造的辛勤园丁叶永烈叔叔和许多园丁们致以崇高的敬意，因为您的工作是无比演容、无尚光荣的。

——本文作者是北京市东口中学初二学生

我决这本书时，还没有学过化学，受到我这个化学元素这样和众不同。当时，我才读小学三年级。可是看到小小的亦显终究找到了大的神通。

《世界最高峰上的奇迹》这篇作品时，一直是提一颗心，要不就是怕别人只在球模型的路上走得越远，就知道了许多新科学技术和它们的发明远景。

叶叔叔的作品是多么有严肃的科学性。例如，《碳的一家》，这部作品首先从什么是碳说起，而后介绍了碳的一家的各个主要"成员"，以及它们的制造、用途和作用，最后还对生命起源作了探讨。

我想想到许多事，托斯密的地心体系，彼文耳等人神秘的燃素学说，和上市迪森人误都无情地被事实否定了，而哥白尼的天体运行论、达尔文的进化学说、牛顿的万有引力定律都经受了客观的严格检验却被亿万人所接受。

在这本书中，我还看到了德莫克利特、卡文迪许、罗蒙诺索夫、普利斯特里和拉瓦锡等伟大科学家刻苦学习的一批不朽的科学态度，受到很大的教育。让这样的少年，向从事科学工作、教育工作和科学文艺工作的老爷爷阿姨们，提出恐吓的要求，希望它们为了祖国的四个现代化，培养一代新人，写出更多更好的科学文艺作品。

文学

第111期

1978年5月20日，《光明日报》刊登吴岩署名文章《别具一格——读叶永烈的科学文艺作品》。

科幻邮差：那会儿发表东西好严谨啊。

吴岩：对。我改了一些觉得不对劲儿的地方，就给寄过去了。这是1978年4月底，到了5月份的最后一周，我的班主任过来跟我说，发表了！发表了！那天，《光明日报》整个一版讲要繁荣儿童科学文艺，我的文章占了大概四分之一的版面，篇名叫《别具一格——读叶永烈科学文艺作品》。不过，叶永烈是看了报纸才知道我写他书评的。后来他在《是是非非"灰姑娘"》一书里写到这篇文章，说这篇书评发表在《光明日报》，代表中央看到他在上海的工作了，他从上海走向了全国。所以我这篇文章对他也很重要。

科幻邮差：这就是"出圈"了。

吴岩：对，"出圈"了。之后我俩见面，就有一种更亲密的感觉了。后来，我也把自己写的东西给他看，比如科幻小说、科学小品。我给他的第一篇科幻小说叫《安长岭下》，写的是核电站问题，主旨就是核要控制，不然会污染别人，会造成危险，因为老看杂志上写这些嘛。他看完稿子之后说立意有问题，把原子能当成对立面，这不好。就这样给我否了，这文章以后就再也没发。然后我又给了他两篇科学小品，以及《冰山奇遇》。1979年，他推荐了我的三篇文章都在《少年科学》杂志上发表了。就这样，1978年我发了书评，1979年我成了科普作家加科幻作家，到了1980年中国科普作家协会召开儿童科普和科学文艺两个委员会的联合会议时，郭以实老师提议邀请我参加。

第一次高考失利时，叶永烈给我指明方向

吴岩：认识郭以实是另一个故事。小时候我不是在看他的《在科学世界里》嘛，作者名字记得特别清楚。我们大院里有些演员写了信就扔在收发室里，等邮差送信时候来拿走。我没事儿去玩，看有没有我的信，结果在那些要发出去的信里，发现有一封信是写给郭以实的，地址是北京崇文门兴隆街的北京出版社，我想这应该真就是那个鼎鼎大名的郭以实吧？我就把地址记下来，给他写封信，然后郭以实还真给我回信了。他说，我就住在你们家侧面的演乐胡同，你没事儿可以来玩。然后我就去了，后来就常常到人家家里玩，跟他请教科普、科幻的写作，有时候他还借我书。郑文光的家我也是通过郭以实知道的。到郑文光家我记忆最深的就是，到了门口不敢敲门，因为郑文光是我心中太大的作家了。我在他家外面转悠了半小时，最后才咬牙敲了门，进去了。

科幻邮差：那会儿进去见到的郑老师是什么样儿？

吴岩：郑文光是小矮个儿，广东人，胖墩墩的，说话声音有点尖："好呀好呀，来呀，进来。"我说我是中学生读者，他说来来来，进来。那会儿郑文光家我也经常去。到那时，叶永烈、郭以实、郑文光等人我都认识了嘛，后来中央要繁荣科普创作，开科普会，我从这里那里得到消息就跟着去，在这过程中又认识了很多人。他们要在哈尔滨开会，我说我也想去，我本以为是郑文光或者叶永烈推荐的我，后来才知道是郭以实，是少儿委员会给我发了通知。我就拿到学校，那会儿我也没钱，校长看了说，这是我们学校的荣誉，我们来给钱。结果学校给我出了路费，让我去参加。当时，新华社、《北京晚报》还发了关于我的消息，说这次科普会还有一位中学生参加。就这样，我变成了科普群体里的一颗小星吧。这是1980年，然后到了1981年我参加高考，一考，没考上，因为我的外语呀、化学什么的已经落下了……

1978年9月16日，吴岩初识叶永烈，获赠《小灵通漫游未来》。

科幻邮差：您初中毕业的时候，好像物理成绩还是第一名啊？

吴岩：不是物理成绩第一名，是留在学校的学生中的第一名，因为有学生去了更好的学校。我受他们的忽悠，留下了，我们学校水平不行。每年毕业的时候，别的学校要么全考上，要么考上几十人，可我们学校那一年只考上三个人。再加上我天天搞创作，没有认真学习，自然就落榜了，其实我应该花更多精力来学习的。而且，当时还发生了关于我的争论，就是一个中学生该不该写作的问题。当时科普和科幻已经争论起来了，而我成了"叶永烈系"的一个人，所以别人攻击叶永烈的时候，也会攻击我。但他们不会明面上攻击我，可凡是替我说话的、给我写评论的，比如叶永烈、尤异，就会遭到攻击。当时在《中国青年报》的"科普小议"栏目里有几篇文章是讨论我的，"该不该这样爱护"或者说"这样做是爱护还是害了他"之类的。我高考没考上，这对叶永烈他们有影响，我自己也很没脸见人嘛，最后就想怎么办。

科幻邮差：那时在学校同龄人当中，您已经是一颗冉冉升起的明星了。

吴岩：当时在学校里面，我已经是特立独行、穿着奇特的一个了。例如，我曾经自己弄个红色丝带当领带，就这么在学校里面招摇过市。我就觉得这样穿好看，我就敢这么穿着，表达我跟你们不一样。结果自己就没考上嘛，然后我决定要自学成才。因为那会儿鼓励自学成才，好多作家都是自学成才。我就跟叶永烈说，我已经买了大学的课本了，我要自学成才。

科幻邮差：买了一些什么专业的书呢？

1983年，吴岩（左）前往上海叶永烈（右）家中拜访合影。

吴岩：买了外语、高等数学这些。因为我的同学会告诉我，他们正在学什么。买了之后我就给叶永烈写信，结果他回信告诉我，你不能"自学成才"，如果你是创作别的类型作品，只要接触生活就行；但你要写科普、科幻，必须得去上大学，如果你不上大学，就看不懂最新的科学资料，无法了解最有深度的知识，那你还科普什么呢？

科幻邮差：您父母当时是什么态度呢？

吴岩：我父母都没有上过大学，对此他们没有主意。叶永烈这么说，我就都明白了，接着去复读。我第一年高考化学不及格，第二年我考了八十一分，当年满分是一百分。但我语文第一年考得特别好，考了八十多分。那一年的高考作文是以"毁树容易种树难"为题写一篇文章，而我写了一个跑题的作文，主要观点是说其实毁树也不容易，这种怪文章赶上那种（偏爱怪才的）老师给的分数就很高。我记得当时回来跟父母一说，父母就觉得完了，你这完全不对题，没想到得分很高。可到第二年就没那么高了，因为就正常写了嘛。不管怎么说，我最终还是上了大学，当时叶永烈也帮忙参考，建议我选一门文理交叉的专业，写科普时两边都能顾得上。所以我选了心理学，上大学后发现，心理学那会儿刚恢复，学起来特别容易，因此又有大量的时间看其他东西。不过我发现，上大学进入新天地后，自己写不出东西来，接下来的几年里

1983 年，21 岁 的吴岩（前排中）与大学室友合影。

什么都写不出来。而那几年也是科幻和科普产生争议的几年，这对我来说反而很好，因为哪怕是个"好天气"我也不能享受，写不出来嘛。（笑）那时候我感觉学习科技相关的东西后，我的科幻想象力瞬间就被冲垮了。

科幻邮差：是不是学习心理学抑制了您的想象力？

吴岩：心理学很有意思，天天探索这个，对科普、科幻可能就不太重视了。我过去一直以为，想象的事情，只要努力去做，将来就能走向现实。我毕业留校工作几年后逐渐发现，想象和现实根本没关系。现实更"骨感"，而想象还是想象。我把两者

一切割，想象力反而回来了。1989 年和 1990 年，我在逐渐恢复的想象力引导下开始给孩子们写故事，开始创作短篇。后来大家都提倡要写长篇，我又开始去写长篇。

科幻邮差：单说心理学，那个年代选这个专业的应该特别少吧？

吴岩：非常少，全国只有四个心理学专业，每个学校招十几个人。

科幻邮差：我看一些资料里提到，心理学专业还要上解剖实验课。

吴岩：有啊。一开始就是人体解剖生理学，心理学基础是生理嘛、是神经嘛。

科幻邮差：那您当时不发怵吗？

吴岩：我们跟人的尸体接触只有一次，解剖过一次兔子。而且那时候生活条件特别差，解剖完兔子我们还把它吃了。虽然都是打过麻药的，但老师还是拿回家弄，煮了几个脸盆的兔子肉给我们吃。现在不敢了，都不可想象了。怎么会去解剖？解剖了之后还吃？

科幻邮差：吴岩老师的科幻文学创作开始得特别早，除了被叶老师否掉的那篇，正式发表的第一篇是《冰山奇遇》，这是一个什么故事呢？

吴岩：冷冻人的故事。人体冷冻是 20 世纪 50 年代科幻小说中重要的主题，叶至善《失踪的哥哥》就是名作。后来叶永烈也写过一些。然后我也写了。当然尽量写得不一样。那篇小说中写了科学家两兄弟，一个在国外、一个在国内，这不是看了童恩正《珊瑚岛上的死光》嘛，国外的那位发明了一种塑料，被老板拿走，还在南极加害了他。因为这个塑料保温，所以他就一直被冷藏在南极。后来有中国科考船到那儿，把他救了回来。这里面还有对叶永烈的致敬。小说里的两位科学家，一个叫叶汝师，一个叫叶吾师，等于说一个"叶永烈是你的老师"，一个"叶永烈是我的老师"。这是我发表的第一篇科幻作品。

科幻争议

科幻读者数量暴涨，有人就要批判了

科幻邮差：20世纪80年代初期，科幻和科普发生了一些争议，进而上升到政治层面，不少作家受到影响，导致科幻在一片繁荣中迅速衰落陷入低谷。当时您从叶永烈等前辈嘴里有没有听到过，科普、科幻的争议对他们有什么影响？

吴岩：从头到尾我都知道。国家当时要恢复科普创作，这些人经常来北京开会。刚开始的时候他们还把我介绍给每一个人。他们都互相认识，在杂志上认识，或者在《十万个为什么》的作者页面上认识，见面以后就有种"这么多年我终于见到你了"的特别好的感觉。包括陶世龙、赵之、赵世洲，这些所谓的"对立面"我都认得，然后科幻这边我也都认识。

当时《科学文艺》杂志要创刊，我第一次见刘佳寿时，他正和萧建亨聊天。那是在一次北京的科普大会上，在崇文门附近。我到了门口，萧建亨老师就把我介绍给刘佳寿，说我要学科普、科幻创作，当时刘佳寿说了一句话我记得特别清楚："我们来培养！"那时《科学文艺》还没有出刊。后来在哈尔滨开会的时候，我还认识了《智慧树》的编辑亚方、里群、史志成等。那时候我就跟他们逐渐熟了。

在北京跟我最熟的是谁呢？说实话，郑文光那儿我还是不大敢去。不过有个人我特别熟，就是《我们爱科学》杂志的余俊雄老师。余俊雄是北京航空航天大学毕业的，被分到哈尔滨的一家工厂，参与写过《十万个为什么》，后来被调到了中国少儿出版社当编辑。他不把我当小孩看，到现在我都可以叫他老余，有时候我就到他家去。余俊雄爱收集书，他跟太太也没住一块儿。他有两处房子，我去了以后发现他家全是书，到了晚上没吃饭，他就炒菜做个饭我们俩吃，吃完以后又看看书聊聊天，所以跟他特别熟。（是）他跟我说，有一次科幻跟科普的人开会吵架。从那以后，就开始有了更多争议的消息传来。但我个人感觉，这个争议其实是因为科幻越来越受重视，科幻的读者，特别是叶永烈的读者越来越多，科普原本和科幻是一样的，结果科幻这边的读者数量涨得太厉害了，另一边的人就要写文章批判了。当然我的看法不一定对。

当时"科普小议"这个栏目很有意思，最开始先有三篇不太犀利的文章，先批评科普，比如别把知识写错了。到第四篇的时候，有人请自然博物馆的副研究员甄朔南写了一篇《科学性是思想性的本源》，直接打击叶永烈，批判根据他的科幻小说《世界最高峰上的奇迹》改编的连环画《奇异的化石蛋》。叶永烈当时最牛的作品就是这部，因为太有科幻味儿了，以现在眼光看，如果《侏罗纪公园》能成立，那这篇也绝对能成立。

当时批评叶永烈的小说有三点：首先是沿着脚印不能找到恐龙蛋，因为这违反化石埋藏学，脚印在阴凉的天气才能保存，而恐龙蛋在干燥的天气才能保存，两者是矛盾的；第二从古莲子复活一直到恐龙复活，时间不一样，古莲子才几千年，恐龙是好多万年；第三是说海里不可能有恐龙，叶永烈是望文生义。最后批评得很厉害，说这篇作品是伪科学的标本。

所以叶永烈赶快写了一篇反批评的文章，说科幻是现有科学加上合理推想，光有科学不行。他在文章中反驳批评的三个问题，比如恐龙蛋这个问题，叶永烈举例说假如有一天下雨，恐龙就会留下一些脚印，但恐龙下蛋必须朝阳，所以就爬到山向阳的地方下蛋，这不就成立了嘛。

但你看，这就不是科学统计而是叙事了。作家就是要讲故事嘛。作为科学家的甄朔南看到叶永烈这篇反驳，继续发表新的文章批评叶永烈。叶永烈又写了一篇文章反驳，但编辑部不给发表。所以这场争论特别惨的是只有一轮半，2:1，是科学家大胜。

当然叶永烈那篇文章写得也并非十全十美，但不让人发声是不对的，结果就是最牛的科幻作家被打倒了，这就好比是，现在有个科学家出来写文章讲《三体》全部都是伪科学。在那个时候，大众的科学知识是不足的，所以科幻作家一下就被打倒了。我觉得科幻的衰落就是从这时候开始的。大家原来都说向科学进军是很好的，但这时候科学家出来说科幻不好，产生了姓"科"姓"文"的争论。

我想讲一件特别有意思的事。最近我刚写了一篇文章，就是对《科学性是思想性的本源》的反思。甄朔南（1979年）7月写完这篇文章发表后，同年10月《古脊椎（动物）和古人类学报》发表了一篇文章，内容是河南发现了十五只恐龙蛋，上面还有一个（恐龙）脚印。这是我前几年去参观古人类博物馆时看见的，最近找到了这个标本的原始发现文章。你说甄朔南是研究这个的，这篇文章他看见了吗？到1983年他俩又争论了一轮，各自发表了一篇文章，甄朔南没有提河南发现恐龙蛋和脚印的事。

后来有关科幻的争论就越来越厉害。科普这一阵营的某些人坚持认为科幻是"伪科学"，要"打掉"。我就希望有人来细致研究当时的前前后后，到底哪个事情先发生，有志气的人一定要把这些事弄清楚。当时那帮人就趁这个机会把科幻给"打"掉了。

有关科幻的争议，是多种原因造成的

科幻邮差：上次我们采访王麦林老师，陈玲老师（现中国科普作家协会秘书长、中国科幻研究中心执行副主任）也在场，我们还专门问过去的资料都还有什么，结果说很多都没了……

吴岩：据说当时有一个负责中国科普作家协会秘书处的老师全给扔了。他们现在连杂志都只有一套。《科普创作》杂志留下一套算是万幸。

有关20世纪80年代科幻争议的事情，是多重原因造成的。这其中有思想观念差异，也有人际关系问题。

科幻邮差：是不是有点文人相轻？

吴岩：是的，文人相轻。

我再说说关于童恩正的批判，当时是由鲁兵批判的。鲁兵是一个儿童文学作家，那时候儿童文学和儿童科普科幻是在一块儿的，大家关系都很好。鲁兵还在部队待过，为人很直率，他认为不对的，就要表达自己的观点，但其实他是被人利用了。鲁兵发表的那篇《灵魂出窍的文学》，措辞是挺狠的，说童恩正的小说是没有科学、灵魂出窍了。但其实童恩正就是故意这么写的。他过去的小说里，科学知识是有根据的，他会讲原理，但《珊瑚岛上的死光》在写电池、激光时，一点原理都没有。不是说童恩正自己不能写这个原理，而是他故意要把这个去掉，要把小说变成纯文学，而不是科普。他这个做法很极端的，如果加一点科学原理的解释，就不会造成当时的局面，不过童恩正就是要这样做。

为什么又要说童恩正这种"宣言"很重要呢？我认为中国科幻史上重要的文论就两篇，一篇是鲁迅的《月界旅行辨言》，一篇是童恩正的《谈谈我对科学文艺的认识》，这是两大转换。鲁迅谈科学，科幻要照着科学普及的路子走；而童恩正谈的就是文学，虽然他自己不敢说文学，只是说"科学的人生观"，但实际上一下就给创作松绑了。萧建亨说，童恩正这么振臂一呼，科学"紧箍咒"被松开了，大家就开始在文学上探索。这两篇文献真的非常重要。中国的科幻创作就是围绕这两个轴在转动。到刘慈欣走上创作舞台，科幻必须写成文学而不是科学普及已经成为共识。但刘慈欣经过反思认为，科学也很重要。我老说刘慈欣的创作是要返回过去的，结果这种返回使他在今天获得了成功。我们必须得思考这个问题。现在的年轻人都爱追着外国的赛博朋克、女性主义。其实你追着它写不一定能成功，返回反而可以，是为什么呢？我们得思考这个问题。

另外还有关于**魏雅华**的一轮批评。他们认为**魏雅华**是低级趣味。说实在的，**魏雅华**就是一个纯作家，思考表达老百姓的痛苦，当时大家都不能理解。比如《神奇的瞳孔》里发明了一种眼镜，一戴上，别人干过的坏事儿（他）全能看到，这在当时哪儿行啊？所以也把他拿出来批判。

后来，钱老（钱学森）说话了，作协、文联也要说话。当时科协、文联联合开会，温老（温济泽）时任中国科普作家协会理事长，做了好多工作，他希望大家为了创作、为了未来，顾全大局，不要吵翻。包括叶至善也是这样的态度。我个人认为，叶至善还是倾向于保持科幻中要科普的，但由于争吵走向了不正常状态，他就不同意了。科幻被批判之后，有几年没有声音了。1988 年，时任文化部社会教育司司长的作家刘厚明决定召集科幻作家去安徽屯溪开会，讨论能不能恢复科幻。当时十四家刊物和文化部的社会教育司决定要联合办一个征文比赛，几年后邀请叶至善给征文写一个序，叶至善就说，这件事本来有争论是好的，但争成这样就不好了。

科幻邮差：那时候像叶永烈老师他们是什么状态呢？

吴岩：最开始还是要对抗嘛，而且叶永烈老师有个性，你批我我就使劲地反抗。他当时在创作上搞了一个新的方向，就是所谓的"惊险科幻"。科幻作家对这些作品也普遍不是太认可，就觉得还是太低了点。这当然也给批判科幻的人提供了"靶子"。惊险科幻被那些人"打"，较量不断延续。他又开始写报告文学。他写的第一部报告文学，是《高士其传》。因为叶永烈觉得高士其是他的恩师。他的报告文学就是从这里练出来的。写了以后，他觉得报告文学他也能写，因为童话、小品、相声他之前都写过，叶永烈号称"十八般武艺样样俱全"，什么都精。后来中国就转了"报告文学年"了，包括《科幻文艺》杂志都转了，因为《唐山大地震》这些东西发表之后，《科学文艺》说科幻弄不下去了，也搞报告文学。《科学文艺》为什么搞？就是因为当时社会上让搞报告文学，所以改名《奇谈》，但是因为是科协主办的刊物，得弄科学的报告文学。叶永烈也是趁这个报告文学繁荣的机会转向的。

批判科幻还有一个原因，那就是整治出版畅销科幻的出版社。当时出科幻的出版社有两家最挣钱的，一家是海洋出版社，靠出版《魔鬼三角与 UFO》《科学神话》等书，然后还有一家地质出版社。这两家（出版）社搞完以后，出版局下文不准科技出版社出科幻，出版局下的是这么个文，没有说不准别的出版社出科幻，只是不准科技出版社出版，罚没了一些钱。别的出版社看了以后，以为是不是这个文类有问题了？就不敢动了。科幻低潮就是这么来的。

争议风波中，我的重心回归了学业

科幻邮差：关于 20 世纪 80 年代的科幻低潮，我们查到两种相悖的看法，一种看法认为，当时以"科普小议"为平台展开的对科幻小说的批判非常严重，这是造成科幻发展进入低潮的一个原因；另一种看法认为，这场风波的影响有限，没有我们说的那么大，主要是因为当时科幻创作乏力。

吴岩：第二种说法完全是不对的。科幻创作并不乏力。你让叶永烈好好搞他的创作，郑文光去搞科幻现实主义，搞得都挺好；还有一些科学家，像王川写出《震惊世界的喜马拉雅——横断龙》，哪有什么乏力呢？是大环境不让他们发展。当时反对科幻的人现在都这么解释，他们在"打"了科幻之后，又搞了新长征征文，叫"现实题材科幻征文"。他们就说，我们也搞科幻啊，我们要现实题材。但什么是"现实题材"呢？就是不让科幻发展，是不是这样？然后还说"科幻作家一定要学习未来学"什么的。看过未来学著作你就会知道，未来学家还从科幻作家那儿学习呢。这么提倡不是瞎掰吗？所有人都在粉饰自己。《20 世纪中国科幻小说史》这本书我就希望大家看。有很多给科幻正名的地方。

科幻邮差：假如那个时候没有遇到这样的一场风波，可能中国科幻的面貌完全不一样。

吴岩：完全不一样。当时这帮作家的创作才刚刚开始，一定会有一个出色的发展。在老作家带领下，一群年轻人在写，比如宋宜昌、魏雅华这些人。如果他们一直写，今天可能会出现一些非常不同的东西。但历史不能假设。如果这样，后面可能就没有刘慈欣了。但也可能刘慈欣会在这种环境下发展起来。其实，刘慈欣对这

2022 年 1 月，北京大学出版社推出吴岩主编的《20 世纪中国科幻小说史》。

个时段的评价很高。他有一篇《消失的溪流》，可以找来看看。

科幻邮差：20 世纪 80 年代科幻遭遇争议的时期，国内的科幻文学理论研究是个什么水平？

吴岩：开过几次会，由科学文艺委员会、中国科协组织开会，讨论科幻，最开始的时候还正经讨论创作方法，到后来就"打架"了，"打架"以后就不敢讨论了。但人民文学出版社的黄伊觉得应该给作者提供一些参考，所以他编辑了《论科学幻想小说》，在科学普及出版社出了这本书。然后他编了另外一本书，叫《作家论科学文艺》。可惜没正式出，只是江苏科技出版社给他印了。作家手里都有，私下如果要就给。叶永烈老师后来受科学文艺委员会委托编了《科幻小说创作参考资料》，后来又闹出事情来。

科幻邮差：这段时期，对您有什么影响？

吴岩：我其实是写不出来。所以对我的影响，就是可看的东西没有了。原来有好多人的东西我都喜欢看，又变成了过去没书的时候了。虽然出版局的通知发下来后确实还出了一些科幻书，但这些基本都是前面编的，不是拟定的新书。此后，为什么科幻世界杂志社能够逐渐做起来并且做大做强？因为那时候是书荒。前面准备好的一些书可能早发稿了，打压之后有出版社还在设法一点点出，但再往后，没有人策划了，当然没有新书了。所以就要靠杂志，因为杂志出版节奏快。

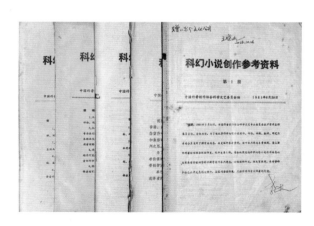

1981 年 6 月至 1982 年 3 月，叶永烈一共编了五期《科幻小说创作参考资料》。

科幻邮差：所以，那个时候

您更多的心思就回到了自己的学业上。

吴岩：对，回到了学业上，中间也去参加了一个科幻会，就是屯溪的会。我真的很感谢刘厚明。这个时间段有人出来，想要替这个事儿（科幻）说说话，太不简单了。在屯溪开的会，萧建亨、余俊雄、叶小沫等都去了，但大佬只有萧老师一个人。年轻人我去了。编辑挺多的。少儿编辑更多。大家都觉得不能这么对科幻。后来，十四家报刊，加上文化部社会教育司决定要搞征文，一个大的征文。但是那次征文呢，说实话没征上什么好作品来。我大概是在六个刊物上都发了作品，有三篇作品获奖。你可以想象那一届作品一定不行。我一个人就能得三个奖，那个奖肯定是不行的。

科幻邮差：那个时期，《科学文艺》《智慧树》《科幻海洋》杂志都诞生了吧？

吴岩：20 世纪 80 年代早期，还有一个《科幻世界》，是科学普及出版社出的，黄伊和王扶做的。

科幻邮差：那个好像是 1982 年创刊的？

吴岩：对，只出了三期。后来一"打"科幻，就把它"打"掉了。当时宋宜昌调到出版社就搞这个杂志。那个《科幻世界》是由王扶和黄伊主编，但他俩都不是那儿的人，宋宜昌是真的责任编辑，他干活儿也很快，而且看外语看得多，到上海找到上海外国语学院（现上海外国语大学）的陈珏，很快就安排好了翻译，他还搞了一本叫《科幻译林》的杂志，也搞了两三期，但稿子全丢了。

科幻邮差：就是没有真正地创刊？

吴岩：没有真正创刊。那时候所谓的"四刊"，就是刚才提到的这四本。有人经常说起《科学时代》，但《科学时代》是东北的一个科普刊物，它也发科幻，但这四家是真的科幻刊物。当时还有一些（刊物），比如江苏的那个《科学文艺译丛》也非常好，张崇高副社长他们做的，十六开。这书的翻译是王逢振从中国社会科学院外国文学研究所组织了一批人。《科幻海洋》也是王逢振做的。他和北大的校友金涛合作。但我实话实说，当时营销做得并不好。《科学文艺》也做得不好。《智慧树》就做得更不好。《科学文艺》作者还稍微广泛一点。《智慧树》是郑文光主编，郑文光跟文联和北京作协的纯文学作家很要好，找他们组稿不少。可这些人多数都不是科幻或科普作家，所以《智慧树》发行就更差了。这也是为什么《智慧树》很早就倒掉了。《科学文艺》杂志经历了几次更名，在最终的《科幻世界》的命名上，我觉得自己起了很大作用。当时《奇谈》这个名字已经不行了，我就建议专注于一个点，还拿出《航空知识》举例，人家就聚焦在航空领域，后来谭楷好像也拿来一个杂志，叫《枪》，说它就专注于这么小一个东西，反而就比宽泛地讲武器的杂志卖得还多。我觉得我是瞎说的，说了也白说。后来杨潇过来跟我说决定聚焦科幻，名字就叫《科幻世界》。我还被邀请担任了一个特邀副主编。

科幻邮差：经过那场大辩论之后，国内可以看到的科幻杂志，当时的"四刊一报"，就只剩下《科学文艺》了。

吴岩：那"一报"呢，本身也没成功。"一报"一直是个副刊，搞了那么多期，就没有做起来过，只有圈里人知道这个报。不过在当地，这报能卖几十上百万份，因为它走火车发行。然后那几个刊物呢，确实是全国性的，各地科协搞的。《科学文艺》这种，确实是全国性的刊物，但当时也不能说真有多好，你看，《珊瑚岛上的死光》没在上面发，《太平洋人》没在上面发，《神秘的波》也没在上面发。重要作品都没在上面发表。所以这个刊物，其实它当时在行业里没有领导地位，而且它是面对所有的科学文艺门类，包括科学童话。但《科学文艺》当时有读者，特别是青少年读者。不过也没做好。因为科幻小说现在要往上拔，要变成一个成人的读物，可特别好的文章又不在这儿。这样成人读者肯定是不买，少年读者看到了呢，也觉得不好。而《智慧树》呢，都是大作家的美文，这肯定也不行，没有几篇好作品在上面。

人物回忆

在郑文光老师家里，我第一次喝到茅台酒

科幻邮差：能请您再分享一些跟各位大家交往的故事吗？

吴岩：我跟郑文光老师是忘年交。这是他自己说的。大约是 1979 年，郑文光老师《飞向人马座》出版以后，我跟他去把买的第一批书拉回来。骑着自行车，一个人带不回来一百本书，我就跟着一起去了。到了出版社以后，编辑部正在擦玻璃，因为要过年还是国庆什么的，在打扫卫生。我记得当时还有个擦着玻璃的人问说，郑文光你来了呀，你把未来写得那么好，怎么怎么样……后面半句没有听清。总之大家都在跟他交流。郑文光就是一直跟文学口特别熟。他在《新观察》杂志和《文艺报》当过记者，从科协出来之后他曾经在文联工作。

还有一次，他们为了讨论一个事儿，正好我赶上了，王逢振、金涛、饶忠华、李夫珍、孙少伯、叶冰如这几位都在。孙少柏是海洋出版社的副社长。我那是第一次赶上郑文光的夫人陈淑芬做饭，陈阿姨做饭特别好吃，也是我第一次喝茅台酒。我喝酒会晕的，但当时我喝了一小杯没上头，我才知道好酒是这样的。那时候就感觉郑文光、陈淑芬他们特别有文化，都是海外的华侨（郑文光出生于越南的华侨家庭），去他们家的许多人也都是华侨。

科幻邮差：从 1982 年进大学到 1986 年毕业，在那期

1991年5月，成都举办世界科幻协会（WSF）年会期间，吴岩与郑文光合影。左起依次为：里群、吴岩、郑文光、姜淹洲。

问您跟郑文光老师有交集吗？

吴岩：中间那几年正好赶上那次的争论、"打架"。叶永烈被批判了以后，第二天或者第三天我跑到郑文光那儿去，我问他对这个问题应该怎么看。他说，批评是正常的，但不能说话太过。他就是这样，既支持叶永烈，也同意作品可以批评，这样一个态度。可能他的这种态度对批判方来说可以接受，所以一直没对他"扔炸弹"。后来那些人觉得他逐渐站到了科幻作家一方的时候，就搞了一篇文章批了一下他，批判的是他的短篇小说《太平洋人》。文章写得其实也不怎么好。但这颗炸弹扔出去没过十天，他就中风瘫痪了。

科幻邮差：您觉得在那个时间段，批判他跟他的身体出状况是紧密相关的吗？

吴岩：我觉得有关系。当然了他吃东西也不讲究，血管里有各种毛病，如果一直是一个平缓的、没有高血压的身体状况，不会突然瘫痪。一定是血压飙升，血管收缩了，才会造成瘫痪。所以有没有关系你们自己评判。

科幻邮差：他生病之后您去看他是什么样子？

吴岩：他生病之后我第一个去看他。我印象特别深，两边的脸，不一样了。一边脸已经完全失去控制，松弛了；另一边是有控制的，特别明显。回来之后我还给叶永烈、萧建亨他们写了信，他们也从我这儿知道郑文光老师出事儿了。我是下课去找他，没人开门，又去，又没开门。就去了好几次。后来终于家里有人了，告诉去医院了，住在积水潭那边，然后我又去医院看他。

科幻邮差：郑老从生病到康复大概花了多少时间？

吴岩：生病以后他又活了二十年。没有康复，后来就逐渐稳定了。半边瘫痪，走路一瘸一拐，说话不太清晰。他太太陈淑芬，中国摄影家协会的副主席、党组书记。他俩怎么认识的呢？当时陈淑芬是《中国妇女》的记者，她去为新建成的北京天文馆做采访。天文馆是第一个五年计划的十大建筑之一。见面以后发现，两个人都是越南华侨，而且两人都在香港待过，陈老师在培侨中学读书，郑文光去代过课，说起来他还是她的老师，两人就认识了。

还有萧建亨老师是在科普会上认识的，刘兴诗也是，童恩正认识得很晚。当时这些老师对我都特别关照。

科幻迷总是想知道作家怎么想

科幻邮差：当时这些人在您眼里都是大家吧？您每次跟他们交往的时候，希望获得些什么呢？

吴岩：那都是大家呀。我有很多问题想问，比如说叶永烈1977年的一篇小说《海马》里面有一幅插图，马在海底下吃水草都戴着氧气面罩，结果鼻子在外面。我问他，这不是呛水了吗？类似这些莫名其妙的问题，而且这些插画也不归他们管。另外会问怎么写作，我记得特别清楚，那时候我刚看了王逢振还是陈渊他们写的介绍外国科幻的文章，上面说美国科幻很发达，有阿西莫夫等等这些作家，我就问叶永烈，外国哪些作品好，叶永烈就说，凡尔纳你要看看，还有 H.G. 威尔斯。"那美国呢？"我记得叶永烈就说，美国没什么好的科幻作家……哈哈哈哈，我记得特别清楚。这时候我知道阿西莫夫了，就又问他，那阿西莫夫呢？他说，阿西莫夫是科普作家。因为那时候阿西莫夫的科普书国内已经出了，对于一个科幻迷我就觉得……

科幻邮差：我知道得比你多。

吴岩：是的，是的，挺招人恨的。科幻迷招人恨的特点就是这个。就还总想知道别的作家是怎么想的，人家觉得，你怎么老从我这儿套话……我也确实得到了好多消息，比如说会上确实发生过一些"对战"。现在他们把这些都忘了，可我记得他们当时这么跟我描述的。然后，当时赵世洲在《我们爱科学》杂志当副主编，他那时候没想通，曾经是科幻作家的他，却跟另一派跑。一次他见着我就问，叶永烈最近跟你说了什么吗？我特别生气，你怎么还从我这里套话呢。但我知道当时就是这种氛围。还有一个科协的干部告诉我，他说，科幻作家和其他人不一样。当时会上"打了一架"之后，那一派人（科普作家）晚上就喝酒庆祝胜利，而科幻作家都是在自己房子里闷头写东西。

总之，我知道有这么一次会，但它到底是香山会议，还是别的会议，我说不清。这些会议也确实容易记错。我记得在哈尔滨的会上，叶永烈跟我说，我带你去见高士其。我就比较怕，不敢。吃完饭我就先跑了。后来叶永烈写信跟我说："你记错了，哈尔滨那个会我没参加，一定是另一个会，当时我去找彭加木了，我有日记。"所以说，到底哪一次会发生的那一场交锋，不一定是香山会议。

科幻邮差：之前您提到刘佳寿，能不能多介绍一下他？

吴岩：刘佳寿是搞科研出身的，为人挺痛快，刚才我不也说了嘛，当时他在抽烟，那句话我印象特别深："年轻人，我们来培养！"

科幻邮差：好有气魄。

吴岩：对，我还等着他培养（笑）、给我寄刊物。结果也没给我寄刊物。我还不在他的名单里。后来《科学文艺》杂志的主编张尔杰我见过，不太懂科幻，是个老好人。"你们干，你们干"，就爱说这话。《科学文艺》杂志历任的主编，我都见过。童恩正是不是也当过《科幻世界》杂志主编或者名誉主编？我是到四川来的时候见的。

我上大学第一年，到了上海，叶永烈当时正在替中国科幻建立国际关系，有个美国代表团来。听到这个消息，我本来想从上海去黄山玩了回北京，但又赶回上海去参加。

我也曾让叶永烈很生气

科幻邮差：您是真正的科幻活动家。

吴岩：我四处乱撞，估计叶永烈老师也不太高兴。毕竟我只是一个学生。但科幻迷就是不想放过机会。中国科幻走向世界啊，我要去。后来我自己争取进入了 WSF（World Science Fiction，世界科幻协会），叶老师也不太高兴。

说起跟叶永烈的交往，我还有一件让他生气的事儿。就是我写了一篇文章，里面说《腐蚀》这篇小说，应该是他看了美国的《死城》写的，因为《死城》讲的也是卫星从外面回来，然后有病毒，又弄了一间屋子做实验什么的。后来叶永烈微信上找我，跟我说他根本没怎么读过美国的作品，更别提我说的这个作品了。我只好说要不我给他公开道个歉，最后他回复说那倒也用不着。

我跟叶老师的关系是近些年才恢复起来的。他去世前一年，中国科普作协（中国科普作家协会）和上海科普作协（上海市科普作家协会）联合给他做了一个创作研讨会，我去了。我说我一定要去。杨焕明院士作为中国科普作协副理事长参加的，上海方面主办人是上海市科普作家协会秘书长江世亮。会上主要请叶永烈讲一讲创作经验，然后每个人发言。会上很多人都讲太佩服叶永烈老师，写得那么多、那么快。我讲的时候，重点反对了这个评价。叶永烈一辈子被别人说写得快、写得多，但没有人提到写得好。所以我发言就说，写得多、写得快是肯定的，但叶永烈最重要的是写得好。他做了许多别人没有做的事情，或者在那个年代不敢做的事情。大致是这样。

2006年11月，吴岩（右）与叶永烈（左）共同出席中国作家协会第七次全国代表大会。

　　最后，叶永烈把自己所有的资料包括信件全部捐给了上海图书馆，我就说可以帮他把信件做电子化，因为他说他和科幻有关的信件有一万封。后来我就派了包括姜振宇、姜佑怡夫妇在内的六个研究生去他那儿待了一个星期，用相机记录了一万封信。叶永烈想把信件编成书，也包括我，我说别编我的信，都是错别字（笑）。后来这个书信集收录了八个人，不过也还没有找到地方出版。

我要为他们正名，科幻作家可以写好人物和故事

　　吴岩：我想再说两句童恩正。最早见面也是在科普的会上。上大学第一年去的是叶永烈老师那儿，第二年我就计划了要往四川这边来。这都是朝圣之旅。我到成都就去找了刘兴诗老师、王晓达老师，童恩正老师好像当时不在。童恩正我印象最深的是，《智慧树》杂志最后一次开笔会，在天津。也许那是第一次跟他见面？那时候已经打压科幻了，没什么势头了。那是1985年，我还在读大学。那天新蕾出版社的人来接我们，半夜里到达了好几批人。来了一辆小汽车。我们来了大概六个人，有张静、萧建亨，苏州还有个年轻女作家，还有几位。人超过车子容纳量，他们也不想跑第二次。怎么办呢？大家挤吧。我最后就是躺在汽车后面那个地板上，那么开过去的。那时候四川《科学文艺》来打前站的是李理，一位老编辑。过了两天童恩正来了。他的打扮

就非常学者范儿，帅、儒雅，还打着领带，永远是那个劲儿。来了之后当然就是鼓励大家好好写作，我记得他还看了我作品，我当时写了一篇《意识的海岸》，学心理学的嘛，一个意识流的作品，就是写意识。看完之后他说，"十年二十年以后，你是我们这儿的佼佼者。"这给了我一个特别大的鼓舞，印象特别深。还有一个印象，是我1993年第一次去美国，快离开的时候跟张劲松一起开车，开到匹兹堡，在童恩正家住了一夜。童恩正那时候在匹兹堡大学工作，还在更多学校代课。当时他就讲，他在九所学校教课。当时在美国都用吸水纸来擦桌子，他却用抹布。可以看出他经济上还是比较拮据。那个时候，国人都觉得出去很潇洒，但他实际上并没有一个很稳定的职位。他为什么要去九所学校讲课呢，就是为了挣钱。同时他还做研究。他讲了很多特别深刻的话，许多话我至今仍然牢记在心。

我也到王晓达老师家里去找过他。我当时的感觉就是，哇，夫人怎么这么漂亮！俩儿子也很棒。我们一块儿聊作品。说实话，我不太喜欢《波》，不觉得是特别好的科幻文学作品，不知道为什么被饶忠华、郑文光他们说得那么好。当时王老师是冉冉升起的科幻新星这一点是必须承认的。王老师对人也很亲切，他说自己原来在技校工作，跟学生交流多了才来科幻这个领域。王老师对我也特别好，后来我当了老师以后没地儿发文章，他还在《学报》上发过我的研究报告。王晓达老师有几篇特别好的小说，例如《莫名其妙》，写得特别好。今天的年轻读者不会读这样的作品，因为写了特异

1993 年 12 月，吴岩（左）到美国匹兹堡童恩正（右）家中拜访。

功能——但漫威电影有那么多特异功能也没有人说什么啊。

这是我对他们几个人的感受。刚才我讲到郭以实,其实我很喜欢,但他们这些人一直停在科普上,后来就没再往科幻这边走了。按照现在话说,我是混科幻圈的,我就跟科普圈的人见面少了。他走得早,很遗憾。我千辛万苦找到他太太,但咱们没采访上,就走了。很遗憾。

另外,王逢振老师我可以再说几句。他是我在郑文光家喝酒那天见到的,见了之后我就跑到社科院去找他。那时候他没房子,住办公室,后来我就跑到办公室去找他。我记得他借给我两本书,都是杜渐翻译的历险小说,有一本是《威马山历险记》,另一本名字忘记了,反正都特别好看。他对人特别好,学术研究(成果)都是开放给大家的。我觉得科幻界有两个人我是绝对佩服的,他们永远都是想着别人,这两个人就是韩松和王逢振。他们两人永远是想着科幻这个事业,永远是想着帮助大家。后来我逐渐地跟王老师熟了,我要做项目的时候也找他,他特别支持,书直接就给我。有很多书别人都是收着不给你的,但王老师从来不这样。

科幻邮差:还有吴定柏老师呢?

吴岩:吴定柏我接触得比较少。他主要是跟叶永烈接触得多。你知道吧,他后来就不愿意跟科幻这边接触了。

科幻邮差:是发生什么事了吗?

吴岩:不清楚,我找过科幻翻译圈的人打听过,说是伤心了,不愿意再跟科幻这边接触。萧建亨老师也说过自己伤心的这种话。

还有一位叫陈渊,你们可能都没听说过。那会儿,在粉碎"四人帮"的时候他挺厉害的。他是上海译文出版社的,做翻译,拿着英文书在火车上就直接翻。陈渊当时翻译了一批作品,后来福建少儿(福建少年儿童出版社)的那套科幻书,好多是他翻译的。还有最早的《弗兰肯斯坦》也是他翻译的。

科幻邮差:是最好的版本。

1980 年 7 月 23 日，吴岩到哈尔滨参加中国科普作家协会科学文艺少儿科普研究会年会期间，在松花江边与萧建亨（左）合影。

吴岩：当时还有一位叫陈珏，跟郑文光很好，宋宜昌编辑《科幻译林》主要靠他翻译。陈珏现在据说是一个著名的文学理论家，一直在台湾。翻译领域还有郭建中老师。他后来成立了一个研究中心，我还去看了。其实还有一些人也值得提到，像傅惟慈，他科幻翻译得不多，大都是翻译毛姆、托马斯·曼这些作家的作品，但他翻译过几篇科幻。傅先生人也特别好，九十岁了还骑着自行车在北京四处溜达，我还见过他在北师大校园骑车转悠，不知道去找谁。他住在护国寺那边，还找我借书看。这是一位找我借书看、还记得还我书的大作家。还有一位是毕淑敏，她写《花冠病毒》之前找我借了一些书，然后按照我的要求还给我了。

还有杨潇、谭楷老师，最早就是哈尔滨会的时候见过他们俩。那时候他们刚开始做科幻。跟他们先是在科普的会上见，后来真正接触变多是他们来找我做事，那感情简直就像哥们儿一样。

科幻邮差：说到这儿，我想问下金涛老师，您跟他有什么故事吗？

吴岩：金涛老师很牛的，《邓小平文选》里有三个地方提到他，一个是"傻子瓜子"那个，关于私营经济的事儿。当时安徽处理了傻子瓜子，金涛老师去写的报道，后来邓小平对这个事儿有批示，所以《邓小平文选》里有这个；还有另外两件事，所以他其实很厉害。再后来金涛老师写了《月光岛》，郑文光老师说这是一个重要的作品。不过金涛老师的身份一直是著名记者，科幻、科普只是他业余时间的创作。后来郑文光老师卸任科学文艺委员会主任，就交给金涛老师了，另外他还当了科学普及出版社的社长，所以他就把科幻创作延续了下来。

2019 年 8 月 22 日，吴岩与最先把大量西方科幻引入中国的王逢振（中）、金涛（右）合影。

金涛老师有很多种身份，他去南极，写了不少关于南极的书，作为著名记者，作为出版家，他又是另一个人，有很多重身份。金涛老师对我是一直有培养之情的，就是科学文艺委员会的接班。我们科幻、科普界有培养下一代的传统。叶永烈为什么给高士其写传，就是因为高士其对他的成长起了很大作用。而我是受了叶永烈老师、郑文光老师、郭以实老师、余俊雄老师的提携，也包括金涛老师。他当科学文艺委员会主任时，我就是委员和副主任，等于我是一直跟着他做这些事，这样我就学到了很多东西，包括很多事怎么处理，如果不跟着学确实就学不会。

《中国轨道号》的创作初衷，有一部分就是向这些老作家致敬。我就是按照小时候读的他们的书，学他们的写法来写的。我记得那时候对叶永烈、郑文光老师他们这一代科幻作家有一个诟病，就是说他们这些搞科幻的写不好人物。所以我的小说就是要写人物，就是要写故事。我没有跟其他人说过，我想的是要为他们正名。我用自己的作品证明，用他们这一代科幻作家的写法是完全可以写好人物的。

科幻邮差：这个阶段，除了跟这些比您年长的大家交往以外，跟同辈交往多一些的有哪些人呢？

吴岩：平辈的，科幻迷之间横向的好像没有太多的交往。

科幻邮差：平辈的估计也没有您这样得天独厚的条件。

吴岩：有一次我去找王晓达。他找了一个大学生，叫张克涛，很喜欢飞碟这种题材的作品。后来他就出国了，也没写。是后来到了1991年我开始教科幻了，才开始有一群年轻人在身边。韩松我是在1991年科幻大会（'91WSF成都年会）的时候见的。那时候我已经是评委了。我在厕所碰见韩松，说我看过你的小说，写得很棒，当时他有一部《流星》参加比赛，所以见面的时候提到。这时候他的《宇宙墓碑》还没有发表。

科幻邮差：但年龄上是相当的吧？

吴岩：年龄上是差不多的。我们几个人中我最大。我比大刘（刘慈欣）大一岁，比韩松大三岁，比星河大五岁，比杨鹏大十岁。但我开始发表作品远比他们早。所以我常常被认为是上一代作家。

吴岩2020年出版的科幻长篇小说《中国轨道号》，2021年荣获第11届全国优秀儿童文学奖。

阿瑟·克拉克回信寄来他收看香港武侠电影的照片

科幻邮差：年轻的老一辈。（笑）吴岩老师能不能跟我们分享一下，您参加东西方科幻文化交流活动的经历和感受？

吴岩：我觉得中国科幻引起国外注意还是改革开放以后，一个是1979年布赖恩·奥尔迪斯来中国时见了邓小平。他回国后说这趟没白来，要请更多科幻作家到中国，我觉得他起了一个挺好的作用。再有就是叶永烈老师也做了一些工作，因为国外的科幻组织要找中国最牛的科幻作家，那就是叶永烈老师嘛，最早，吴定柏、郭建中老师也帮助叶永烈做了翻译等工作。吴定柏当时在上海外国语学院跟一位叫菲利普·史密斯的外教共同开设了科幻课程。这位外教带了很多科幻读物来，用科幻书籍教学生做英文精读。吴定柏老师是不是从他那里对科幻开始深入进去，我也不知道。总之，叶永烈跟吴定柏合作，他们就形成了朝向内部和朝向外部的两个通道。后来史密斯还请外国捐书给上海外国语学院。叶永烈则写了一些文章，发表在《轨迹》杂志上，题目都叫《科幻在中国》。

美国科幻协会主席弗雷德里克·波尔的妻子对中国特别有兴趣，跟着旅游团来中国旅行了一趟，她回去之后给波尔讲中国怎么好，他们俩的共同爱好就是旅游，波尔表示也想来。1983年就成行了，两人还带来了《轨迹》杂志主编查理斯·布朗、日本的柴野拓美、华裔作家伍加球等，似乎还有《光明王》的作者泽拉兹尼。总之一批作家跟着来了。他们在上海科协的礼堂举行了见面会，就是我参加的那一次。上海科协安置在小洋房小园林中，特别漂亮，进去以后是一个小会议室，大家就围坐一圈，叶永烈就一个个给大家介绍。

再往后就是科幻世界杂志社要办1991年的世界科幻协会年会了，相当于接力棒来到了四川成都，我也变成其中一部分。到1997年的科幻大会（'97北京国际科幻大会），我更是重要的参与者。自然而然地，国际交流就转移到科幻世界杂志社手上了（笑），当然别人想干也干不了，因为只有科幻世界有这么多资源，能请国务院外事办公室协助等等，这些事儿真的太难了。当然，我自己也组织过一些会议。例如，日本横滨举办世界科幻大会（2007年第65届世界科幻大会）前，大卫·布林等一些作家还来信问我能不能多办一些活动，他们不想来亚洲一趟就只在一个地方，多些活动可以让出行的价值更大。所以我后来就在北师大办了活动。

科幻邮差：啊，差点忘了，在国际交往中您还创过一个纪录，就是跟阿瑟·克拉克通信呀！

吴岩：对的对的，我可能确实是国内科幻圈第一个跟克拉克聊科幻的吧，我就是因为特别喜欢《2001：太空漫游》，当时有一次在郑文光老师家里，看到了一本美国大使馆的文化参赞给他的克拉克的书，是《2010：太空漫游》，然后还有一封信。信里说，觉得你（郑文光）写得很好，我们这边也有这样的书，所以送你这本书。信里就有克拉克的地址。但这个记忆可能不对。另外一种可能是，我从美国《轨迹》杂志或其他地方获得了克拉克的地址。总之，我对寻找科幻大师的地址是很在行的。（笑）后来我就给克拉克写了一封信，大意就是说我看了您的书，觉得特别好。没想到他就回了一封信，这封信是打印的，里面的内容分成很多条。前面是说，他每天会收到几百封这样的信，不可能一一回答，但信里后面的内容可以回答读者 90% 的问题。第一，如果你想了解太空的知识，这里有 NASA（美国航空航天局）的地址；第二，如果你想写作，需要建议，我可以给你一个忠告：你需要不断地写（笑）。这信封到最后，是克拉克自己用打字机打了一条内容，说这是他从中国收到的第一封读者来信，让我找机会看看库布里克的那个电影（《2001：太空漫游》），然后还提到上海有一个做卫星通信研究的林品祥先生，他们之间有联系，让我可以和上海这个人联系。后来我就不断给克拉克写信，还给他寄书，比如他的《海豚岛》（中文版）出来了，包括我自己的书，都给他寄。他给我的第二封回信里还寄了两张照片，说他在家里，有人给他一个"锅"（卫星电视接收器），用这个"锅"可以收到中国的电视，我一看照片，原来他收到的是香港的武侠、武打片。

后来有一天，我都当了《科幻世界》杂志特邀副主编之后，北航科幻协会的会长饶骏给我打电话，问我知不知道克拉克来中国参加国际宇航联大会，昨天都跟钱学森交换图书了。因为当时克拉克想见钱学森，但是钱学森可能因为身体原因不能见他，让秘书带了几本书给他，所以有交换书这个事儿。克拉克的书里不是写了一艘宇宙飞船就叫"钱学森号"吗？另外他还告诉我，克拉克就住在北京国际酒店。当时我住西三旗，于是赶紧找电话打到国际饭店前台，请他们帮我转给克拉克，没想到还真把电话给我转过去了。那是我唯一一次跟克拉克通话，我就说听说您来了，特别高兴，不知道能不能见个面？克拉克回我说，他还有两个小时就要飞走了，所以我知道肯定来不及见面了，我就只好说欢迎他以后再来，希望再有机会见他。后来我还给《科幻世界》（1996 年 11 期）写了一个小文章放在第一页，就是《克拉克访问北京》。

这就是我跟克拉克的交往，好像在叶永烈还是谁的传记里有提到，叶永烈也跟克拉克有联系，我跟他不确定谁更早。

克拉克访问北京

吴 岩

一个惊人的消息在《科幻世界》编辑部爆炸：英国科幻大师、通讯卫星之父克拉克正在北京访问！

1996 年 10 月 9 日，第 47 届国际宇航联（IAF）大会在北京召开。两天之后，编辑部北京记者站突然收到了北京航空航天大学科幻协会会长饶峻的电话，告知克拉克先生正在北京！

北京记者站立刻接通了成都长途，《科幻世界》总部的编辑们也为之心情激动。主编杨潇特别要求北京记者站全力采访克拉克。但是，偌大的北京，他会住在哪儿呢？

《科幻世界》通讯员饶峻再次凭自己的勇气和细心找到了克拉克的踪迹，克拉克先生的声音终于出现在电话听筒的另一端："我就是克拉克，我正在北京。"

中国唯一的科幻期刊终于和克拉克接通了电话："我们想马上见您。"

也许是出于在古老的国土上突然听到科幻之友的声音，在那一时刻，手握听筒的克拉克也不禁为这次会面而激动万分。克拉克先生欣然同意，一回斯里兰卡，就马上应杨潇主编的邀请给中国读者写一封信，并将考虑与中国科幻同行更多地交流与合作。

世界首届一指的科幻大师走进了《科幻世界》！

克拉克像

1996 年 10 月 9 日，第 47 届国际宇航联（IAF）大会在京召开，英国科幻大师、通信卫星之父阿瑟·克拉克访问中国，吴岩与克拉克通话后编写了一篇短讯，发表在 1996 年第 11 期《科幻世界》卷首。

高光时刻：各国代表跳锅庄

科幻邮差：吴岩老师，咱们说回几次比较大的科幻活动，1986 年《科幻世界》杂志和《智慧树》杂志举办了首届银河奖，那年的颁奖会您还有印象吗？

吴岩：有。那次鲍昌也去了，印象比较深，当时稽伟比我大，她上大学了，我俩被叫做"金童玉女"，我们俩还都发了言。那时候我还说自己不打算继续干了，我已经熟悉了科幻这艘飞船，不好坐，现在准备下船。鲍昌听了就在发言中说，熟悉了飞船才应该继续开飞船呢，我的印象特别深。当时他是中国作家协会书记处书记，作协里可能有人跟他有矛盾，结果就因为参加了这次颁奖会，两年后他还专门做了检讨——被捅到中宣部，然后就做检讨。他太太是亚方，《智慧树》杂志的出版人。

科幻邮差：1991年，成都召开了世界科幻协会年会。您对那次会议有什么印象吗？

吴岩：1991年的会是个国际会议。国外作家有几个人先到的北京，我陪他们在北京走了走，还给了他们一盘录像带，就是拍的当时我的那门（科幻）课。当时也不懂，中外录像带的制式不一样。我自己拍的，后来请别人帮我剪辑了一下，加了个片头片尾，送给他们了，结果我自己就没有了。那是我第一次尝试视频传播。

科幻邮差：说不定在他们那边有保存。

吴岩：对，说不定。谁再去《轨迹》杂志替我问问，查理斯·布朗留下的东西里面，有没有一个制式不同的中国录像带？大二分之一格式的。

我最早见国外科幻作家，是跟叶永烈在上海见的，1983年。1991年的世界科幻协会年会就是遭遇泥石流的那回吧？那故事可就多了。当时要搞国际会议，一共十六七个人吧。关于那次会，实话实说，国内的代表就比较有意见。其实每次开国际会议都是这样，觉得对国内作家不重视，关注点都是外国人。这一点我们将来要特别注意。在这次会上，我结识了董乐山，《一九八四》的译者，还有傅惟慈，《魔山》《布登波洛克一家》的译者。出去玩坐大巴，这些大腕翻译从来都坐最后，特别谦虚，特别照顾其他人。认识他们之后，我和他们在北京还有很多交往。

另外有个事儿特好玩儿，日本和中国台湾的代表说要去航天中心火箭发射基地看看。我也想去，就跟他们一块儿了。当时火车坐了很远，从成都走好像一天一夜，很远，到了西昌之后，部队派了车来接，那些代表就在车上调照相机，打算拍照。当时部队的人就很大声地说：No photos（禁止拍照）！后来我们都不准用相机。这些代表里有一帮日本年轻人，有的是研究者，有的就是大学生。中国台湾的大学教师跟

1986年首届中国科幻小说银河奖发奖会上，《智慧树》方阵获奖作者与领导及编辑部人员合影。前排左起依次为：李征夫、刘兴诗、萧建亨、周孟璞、温济泽、鲍昌、童恩正、耿志远；后排左起依次为：张静、吴岩、王亚法、xx、迟方、王晓达、席文举、里群、《智慧树》编辑、xx。

吴岩在首届中国科幻小说银河奖发奖会上发言。前排右起依次为：温济泽、吴岩、鲍昌；后排右一为流沙河。

他们说，徐福就是日本的神武天皇。把日本朋友气坏了，在火车上就争论起来了。当时到了航天中心，就有一个旅游团的人带着我们，参观了航天中心，还有控制室什么的，很短暂，出来之后又去旅游。当时导游一直让懂一点中文的日本人阿布幸之助（是不是这么个名字？阿布是肯定的。我们都叫她阿布）翻译一些标牌、古迹上的字。阿布后来急了，说："他们都能看懂，翻译什么？我又不是翻译。"这都是很有趣的一

1991 年 5 月，出席成都世界科幻协会年会的日本作家柴野拓美在卧龙点燃了象征友谊的篝火，随后大家围着篝火跳起了锅庄。

些插曲。

这次国际会议其实是一种困难时期的挺身而出，科幻世界杂志社做出了巨大努力，也获得了巨大的成功。因为当时很多人一直不让我们开会，一直去告我们。这个过程中，克服了种种困难。各国代表在卧龙的傍晚跳锅庄肯定是高光时刻。后来我们还碰到泥石流，差点回不来，最后出动部队抢险才让我们安全离开。中国体制的优越性体现出来了。

这次活动上还是认识了一些国外作家，像苏兹·麦基·查纳斯，她是当时一位比较有名的女性主义作家，还有查理斯·布朗，《轨迹》杂志的主编。我后来去美国，他还邀请我去他家里做客。

20 世纪 90 年代的科幻作家们带来了新的气息

科幻邮差：这样差不多就到了 20 世纪 90 年代的中期，这个时期，一系列新锐作家开始接过老一代科幻作家的接力棒了。

吴岩：对。后来我出国，那是 1993 年，1994 年年底回来，杨潇老师他们就来找我。出国的时候，我带了（姚）海军办的《星云》杂志，还第一次参加了国外的科幻大会，先是一个地区的小型会，展览了《星云》，当时也写了一些小的短讯给《科幻世界》。后来参加了美国科幻研究协会，也就是世界最老、最大的科幻研究组织的年会。会上认识了日本学者巽孝之、加拿大学者维罗妮卡·霍灵杰，还见到了老朋友詹姆斯·冈恩（美国科幻作家）。

我回来的时候，杨潇老师找我说，最近有一个新的作家特别好，叫王晋康，他在工厂工作，给自己孩子讲故事后变成的作品，写得真是太好了。王晋康老师第一次走近我，就是这样的。有意思的是，刘慈欣的出现我也不在。我每年给《科幻世界》笔会做一次报告，或者邀请人去做报告。但刘慈欣第一次出现的那次，我还真不在。两位重量级的作家横空出世，第一时间我都不在，这是个很有意思的事情。

科幻邮差：就是这段时期《科幻世界》杂志邀请您做特邀副主编的吗？

吴岩：是的，1991 年科幻大会（'91WSF 成都年会）之后，有一次他们到北京，杨潇老师邀请的我。这次活动之后，我和杨潇老师、谭楷老师都特别熟了，他们要组稿，就会找到我。正好我在课堂上，可以开发一些作者。我算是个中转站。一般谭楷老师先找到我，然后我们一起去找郑文光老师，请他提供一些上级的支持，以他的名义去办事。我这边可以开发一些年轻的作者。第一次课上完之后，第二次开课的时候，星河和杨鹏开始来学习。他们开始在课上练笔，开始发表作品，再往后还有杨平、凌晨、江渐离、严蓬、苏学军、柳文扬、韩建国、潘海天、裴晓庆、李学武、周宇坤、于向韵，这些人中多数也访问过我的课。

所谓的北京（科幻）作家群，北京的这帮年轻人，都算吧。我和韩松也是这时候认识的。要说同伴关系，就是这帮人。他们自己就要搞同人刊物，当时不是搞了一个《立方光年》吗？星河跟我关系特别好，我们无话不谈，甚至我家里的事都找他帮忙。新生代就是杨鹏、星河提出来的。他们说到做到，还出版了正式的作品选。最近有人不知道这些，写陈楸帆、江波他们是新生代，这就是乱说了。新生代早已经有一个特定含义了。今天的科幻研究者需要读更多的书，而不是用别人的二手资料建构自己的天地。

在星河周围，有更多的青年人。例如，有个叫杨平的人去敲星河的门，说："我是通过《科幻世界》了解到您的地址的。"这就是他们的第一次见面。他们之后就经常见面，出去吃个饭什么的，逐渐就认识了。杨平也到过我课堂，当时他还在南京大学。然后课堂上还有像凌晨她们，就都互相认识了。星河那里就成了一个聚集点，他是那一届的核心。我常常参加他们的活动，都非常有天才，思路敏捷，北京的科幻作家群就这样发展起来了。

科幻邮差：吴岩老师觉得 20 世纪 90 年代中期，科幻文学创作整体呈现什么样的状态？

吴岩：我觉得那时候年轻人在成长，虽然我个人认为还赶不上老作家们，但老作家们肯定没有人继续了，科幻必须依靠这些年轻人。当然，这一代作家不一定都是年轻人。王晋康老师虽然年龄大一些，但确实是这一代作家中的顶梁柱。他发展出了一种自己的风格，跟原来 20 世纪 80 年代是不一样的。星河是另一个顶梁柱，他是北京风味的，跟我们原来的科幻也不一样。韩松也有自己的先锋风格。20 世纪 80 年代在这里断掉了。郑文光他们那一代的风格，你只有到我的《中国轨道号》中才能找到。

科幻邮差：王晋康、星河等 20 世纪 90 年代出来的作家，最大的一个特点就是为科幻带来了新的气息。

吴岩：是的，比如星河的小说《决斗在网络》，当时被认为是中国第一个赛博朋克，是中国第一个把网络写得这么好的小说。其实星河是在我家接触到的网络，那时候，中国第一家互联网公司瀛海威公司免费给了我一个账号，让我去他们公司做教育，所以星河他们是在我家看的上网是怎么回事，根据这个，还有他们接触到的电子游戏的经历，星河、杨平后来才写了那几篇关于互联网的小说，当然杨平后来也进入了互联网公司。

科幻邮差：那个时候韩松、何夕老师他们出来了吗？

吴岩：韩松出来了，他很早就得了台湾地区的大奖。当时他把稿子给了吕应钟，吕应钟把稿子带回台湾，第二年就得了奖。何夕也在新生代中占据了重要位置。我记得他原来用的名字是何宏伟。还有柳文扬。

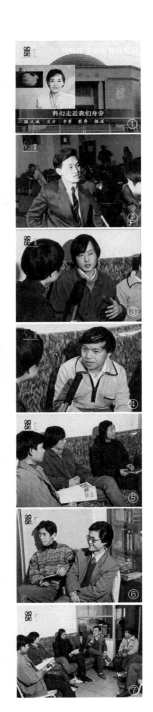

科幻邮差：应该是从 20 世纪 90 年代初期，《科幻世界》杂志开始发表这一批作家的作品吧？

吴岩：是的，北京作家群他们会定期聚会，后来还发展到办杂志、开研讨会。我记得有一次专门研讨韩松的作品，星河和电子骑士他们组织的。我也应邀参加。我们几个人找了一家饭馆，韩松也去了，我们每人发言评论韩松的作品。

科幻邮差：您对于科幻的一些理解和观念肯定在他们当中有传播。

吴岩：会有，像赛博朋克这类科幻小说就是我们一点点引进的。而我的好多工作，像编资料、校对等，也确实都是星河他们协助我完成的。但如果说观点，是我们相互碰撞而出的。我特别喜欢听他们抬杠，里面有很多很前卫的东西。科幻人要永远在学习之中才行。

科幻邮差：后来您编了一本《科幻小说教学研究资料》，这是北师大开课以后，您一直在用的教案吗？

吴岩：算是我的参考资料，汇集了许多文章，后来印刷出来。

1996 年，北京科幻作家群代表吴岩（图②），杨平（图③），罗洪斌（图④），喻京川、杨平、江渐离（图⑤），严蓬、星河（图⑥）等接受中央电视台采访。图⑦左起依次为：喻京川、杨平、江渐离、吴岩、罗洪斌。

科幻邮差：从 1991 年的世界科幻协会年会到 1997 年的北京国际科幻大会，那些年吴岩老师有机会走访国外，对中国科幻来说很宝贵，能介绍一下那段经历吗？

吴岩：其实（机会）不很多，就一两次，在这之前，叶永烈向外写过一些文章，但那时一直不让他出国。王逢振和吴定柏有走出去，郭建中有时也出去回来写一些东西。但他们不是科幻迷，是研究者。反而我出去是真的作为科幻迷走出去的。所以就会在国外找各种资料带回来给大家，就这样建立了一些联系。而且，我也是最早在美国科幻研究协会发言的。当时是张劲松跟我一块儿去的。我是在 1991 年的世界科幻协会（成都）年会上认识的张劲松，那年，我、韩松、张劲松在四川卧龙住的同一间屋。所以韩松还一直记得我说过的一句话，当时是科幻的低潮，我就说："不要管这些，大家只要写就好。"其实我都不记得了，但韩松在《想象力宣言》中记录了这个话。

科幻邮差：1997 年北京科幻大会给您留下了怎样的印象？

吴岩：1997 年《科幻世界》已经做得非常好了，当时杂志社想到北京来开国际

1997 年 7 月，'97 北京国际科幻大会上，吴岩与第一位太空行走的俄罗斯宇航员阿列克谢·阿·列昂诺夫共同主持会议。

科幻大会，想把事情再做大，于是到北京找了中国科协（中国科学技术协会）。那时候一方面联系上面，一方面为会议做准备。我记得准备的方向上，谭楷找了齐仲做俄文翻译和联络。那次大会还请来了航天员。我认为请航天员这件事也是我提的，因为我在国外见过（科幻会议有航天员参加），知道他们的影响力对科幻的帮助会很大，所以当时我建议请航天员来，不过可能其他人也提到过这个想法。但我说我们没有渠道。杨潇和谭楷两位老师说他们能做到。他们大概找了中国宇航学会吧？总之，获得很大成功，因为不是找到一位，而是找到了五名航天员，简直不可思议。而且那次大会是在北京一天、成都一天，北京结束马上飞去成都。在北京开会时，周光召还参加了。当时谭楷找来了骆汉城和吴方两位中央电视台的记者，骆汉城给《科幻世界》投过稿，所以找他俩来采访。我也在里面，最后中央电视台上了一条很长的新闻报道宣传大会，影响力一下很大。另外，由于请来了航天员，外国记者也有来参与，比如《新闻周刊》麦克·拉瑞斯专门写了一篇叫 The Sci-Fi Syndrome（《科幻综合征》）的文章。

这次北京科幻大会是不是阿来也来了？大概是的。大家都在开会，我也参加各种论坛，还主持了好几个。阿来当时是一个新来的编辑，应该算临时工，他很认真工作，自己在后台打字啊、做通讯啊，人特别谦逊。但在谭楷老师口里阿来是未来的大作家，谭楷老师说，阿来写的书到了人民文学出版社，人家都要洗了手才看稿的（笑）。谭楷老师四处给大家推荐的阿来，后来真的成了茅盾文学奖获得者。

科幻邮差：吴岩老师跟科幻结缘后，这么多年走下来，不论是学术理论研究还是创作方面，都取得了令人瞩目的成绩。采访之前，您这本《中国科幻文学沉思录》我逐字逐句读完了，遗憾的是由于时间关系，今天没有机会就这本书聊更多的东西了……我想问吴岩老师，在您的心中，过去这些年你觉得最骄傲的是什么？

吴岩：感谢，感谢。如果说有的方面我们是先行者，我觉得这个说法是对的。但我们不是故意要先行，就像探险，感觉这里可以走走，于是就去了。过后，人们才说这里是创纪录的第一次。

科幻邮差：那确实值得骄傲呀！那您觉得还有什么遗憾吗？

吴岩：遗憾是其实我没做出什么成绩来。

科幻邮差：创了这么多纪录呀！

吴岩：对，是创了很多纪录，但真正把这些做深做透的不是我，我没有在一个地方专精下去，起了好多头，挖了很多坑（笑）。而且我跟年轻人之间始终保持着良好关系，这也是为什么他们会来支持我。没有他们支持也没有我的今天，所以我现在老是在想应该怎么对下一代，应该怎么做。

科幻邮差：其实这就是您最初从前辈身上传承过来的吧？

吴岩：您说得太对了，就是他们身上的东西，他们愿意提携我们后辈。后来我发现美国也是这样。美国其他文学作家之间是互相打架的，只有科幻作家互相提携，这很有意思，很可贵。

SCIENCE FICTION
EDUCATION AND
RESEARCH

科幻教育与科研之路

一次课有六百人听，坚定了我做科幻教育的信念

科幻邮差：您 1986 年大学毕业之后，并没有马上专职去做科普、科幻方向，还是在做自己的专业领域，那您这十几年的心理学教学从业经历跟后来的科幻领域之间，是如何相辅相成的呢？

吴岩：我教授心理学教了二十一年。大学毕业之后我就留校（北京师范大学）了，正赶上学校成立一个新单位——教育管理学院，因为当时的大学要培养管理干部，所以我就留在那儿了。我是那里的第一个教师，也是创建者之一。现在看来是挺好的起点，一个新单位，你能从创建伊始加入，从一个无名的教师，一点点发展。很有意思的是，我刚到单位的时候，是各单位拼到一起的。其实在第一年我就是教师，应该讲课，结果没安排讲课，而是到教务办公室实习，每天早上接教师，然后给他们端茶倒水，还做讲课的记录和简报。我当时特别生气、特不高兴，我觉得我是教师，凭什么要做这些？但现在知道了，这一年对我来说真的很重要。我了解了我们到底是干什么的，还有各种管理人员的辛苦。所以后来我特别支持每个教师在第一年都去这么做。而且现在如果有新人来，第一年我一定让他在最基层，各个层面让他走一道，然后他才会真正理解。我是搞干部培训的，没有完整地讲课，都是讲那种浓缩的，其实就是科普课，讲管理心理学，一直教下来。

就这样子搞了几年。开始我们搞高校的干部培训，后来

高校的人就不多了，于是就去搞普教，给中小学校长培训，我跟普教方面也因此很熟。我们成立了小学校长培训中心、中小学管理研究所，我还是这个所的所长。一直在做管理心理学方向。而科幻呢，业余时间里，我逐渐觉得自己的想象力回来了，就开始写一些给小朋友的作品，然后逐渐写一点成人看的作品，后来又开始写长篇。那时候郑文光他们已经停笔了嘛，我还一直想让郑文光回来继续做科幻。我就跟他说，我帮你写，你搞一构思，我来写。他自己还真搞了点构思，写了一条一条的故事开头，然后给我了，我就照着写。但其实写不出来，骨子里不是他那种作家的料。后来我就说，要不这样得了，既然出版社也看重您的作品，我就把您的一些短篇组合成长篇。当时我找了三个短篇，写了一个长篇，就是那部《心灵探险的故事》，仔细看里面有《奇异功能夏令营》《侏罗纪》和《灵犀》的影子。

科幻邮差：都是您执笔的？

吴岩：对，全都是我写的。从他的短篇里，《奇异功能夏令营》那几个，把它们合起来写。当然人物等等方面都是新的，故事后面也有一点不同了。他看了以后，就觉得文风不对，完全不是他的东西，但是他也同意我跟他联名出版。就这样，我的第一个长篇是跟郑老师联名的《心灵探险》。最开始叫《心灵探险》，后来市场上突然出现了一个故事系列，这样的题材订户比较多，所以第一次出版的时候就叫《心灵探险的故事》。这本书是在1994年出版的，写完之后我就出国了。1996年我写了第二个长篇，是把我在《科幻世界》的第一个获奖作品《生死第六天》，改成长篇。之后我还要写《中国轨道》，还有一本《第五因子》，当时我是这么计划的，就沿着这样的轨迹发展。但实际上呢，从1991年开始，我也在搞科幻教学了。当时收集了好多科幻的资料，是想要给科幻正名，也不断地在想，为什么我们是对的，那些批判的是错的，就这样搜集了很多资料。

1991年北师大允许教师开公共选修课，允许脱离专业开课，我当时就写了申请表。这个故事我经常讲，当时我怕领导不允许，就找到中文系的王富仁教授。王富仁是中华人民共和国成立后的第一位文学博士，研究鲁迅的权威，当时他太太在我们单位，我就跟他太太说，想请王先生帮我挂个名。结果王先生真就同意了，他这个人特别开放，是学俄文的，后来又念了国内第一个文学博士，这样一来，我俩联名开课的

吴岩在 1991 年第 2 期《科幻世界》上发表的《生死第六天》，荣获第 3 届中国科幻银河奖。

事儿就成了。开了课以后我说，你不能光署名不讲呀，你讲一回吧！他说好，我来讲。当时我又有点儿懵……他又不是搞这个的，他来讲，能讲什么呀？结果我过去一听，哎哟，讲得特别好！他就讲了一次，俩小时，讲的就是中国传统的文化，儒家、道家，沿着这些传统文化发展起来，但是每一家里面，都是没有科学想象的文化，没有科学幻想的土壤。他把中国文化的每一种基因都分析完了，最后说，所以今天我们的国家要发展、文学要发展，就需要有科幻这种文化。哇！完全超出预期……他不怎么看科幻的，但从根本一讲，感觉挖得特别深。后来我说，您再讲一次吧？他说：够了够了，你放开讲吧。后来他把讲演写成了一篇文章。王先生他一辈子只写过一篇关于科幻的文章，叫《谈科幻小说》，就收录在我编的那本书里。现在看这讲话依然非常好，依然是重点文章。

就这样，我逐渐开起了这门课。这门课当时选的人很多，几百人的教室，全校的公开课。因为那时候能选择的课很少，这种公共选修课只有十门（或者三十门，不记得多少了），非常少，因此选的人就极多。有一年在北校讲，有六百人选我的课。北校没有六百人的场子，所以每个星期我去两回，为了所有人都能听到课。

科幻邮差：就是一场三百人吗？

吴岩：对，一场三百人，培养了好多好多人。后来这些人去当教师、当记者，一到跟科学有关的事儿，他们就来联系我或采访我。我和（姚）海军有一次聊起来，他说，人家是把你当科幻教师的。我突然想到，这个领域是可以发展的呀，就走这条路吧——科幻教师，科幻研究者！所以我就用了很多精力在上面，创作上就相对少了。后来我用很多精力做科幻教学，走了这条路，成为一名科幻研究者要感谢海军。虽然我离开了创作的道路，但开辟了全新的路径。

科幻邮差：这个具体的时间点是什么时候？

吴岩：海军这么说，一定是他已经是个编辑之后才会。我跟海军直接见面，最早是邀请海军来参加（北京）野三坡会议的时候，1997 年。我还记得他第一次在会上发言，拿着稿子还直哆嗦呢，非常紧张。过了半年之后，他去了《科幻大王》，再去《科幻世界》。应该是他专业比较成熟了之后跟我说起这个话，我才逐渐开始转向。当然转向有个缺点，就是创作方面就放松了，一直在搞研究，越搞越深。然后王泉根老师后来又找我去招硕士、博士，后来就走了这条路。

科幻邮差：总之这还是创了很多中国科幻发展史上的纪录，是吗？

吴岩：对，创了好多"第一"，至少硕士和博士是我们先搞的。

中小学生到博士，桃李满天下

科幻邮差：到 20 世纪 90 年代中后期，中国科幻就进入一个快速发展的时期，吴岩老师也因势利导开始了大量科幻教育相关的工作。

吴岩：我的科幻教育工作基本就是从北师大开始的，我讲的本科课当时很受欢迎，所以我讲了至少有十年。除了 1993 年出国，我每年必开课，有时候也开两个学期，开始的时候一分钱没有，都是业余去讲课。我把这些内容反复地讲，边讲边整理，培养了一批年轻作者，跟《科幻世界》杂志之间也达成了非常好的互动关系。《科幻世界》不是让我当特邀副主编嘛，这样我出去说话也代表《科幻世界》，帮助拓宽了读者群体。

后来，每次举办科幻大会我也会去主持论坛、当翻译等等。出国回来以后，我就不是特别想开这个课了。因为我拿到了很多国外的东西，我带了十一箱书回来，想做点提升水平的事情。正好北师大中文系副主任王泉根老师打电话给我，他是搞儿童文学的，他需要组一个团队，听说我在做科幻后，问我要不要加入。我特别高兴，我说我在这儿做了这么长时间了，你们都不来找我（笑）。他问我愿不愿意加盟，我当然回答愿意了，我们搞文学的不就是希望被"招安"嘛（笑）。他说这回咱们也别做本科了，我们往上升一步，招硕士学生。哎呀，我太高兴了，所以 2003 年开始到我离开，一直在招生，一共有二十几个。不过非常遗憾的是，硕士生中后来搞科幻不是很多，但还是有飞氘、宇镭、石黑曜、何庆平、鲁礼敏等从事了科幻写作，其他人没有做也不怪他们，因为那时候科幻的状况不好，很多学生（毕业后）都去中小学教书了。然后一直到我职称解决后，我们又招博士，再后来我到南方科技大学，主要也是教科幻相关的课程，这样我就在科幻教育这块儿一直坚持做下来了。

2019 年 12 月，吴岩牵头编制的专为培养青少年想象力和科学创新能力的《科学幻想：青少年想象力与科学创新教程》（四本）由江苏凤凰文艺出版社推出。2020 年6 月，接力出版社推出吴岩四十年科幻研究积累的丰硕成果．学术自选集《中国科幻文学沉思录》。

我还一直有一个心愿，就是做中小学的科幻教育，所以后来我组织了一些人编教材，现在我们出了一套从小学一直覆盖到高中的教材，叫《科学幻想：青少年想象力与科学创新教程》，这套教材到 2022 年底就全部出齐了。

因为搞教学就得搞科研，所以王泉根老师说我应该去申请国家社科基金，然后就申请了一个。我记得还是王泉根老师建议我做一个比较基础的项目，叫"科幻文学理论和学科体系建设"。我就按这个名字提交的，很快就批下来了，这是国家社科基金第一个科幻课题。就这样，国家层面也开始资助科幻研究。在这之前，我跟金涛老师做过一个科协（中国科学技术协会）的项目，叫《科幻与自主创新》。这个也很有意思，20 世纪 80 年代时科幻被批判是因为作品中的科学有问题，当不了科普读物，所以我们一直想把科幻扭一个位置，它也不是纯粹的文学，那到底该是什么位置？我觉得创新的说法特别好，所以这个项目做出来，我们就把科幻送入了创新的轨道。习近平主席讲"科技创新、科学普及是实现创新发展的两翼"，科幻进入创新这块儿，不要求知识的准确性而是要新点子，现在大家也都基本上接受了我们的观点。所以这个项目我觉得是起到了为社会舆论转向打基础的作用。

国家社科基金项目是从文学的角度来做的，我记得当时我去找王泉根老师，问他什么是学科体系建设，他就找了一本古典文学的学科体系的书给我，并且给我讲解。于是我就照猫画虎，当时计划是出四本书：一本外国文论选，一本中国文论选，一本我们的论述，一本学科体系建设。后来我觉得这套书太好了，我就联系了一些出版社，最后结题的时候一共有三个出版社加盟，这才多少经费呀，七万块钱的课题，我们却出版了十五本书！现在是不可想象的，现在十五本书得要上百万或数百万了吧？这个项目做了以后也是打了地基。

再后来，我们又去申请了一个国家社科基金的重点项目，叫《20 世纪科幻小说史》。这个项目把中国科幻在什么位置、中国科幻的历史是什么样的都搞清楚了。科幻现实主义，这个是郑文光最早提出来，陈楸帆又把它发展了。姜振宇研究发现，科幻现实主义其实是从很早就已经出现了的一个创作倾向。此外，近年来我一直有个疑问：科幻现实主义是不是科幻的全部？我认为，它只是中国科幻的一部分，甚至只是一小部分。更多的中国科幻作品是讲未来的，讲创新的，讲发展的，讲建构的。所以2014 年，我就提出了"科幻未来主义"。当时我讲，科幻未来主义主要是一种创作方法，因为我们太依赖别人的想法，太不注意观察创新这件事，我们一定要为创新来写科幻，一定要动情、要能真正去体验时代，那是未来主义的。当时我提了五点。但最近我又写了一篇文章，文章中把中国科幻历史彻底翻腾了一遍，发现中国科幻史上本身就有科幻未来主义这么一派，就是要去创新、去超越。所以我觉得，我真正的理论创造是最近才逐渐想清楚的，科幻未来主义其实是科幻里更大的一个流派，它更关乎科幻的本质，因为科幻就是创新。像我们开的全球城市文明典范研究会上，我就提出，科幻未来主义可以用来研究世界文明城市。

大概我的教学和科研脉络就是这样，我在北师大文学院成立了一个科幻研究中心，后来又在教育学部成立了一个科幻教育的研究中心。2017年来到南方科技大学后，我又成立了科学与人类想象力研究中心。现在南科大把它作为文科的重点项目来做，我们在自己的"南科人文学术系列"中编了好几本书。第一辑中有《20世纪中国科幻小说史》《中国科幻文论精选》，第二辑中有《中国科幻论文精选》，第三辑有三本：《未来科幻的创作版图》《未来科幻的研究版图》《未来科幻的产业版图》。前两辑基本都由我主编，第三辑是我、三丰、刘洋各编了一本。

科幻邮差：从1991年在北师大开设科幻文学课程，到后期培养硕士、博士的过程中，我们深切感受到吴岩老师早年从郑文光、叶永烈等老前辈身上获得了对科幻和科普的深切热爱和巨大能量，然后又把它们反哺给了后面的学生。您能给我们分享一些带博士生的故事吗？

吴岩：我招的第一个博士生就是姜振宇。之前他是浙大的（本科）学生，最早给星云奖投稿，稿子写得不是特别好，但我还是鼓励他。后来他（在中国社科院）读硕士，好像读的网络文学或传媒方向，然后又跑到我那儿去听课，听课过程中还遇到了他现在的太太（姜佑怡）。姜振宇确实特别优秀，他后来考博士的时候我就把他招了过来。他在社科院的时候读了很多书。因为社科院的研究生院在一个山沟里面，他就每天看书，看很多。所以我的很多课就让他来组织，比如硕士课上我们要讲马克思主义科幻理论，他去设计了一个文献顺序，然后一篇篇带着大家读。我也跟着他学。小姜确实做得挺好。还有一个学生叫肖汉，北师大毕业的，本科就说喜欢科幻，当时想读硕士，但我这儿没有机会，最后他又转过来读博士，我让他做儿童科幻方面的研究，他很努力，现在做出一定成绩了，我希望他能在未来起到更多作用。再往后就是

2017 年 6 月，吴岩与众弟子庆祝中国第一个科幻博士后飞氘出站。左起依次为：
张凡、肖汉、姜振宇、吴岩、飞氘、彩云（意大利）。

张凡和彩云，彩云一直研究韩松，她本来是想回（意大利）读的，我说我这儿有博士学位，她说那太好了，要来试试，就成功读下来了。彩云也是特别努力，论文完全都是自己完成的，当时要克服疫情，她还要克服语言障碍看很多中文资料。

现在我发现，博士就得自己愿意学，真不是靠老师，而是靠自己的内驱力，这样研究才能深入。张凡很执着，他报考了我五次，前两次我还没有资格招生，后来到我这儿又被我拒绝过，他是严锋和王安忆的学生，（复旦大学）创意写作硕士生，直到我要离开北师大之前的最后一年，我跟他说，那好，趁着我能收，我一定把你招上来。事实证明他也很好，但是他到现在还没毕业。前几天我还和他说，要抓紧，否则还有一年就要除名了，一共七年，得抓紧。后来，北京那边我的博士就结束了。后来我到了南科大，这边没有博士生项目，去年好不容易想了一个办法，和别人合作，所以我现在有两个学生，一个是李锦华，夏笳的学生，原来是做传媒，现在在香港；还有一个就是我的助手陈发祥，他原来是学脑科学的，我现在让他做科幻教育。

总的来说，中国科幻界目前面临着一个高端研究如何发展的问题，现在人越来越多，论文越来越多，但很多人在做重复工作，比如关于《科幻世界》杂志的论文现在可能有上百篇，但是看了以后觉得没有什么用，因为他们不知道该怎么做。

科幻产业探讨

举办世界科幻大会能让我们（中国）
成为亚洲科幻中心

科幻邮差：放眼整个科幻行业，近些年我们的科幻奖项风起云涌。2010 年，吴岩老师、董仁威老师和姚海军老师一起创办了中国目前最重要的科幻奖项之一——星云奖。您当时是出于什么样的考虑，愿意参与华语科幻星云奖的创立呢？

吴岩：说实话这是他们俩的构思，是海军最早提的想法。当时董仁威老师已经退休了，然后我们一拍即合，一起来做。我记得是董仁威老师来找我谈，我觉得挺好的，然后就加入到了这个团队，我永远都说我是团队中的第三位。但为什么有一段时间，老是把我放在最前面呢？考虑到海军是在体制内，董仁威老师主要负责运作，而我是高校老师，国家对高校还是更开放一点，所以就由我来当这个会长。大家都觉得会长是第一位的，其实不是这样。他们俩更有分量，实际上任何重要的事情基本都是他俩在做决策，我则做一些对外发声的工作，对我来说这也是一个非常正确的选择。

科幻邮差：现在星云奖的影响力和权威性达没达到您的预期？

吴岩：那还差得远，我们自己也知道差得远，这里面其实也有很多斗争，海军也知道，我们之间的。（笑）没有商业就搞不下去，但如果是纯商业，肯定会完蛋，其实就是围

2011年10月，全球华语科幻星云奖三位发起人吴岩（左）、董仁威（中）、姚海军（右）合影留念。

绕评奖的严肃性这个问题在斗争。

科幻邮差：国内现在各种奖项层出不穷，吴岩老师从创作者到研究者，能不能给我们在挖掘和培养新作者上提些建议？

吴岩：其实还是我们一直担心的那个问题，现在中国越来越走向国际化，在国际上得奖，很风光。但其实呢，追着国外走不一定能够彰显出自己的特色，所以我真心希望作者们要考虑这个问题。这不是我自己一个人的想法，大刘也说这个走法是不对的。他有可能公共场合没说过，但我要把这个事实说出来。文学创作这种东西，我现在越来越感到，它和人的运气有关，即使你写得非常好，但没赶上合适的时代，和当下的这批读者之间没有共鸣，你就可能被压抑。所以好多作者，像菲利普·迪克，都是过世之后才得到推崇。所以作家们要想好，是想要今天被认可，还是要写你心目中最好的文学作品、有没有人认你随它去？一定要想通这一点，要有取舍。

科幻邮差：近些年，从雨果奖很多获奖作品中可以看出来，整个美国科幻和其他类型文学之间的界限越来越模糊，您觉得未来中国会不会也出现这样的情况？

吴岩：你们是直接和读者接触，更有发言权。我给南科大和北师大的学生上课，发现他们现在对科幻的定义非常狭窄，窄到我们平时讨论的作品都不在范围之内。他们只认那些详细讲述符合教科书中的科技原理的故事，说那才是科幻小说。比如他们会质疑电影《流浪地球》是不是科幻，因为里面有好多错。这又回到了那会儿科学家指证科幻作品不科学的年代。我给他们看小林泰三的作品，有同学问我，老师您能不能给我看点硬科幻？我说小林泰三的作品怎么不是硬科幻？他说我学天体物理，我知道那不是硬科幻，里面的黑洞都不对。所以，你现在面对的是这么一个读者群，他们对科幻的认知已经变窄了。

还有在创作课上，我发现有的学生只看过刘慈欣的作品，其他的作品就觉得不是科幻。不是刘慈欣的作品风格，连王晋康老师的作品都不是科幻，他们对标的只有一种作品形态。所以我觉得这种情况真是值得注意。怎么能够创造更开放的科幻环境？要不断地讲，不断地给大家呈现各种各样的东西。

科幻邮差：我们认为科幻发展到今天，它的受众面应该扩大了，对科幻的认知边界也不断被打破了。但实际上在很多地方，对科幻的认识局限性还是很明显。

吴岩：对，文学界有一些人又觉得科幻作家净写科技，人生就不管也不写，我们什么时候不管人生了？所有的这些争论到今天，历史还在重演，但是我们要用当今的心态去面对，这是特别重要的。

科幻邮差：从《三体》火爆出圈以来，国内科幻文学的版权开发迎来了一个高潮，从文学到影视，这也是西方科幻走过来的一条路径，吴老师作为国内科幻产业研究的领头人，您觉得中国当下的科幻产业发展有什么特点？

吴岩：我们现在每年都在跟踪科幻产业，发现每年都有大的进展。我们马上要发布本年度报告（中国科幻年度产业报告），也有大进展。现在看来，有比较大的进展是因为之前了解的行业不够。之前海军和我们一块儿做产业报告那会儿，我们只能做出图书行业的报告来；后来有了电影数据，我们能把电影也纳入进来，这一下就显得有了大幅发展；前两年开始又把游戏纳入进来，将来会把主题公园也纳入进来，到一定时候，等这些可纳入的全都进来的时候，我觉得整个产业就不会有特别大的数据蹿升了，因为那时候就会是一个平稳的走向。但可以看出来，现在的盘子还是小，即使输出的越来越多。现在，出版行业书的总种类差不多赶上美国的量了，但是这个盘子相对是最小的。目前能看到的是游戏盘子最大。那下一步就是元宇宙这些。我觉得游戏和电影会孕育出一批新人，这批人是要取代文字作家的。在几年以后，也可能是很近的未来，一些导演，像郭帆，将来会自己去创作剧本。然后游戏领域也会出现一批人，打造元宇宙、主题公园什么的。所以我觉得这个产业发展是向上的，但是千万不能固守在某一个方面，开发新业态挺重要的。

科幻邮差：从多年的观察研究来看，你觉得中国科幻产业跟国外最大的不同是什么？中国科幻产业要想进一步发展，突破口在哪里？

吴岩：国外没有科幻产业这个词，国外不把科幻作为一个单独的产业，是我国把

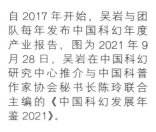

自 2017 年开始，吴岩与团队每年发布中国科幻年度产业报告，图为 2021 年 9 月 28 日，吴岩在中国科幻研究中心推介与中国科普作家协会秘书长陈玲联合主编的《中国科幻发展年鉴 2021》。

它作为单独的产业。所以在这个意义上说，我们在搞创新。我现在一直提，我们要在经济领域里面把科幻单列出来，外界觉得，科幻都统计在文化产业里面了。但科幻产业确实和普通文化产业不一样，它是跨界的。比如说现在几个产业园，首钢产业园（新首钢高端产业综合服务区）想要把科技创新纳入进去，这次我参加他们的评奖，都是 VR 呀、人工智能呀、量子科技呀这些科技方面的；成都呢，则是以传统的版权贸易、图书出版这些为主；那现在深圳要做成什么样，我们还在不断探索，我们正在创作一个舞台剧，叫《云身》。这是 2022 年下半年深圳出现的第三个舞台剧了。也许深圳将是一个科幻戏剧之都？国外也研究我们，别以为他们不知道。过去我们以为他们只看自己，但马斯克最近说要复制微信的模式。所以呢，其实他们也在关注我们的业态变化，这是一个竞争势态。

科幻邮差：在国外，电影已经成为整个科幻版图发展当中实力最雄厚的一个板块，国内也出现了《流浪地球》这样的现象级作品，但是不论从数量还是影响力来说，都还有很大的提升空间。就吴岩老师的观察，中国科幻电影现在处于一个什么位置？未来可以预期怎样的前景？

吴岩：我觉得未来是会有大发展的，但目前未来世代的电影人还没被彻底孕育出来。另外，最近上映的《独行月球》和《流浪地球》完全不一样，可它也确实有自己的观众。所以首要是把影片做好，将来中国科幻电影才会迎来发展。但是说要替代好莱坞在世界上的份额，我也不认为可以做到，未来很长一段时间内，都不可以。宝莱坞产量那么大，它在世界电影中的份额也没有那么多。现在中美竞争，我老是觉得再过几年，美国电影里出来的反派全是中国人，可到那时候，中国电影又不能说反派全是美国人吧？国外是不看你的影片的，所以中国的电影在世界上竞争就特别难。但我们又想中国的作品走向世界，被广泛接受，怎么办？我们这一代可能找不到出路。那就交给下一代电影工作者吧！交给被培育起来的那一代人，相信他们的智慧。

科幻邮差：2023 年成都要举办世界科幻大会，吴老师觉得成都为什么能够取得这一届的举办权？这次大会对中国有什么意义？

吴岩：成都为什么能取得举办权，就因为你们（成都）这些年一直在经营，把这件事做得扎扎实实，最后是应有的所得。然后，我觉得这次会议对中国非常重要，因为如果我们能真正做成一个亚洲的科幻中心，让大家看到中国是一个在科幻方面欣欣向荣的地方，那大家就会在科幻领域有一个全新的对标点。《云身》很希望 2023 年举办科幻大会的时候，能到成都上演。我们现在就期待你们啥时候能开放政策，我们好去注册，甚至希望可以得到你们的一些支持，但现在这些都还没有。我们相信这件事能做好，希望你们多多努力。

趣问趣答

01 能否给科幻小说一个简单的定义？

我觉得科幻小说最主要还是得要有新思想，我们人类跟历史、自然打交道的时候，我们需要新的思想，科幻小说恰恰就产生新的思想，所以为什么它在今天很重要，因为眼下是百年未有之大变局。怎么应对？就是新思想。

02 最欣赏的国内国外的科幻作家分别是谁？

我欣赏的人常常变化。过去的有郑文光、叶永烈、童恩正、萧建亨、刘兴诗，加上宋宜昌、柳文扬、韩松、大刘、老王、何夕、星河等等等等。新一代更是数不胜数，他们的水平早已超越了我们。国外作家我原来特别喜欢克拉克。我们这一代人都是克拉克的信徒。

03 有没有一个您想写，但到现在还没有写完的故事？

我原来是想用三本书把我自己的历史写出来，第一本写小的时候，第二本写改革开放（时期），第三本写现在。但写完《中国轨道号》后，我有一个困惑，那就是我发现这种方法我已经用过了，即使第二本写改革开放（时期），那还是一样的方法，所以现在正想去做点别的，做点超越的、比较厉害的作品。海军给我看了韩国作家金草叶的作品（《如果我们无法以光速前行》）以后，我觉得还是应该写一个远远超越现代的、一个真正有新思想的作品。

04 从居住的角度看，更喜欢北京代表的北方生活还是深圳代表的南方生活？

我现在非常喜欢深圳，我是北京人，在北京生活五十多年，那时对广东这些地方是嗤之以鼻的，但现在来了以后就觉得特别喜欢，将来最好能一直在这儿。

05 您觉得写作和教书哪个更难？

写作难，我是教书匠，但写作我觉得我还没入门呢，我从小学的时候就开始写作，那是一种科幻迷的写作，到现在也还是。

06 如果有一台时光机，您是想回到过去还是去往未来？为什么？

我愿意回到过去，我愿意回到20世纪70年代末80年代初，那是我一生中最激情洋溢、风云激荡的时候，我觉得后来都不像那会儿那么有激情了。我记得《中国轨道号》给中小学生看了以后，他们给我一个反馈说："老师你那时候都是特别有目标的那种啊，现在我们是小学生，可就没目标了。"这是时代的悲剧。

07 如果有一本关于您的传记，您希望用一句什么样的话开头？

我根本就不希望有这个传记，有好多研究生找我说要写我的作品评论，我说不要写我，没得可写；说要批评作品，没得可批评的，太少了。

08 最想对年轻作者们说一句什么?

　　写作这件事,如果是你一生真正的爱好,你就继续写下去;如果不是,你就别把它太当回事。现在太多的人,不是爱好者却进入了这个圈子,而有爱好的人又因为利益什么的不坚持,也不纯粹。

09 请说说对中国科幻事业的期望和祝福。

　　期望别折腾,能够沿着这条路继续前进。

《三体》之后，荷戟独彷徨

AFTER *THE THREE-BODY PROBLEM*,

HE VENTURES ALONE

刘 慈 欣

导语 INTRODUCTION

采访大刘是在一家酒店的客房里进行的，他的好友兼责编姚海军陪同。镜头里的大刘稍显疲惫。即便中国科幻有了《三体》和电影《流浪地球》，他仍然对科幻的前景保持着清醒和克制，甚至有那么一丝悲观。只有在采访中途观看神舟十二号发射时，他才重新显露出孩童般的兴奋。或许，相比"中国科幻领军人物"这样外界赋予的标签，他更关心《三体》之后的自己，在写作上还能走多高、多远。

LIU CIXIN

AFTER *THE THREE-BODY PROBLEM*, HE VENTURES ALONE

■ INTRODUCTION

Our interview with Da Liu (nickname for Liu Cixin) took place in a hotel room, where he was accompanied by his editor as well as old friend Yao Haijun. Through the camera lens, Liu's visage looked somewhat weary. Even though Chinese science fiction has supposedly skyrocketed in popularity due to the respective success stories of *The Three-Body Problem* series and *the Wandering Earth*, a film adapted from one of Liu's novellas, the hype has clearly not gotten to his head. He remained sober and cautious about the future of the genre of science fiction; one could even say that his words carried a hint of pessimism. Only when he paused in the middle of the interview to watch the launch of Shenzhou 12 spacecraft did he finally cheer up, showing a childlike excitement. Perhaps, instead of trying to meet the expectations of labels imposed on him, such as "the leading figure in Chinese sci-fi", he was far more concerned with what unchartered horizons he could reach in terms of his own writing after *The Three-Body Problem*.

■TABLE OF CONTENTS

初次发表：
我以为我这种写法肯定不行

科幻邮差：大刘还记得第一次去科幻世界杂志社参加笔会吗？当时会议室坐了两排，你坐在后排，自己找了个角落待着。

刘慈欣：嗯……是。

科幻邮差：那是哪一年？

刘慈欣：1999 年，在青城山。当时阿来还请了《小说选刊》的主编冯敏，请他来给我们讲讲什么是文学，意思是说我们这些写科幻的（在）文学上不行，给我们普及一下。同时去的还有个翻译家蓝仁哲教授。

科幻邮差：蓝仁哲是川外（四川外语学院，现四川外国语大学）的院长，很资深的翻译家，翻译过很多经典文学名著，还指导学生翻译过科幻小说，当时科幻小说的译者是很少的。蓝仁哲教授跟杂志社当时的副社长秦莉关系很好。那次笔会很多人印象深刻，是第一次有主流文学的评论家进入到科幻的讨论当中。好像后来赵海虹他们还写过笔会相关的小说？

刘慈欣：对，笔会每个人要拿一篇小说出来大家讨论。

科幻邮差：那时候大家都很年轻，转眼都过去二十多年了。当时大刘发表几篇小说了？

1999 年 7 月 26 日，刘慈欣在成都参加《科幻世界》笔会。
此时的他正带着自己的新作《流浪地球》参加笔会讨论。

刘慈欣：两篇，《鲸歌》和《微观尽头》。

科幻邮差：所以大刘真正的处女作是两篇，别人都是一篇，你是两篇同时发的。（笑）投稿的时候对这两篇小说的预期是什么？

刘慈欣：我同时投了五六篇小说。预期……那会儿能发表就很不错了。在那之前我从来没有发表过东西，也和《科幻世界》没有联系。

科幻邮差：另外的投稿是哪几篇？

刘慈欣：《带上她的眼睛》《地火》《流浪地球》《西洋》，还有一篇没发表过的战争题材的科幻小说。《西洋》应该是在那之前就投过一次了。

科幻邮差：后来是修改了再投的？

刘慈欣：没有修改。

科幻邮差：当时也比较偏保守，选的是两篇最短的。连《流浪地球》都没要……（笑）

刘慈欣：《流浪地球》后来在 2000 年发表了。

《流浪地球》首次发表于《科幻世界》2000 年第 7 期（左图），后由中国教育图书进出口有限公司推向海外市场，目前已有英语、波兰语、捷克语和俄语四个版本（见下四图）。

《流浪地球》
精装英文版封面

《流浪地球》
俄语版封面

《流浪地球》
捷克语封面

《流浪地球》
波兰语封面

科幻邮差：《带上她的眼睛》获得了1999 年的中国科幻银河奖，获奖对你后续的创作有什么影响？

刘慈欣：那肯定是一个鼓励。当时国内科幻不像现在有这么多的发表渠道，我也没有受到注意，也就是《科幻世界》和山西的《科幻大王》这两家杂志愿意发表科幻小说。大部分作者都是在《科幻世界》发表小说。所以每年发表的空间就那么点儿，能发表就很不错了，能获奖当然很高兴。

科幻邮差：2000 年左右正好是中国科幻的一个"井喷期"，很多优秀作家集中登场亮相，像赵海虹、柳文扬，还有周宇坤。而且发的都是作家们的重量级的作品甚至代表作，非常集中。

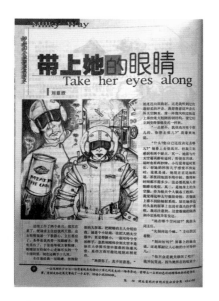

《带上她的眼睛》首次发表于《科幻世界》1999 年第 10 期，获得当年度中国科幻银河奖。

刘慈欣：当时还有北京的一些人一直在写，像杨平、星河。另外还有何宏伟（何夕）。

科幻邮差：这些人现在都是成名作家，所以那时候获银河奖是非常不容易的。

刘慈欣：对，而且那会儿科幻奖项就只有一个银河奖，没有别的。不像现在到处是奖项。

姚海军：当时《科幻大王》虽然也是一本科幻刊物，但它发表的小说比较少，它是一大半漫画、一小半小说。大刘发表和获奖后，编辑部很激动，尤其是唐风，他本身就是个有点什么消息很容易激动的人，看了刘慈欣的小说就四处奔走相告。当时整个编辑部对大刘的作品评价都比较高。

刘慈欣：其实在那之前我也在创作，但我的作品没给任何人看过，不管是科幻读者还是身边的人。所以我也没有发表把握，我自己感觉那五六篇稿子和当时流行的科幻小说差别挺大的，也没有把握这批作品能获得他人的认可。编辑唐风当时给我打了电话，说你那些小说都很不错。我才知道这种写作风格还是可以的，并不是完全另类的东西，至少有人能够认可。那是我第一次和科幻界的人联系。

姚海军：那批稿子老编辑看了以后，他们表现得比较内敛，不像年轻科幻编辑那么激动。

刘慈欣：对，那时候《科幻世界》杂志有几个比较老的文学编辑，像邓吉刚、田子镳，他们的文学观比较传统，不太容易接受很科幻的表现方式。其实早在那次投稿好几年前，我就给《科幻世界》投过长篇（应该是《超新星纪元》初版）。当时杨潇主编挺喜欢的，她觉得那个作品不错，但她给了个老编辑看，老编辑就觉得这个不行，说里面只有故事没有人物。

姚海军：那时候《科幻世界》杂志正处于变革之中。有一批老编辑，像陈进老师是来自《四川文学》杂志的资深编辑；田子镳老师是有名的文字专家，他们在各自的领域都有很深的造诣，但他们不是科幻迷。所以《科幻世界》编辑部就是那样一个构成。然后在 1999 年左右，阿来和秦莉进入《科幻世界》编辑部，再后来编辑部就有了更多年轻人。那是科幻世界杂志社内部很重要的变化，编辑构成跟以前不同了。

科幻邮差：唐风的电话打来那天大刘有什么反应？

刘慈欣：我当然很高兴了，但也没有觉得太怎么样。坦率地说，当时写科幻小说是一个很业余的爱好，并没有把它当事业去做。那会儿工作也很忙，真正能顾得上科幻的时间不是太多。

科幻邮差：你之前是不是还研究过《科幻世界》的风格？

20世纪90年代，在山西娘子关发电厂工作的刘慈欣。

刘慈欣：对，我买过很多期杂志来看，看了以后觉得我这种写法肯定不行，他们不会要这种东西的。所以就模仿《科幻世界》当时流行的风格去写，像《鲸歌》就是很典型的《科幻世界》风格。后来发现不需要那样，我觉得《科幻世界》之所以是那种风格，是因为没有像我这种风格的作者去投稿，投稿的话他们也会发的。

科幻邮差：《科幻世界》当时是什么风格？

刘慈欣：故事性强，但世界架构不大，没有很大、很终极的世界观，并不很强调文学性。而且故事是很清新流畅、适合年轻读者看的故事。故事里面有文学性的、人性的东西，不能和科幻很好地融合，比如爱情就是爱情，科幻就是科幻，两者基本上不会有什么关系。可能也是发展的一个必经阶段吧。

姚海军：是那一代科幻文学编辑对科幻的理解，决定了那样的状态。

刘慈欣：但是那种风格可读性很强，那些小说比现在的很多小说线条要更明晰，不晦涩，故事很清晰明朗，也比较传统，有转折、意外这些东西。

科幻邮差：大刘有投过《科幻大王》吗？

刘慈欣：没有，一次都没有。后来他们约稿，给过一次。

《科幻大王》创刊于 1994 年，2011 年更名《新科幻》，2014年停刊。

姚海军：《科幻世界》的风格是跟一拨一拨的作者有很大的关系。王晋康出现以后，他作为一个王牌作家，那（当时）很大一部分作品就是像他的风格。后来刘慈欣成了科幻世界最中坚、核心的力量，刘慈欣就在某种程度上定义了《科幻世界》的风格。《科幻世界》的风格是随着作家的成长改变的。再后来年轻的科幻编辑进来以后，《科幻世界》就更丰富了。

刘慈欣：你说的这个编辑的分化从杂志上就能看出来。杂志有一份正式的征稿启事，在最后几页，怎么征稿、怎么投稿都有写。但在这之外还有一份征稿启事，在杂志中间放着，唐风他们弄的，专门征集硬科幻的启事。这个启事目标鲜明，说我们要的就是硬核科幻，要有科学性，要有科幻的核心创意等等，他那个理念明显和杂志上面的作品和杂志后面的征稿启事不一样。我就觉得很奇怪，同一个杂志怎么会有两份征稿启事呢？我投稿的目标就是向着征集硬科幻的那帮人的，但我不知道怎么就给到别的编辑手里了。

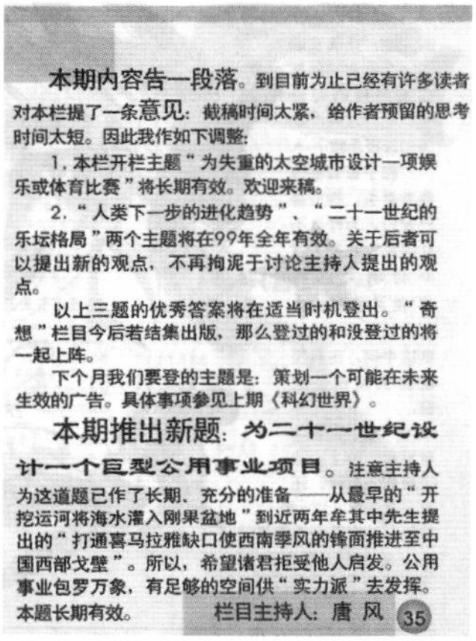

本期内容告一段落。到目前为止已经有许多读者对本栏提了一条意见：截稿时间太紧，给作者预留的思考时间太短。因此我作如下调整：

1. 本栏开栏主题"为失重的太空城市设计一项乐或体育比赛"将长期有效。欢迎来稿。

2. "人类下一步的进化趋势"、"二十一世纪的乐坛格局"两个主题在99年全年有效。关于后者可以提出新的观点，不再拘泥于讨论主持人提出的观点。

以上三题的优秀答案将在适当时机登出。"奇想"栏目今后若结集出版，那么登过的和没登过的将一起上阵。

下个月我们要登的主题是：策划一个可能在未来生效的广告。具体事项参见上期《科幻世界》。

本期推出新题：为二十一世纪设计一个巨型公用事业项目。注意主持人为这道题已作了长期、充分的准备——从最早的"开挖运河将海水灌入刚果盆地"到近两年牟其中先生提出的"打通喜马拉雅缺口使西南季风的锋面推进至中国西部戈壁"。所以，希望诸君拒受他人启发。公用事业包罗万象，有足够的空间供"实力派"去发挥。

本题长期有效。

栏目主持人：唐风 (35)

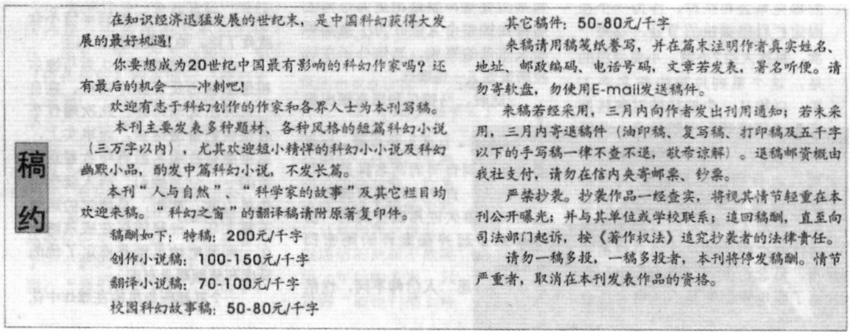

稿约

在知识经济迅猛发展的世纪末，是中国科幻获得大发展的最好机遇！

你要想成为20世纪中国最有影响的科幻作家吗？还有最后的机会——冲刺吧！

欢迎有志于科幻创作的作家和各界人士为本刊写稿。

本刊主要发表多种题材、各种风格的短篇科幻小说（三万字以内），尤其欢迎趣味隽永的科幻小小说及科幻幽默小品，酌发中篇科幻小说，不发长篇。

本刊"人与自然"、"科学家的故事"及其它栏目均欢迎来稿。"科幻之窗"的翻译稿请附原著复印件。

稿酬如下：特稿：200元/千字

创作小说稿：100-150元/千字

翻译小说稿：70-100元/千字

校园科幻故事稿：50-80元/千字

其它稿件：50-80元/千字

来稿请用稿笺纸誊写，并在篇末注明作者真实姓名、地址、邮政编码、电话号码，文笔若发表，署名听便。请勿寄软盘，勿使用E-mail发送稿件。

来稿若经采用，三月内向作者发出用稿通知；若未采用，三月内将稿件（油印稿、复印稿、打印稿及五千字以下的手写稿一律不退，敬奇谅解）。退稿邮资概由我社支付，请勿在信内夹寄邮票、钞票。

严禁抄袭。抄袭作品一经查实，将视其情节轻重在本刊公开曝光，并与其单位或学校联系；追回稿酬，直至向司法部门起诉，按《著作权法》追究抄袭者的法律责任。

请勿一稿多投，一稿多投者，本刊将停发稿酬。情节严重者，取消在本刊发表作品的资格。

1998年第11期《科幻世界》"奇想"栏目征稿启事（左图）
和1998年第12期《科幻世界》稿约（右图）对比。

文学观的确立：我们必须
面向大众、面向读者

科幻邮差：那时候姚老师在杂志社做什么？

姚海军：那时候我刚去，我和唐风一开始都在外围。唐风主持了一个栏目叫"奇想"，很受欢迎，大刘刚才说的中间那份征稿启事的很多想法，都贯彻到"奇想"栏目里了。我那时候主要的精力还在科幻迷俱乐部。后来阿来主编很敏锐地意识到年轻人和老一代编辑对科幻的理解有差异，他希望能增加一些新的东西进来。所以我和唐风才进入了编辑部。那时候要进编辑部太困难了，首先面对的是内部的考核：这俩小年轻，又不懂文学，而在座都是文学的名编辑，人家要质疑你不懂文学，我们也无话可说。

刘慈欣：倒不是编辑不懂文学……阿来把冯敏介绍过来，冯敏讲的那一天课我印象很深，他讲中国主流文学界，他说的那些作者也好、作品也好，我都一无所知，很陌生的一个领域。我也不关心主流文学界。当时我听了他的讲座，我就想这样对不对啊？毕竟科幻是一种文学，你对文学一无所知怎么能行呢？但仔细一想我又觉得也只能这样，我的精力有限，涉猎不了那么多主流文学，而且我们这种写法和方法并没有错。后来我看主流文学，反而觉得主流文学在走向一个离大众读者越来越远的方向，而我们科幻是大众文学。所以我就没有再关注主流文学。

科幻邮差：那他提的那些作品有没有去看一看？

刘慈欣：看了。后来我跟冯敏去青城山，一路上他给我介绍了很多作品，我都看了。比如阎连科的《日光流年》、莫言的几部小说，还有更多的是一些短篇，都看过。看了之后我的结论是：现在的主流文学，无论是它的创作理念，还是总体方向，都与科幻有一定的差别。我也跟冯敏讨论过，我说现在主流文学的发展离社会大众越来越远，这种趋势下去会怎么样？他只是说，主流文学还是应该在文学（史）上留下些东西来，不要总是向着商业化去思考。

可是那天回去以后，我仔细想了想，发现了一个人们根本就忽略了的事实。我曾经看过一篇文章，列出了一百部最顶尖的文学名著。它那个角度很有意思，不是从文学本身去评价，而是去调查文学名著在当初市场上的销量，调查结果很令人震惊：这一百部文学名著中，九十五部都是畅销书，像《尤利西斯》那样卖出两百本成了文学名著的少之又少。

后来我和山西省作家协会的一个领导也讨论过，他说你的想法没问题啊，赵树理经典吧？现在的那些作家敢跟赵树理比销量？赵树理可惜拿的是稿费，他要拿版税的话早就是亿万富翁了，销量是现在的这帮畅销书作家根本没法比的。那会儿我就坚定了信念，我不走那种文学化的道路，我们必须面向大众、面向读者。这点是我那时候就坚定下来的，我觉得这个创作方向是没有错的。

科幻邮差：那时候姚老师在科幻迷俱乐部主要做些啥？

姚海军：处理科幻迷来信，还有投稿回信，很烦琐的一些工作。还有一个就是要到大学里宣讲科幻。阿来、谭楷两位都是演讲家，特别擅长面对面交流。他们要到学校里演讲，我们就做好铺垫，找好场地、联络好同学、做事先的宣传。我们要把科幻在校园里进行传播，《科幻世界》是一个面向青少年的杂志，重点的消费读者群体在校园里。

刘慈欣：那时候读者群体比较单纯，基本都是学生，不像现在读者群体什么阶层都有。

科幻邮差：当时有品牌意识吗？比如推"四大天王"这样的概念？

姚海军：主要是推"科幻世界"这个品牌。更强调作家品牌是在 2002 年的时候，做了包括大刘、王晋康在内的作家专辑。我现在都是这个观点，一个领域要有明星式的人物才能立得住，比如像武侠里的金庸。科幻作家领域当然也要有明星作家。

我觉得科幻肯定是要出几个这样的作家，所以当时选了大刘、王晋康、韩松、柳文扬、星河、何夕这几位作家做专辑。有很多人批评我性别歧视，那时候女权主义发展还不像今天这样。要放在今天，《科幻世界》要是六期做的全是男性作家专辑，早就被批得不成样子了。那时候觉得要有一批作家，他们的影响力要能超越一本杂志，这样科幻才能有很好的发展。作家专辑非常成功，那年的杂志是被读者评为最好看的一年。大刘的就不说了，专辑做得很顺利。何夕的那一辑比较曲折，编辑部主任把稿子分到各个编辑手里，唐风手里拿着何夕的《六道众生》的稿子，他太喜欢这个小说了，舍不得拿出来，总想自己用在什么地方。我把那篇稿子"抢"了过来，何夕的专辑才得以成形。可见编辑对稿子是很珍惜的。

刘慈欣：《六道众生》当时是很轰动的一个作品。

科幻邮差：大刘第一次获中国科幻银河奖之后，后面又写了哪些新作品？

刘慈欣：获得银河奖以后又发表了《流浪地球》和《地火》，然后就是专辑了，阿来约的专辑：《朝闻道》《梦之海》《中国太阳》一共三篇。最让我惊叹的是写作的速度，三个短篇不到一个月就完成了，这要放到现在是不可能的。当时有大量的创意挤在那儿，要表现出来，写得十分快。现在的读者都成熟了，见的东西很多，但那会儿大家都没见过这样的硬科幻创意，所以说拿出来效果都很好。

2002 年第 1 期《科幻世界》推出
"刘慈欣专辑"。

写作上最大的遗憾

科幻邮差：那会儿看电影多吗？已经开始系统性观影了？

刘慈欣：看得多，我还让姚海军帮我买过光盘。

科幻邮差：有意识地自主地写作是从什么时候开始的？

刘慈欣：那比较早，高中的时候我就写过科幻。我一直有个遗憾，不管是我也好，还是整个科幻（界）也好，我觉得错过了什么东西。我现在最后悔的，做错的一件事，就是有一个文学界的前辈跟我讲，他说我发现你现在有一种误解：你认为写作是一种积累，错了，写作是一种消耗，耗着耗着就没了。我现在才真正体会到他这句话。要注意，不要都耗完了，廉价地耗完了。写那么多的短篇干什么？

我在《科幻世界》杂志发表的三十多个中短篇小说，几乎都是长篇的题材，想往长篇写的，但当时没有发表长篇的渠道。我一直在想，如果我那些小说全以长篇形式发表的话，现在是什么样子？我们是不是真的错过了很多东西？哪怕只有一半我写成长篇，现在是个什么局面？但没办法假设。

我一度想过，不要写了，等有了发表长篇的渠道再写。我给姚海军和赵海虹也说过，说我在挥霍题材，这样下去很快就完了。当时没在意，现在想想真的有些后悔。耗完了就没有激情了，要留着那些创意现在再写，就还有激情。

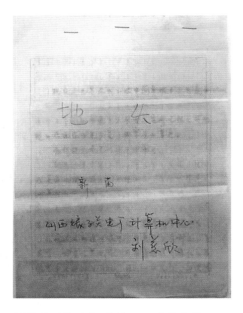

刘慈欣《地火》手稿，正式发表于2002年第2期《科幻世界》。原稿现收藏于成都时光幻象科幻博物馆。

科幻邮差：一个人孤独地写作久了需要社会的认可。

刘慈欣：对，而且当时如果你不写，干什么呢？

科幻邮差：现在的影视改编也算是一次新的创作机会？

刘慈欣：那不是作家的创作，是制片人、编剧的创作，和我没有太大关系。

科幻邮差：你可以要求啊。

刘慈欣：现在一般不会让你这个原作者参与的。都学聪明了，知道让你进去你除了添乱，什么也干不了。原作者进去真的就是添乱。人家怎么改你都不同意，好像你这东西就是金科玉律，你又不懂电影。

科幻邮差：还是可以把以前的短篇扩展成长篇啊。

刘慈欣：已经没有那个激情了。读者没激情，作者也没激情了，科幻就这么个东西，创意很重要。哪怕把当时那些创意留下一部分也行。文学就是一种消耗，积累不下什么东西。写小说练笔，大概作用不大。你有多少积累就写多少东西，还指望能越写越多了？当时我不相信他的话，觉得我的创意无穷无尽，哪有那回事？

科幻邮差：我记得那些年科幻世界杂志社每次开笔会，姚老师几乎都是和大刘住一个房间。每次下来都会听姚老师说，大刘又跟他讲了多少奇妙的科幻构思，希望他赶紧写出来呀。那些创意里要是一年能成一到两个，也能出来很多好东西。

刘慈欣与姚海军的两张合影。
大刘说：姚海军是"中国的坎贝尔①"。

刘慈欣：（摇头）现在没有了，现在不行了。

姚海军：我还记得你以前说，等到老了再把那些短篇扩写成长篇。

刘慈欣：（笑着摆手）前两天刘维佳跟我讨论他那个少年科幻选集（"领航员少年科幻丛书"）的时候，他说好的作品根本不是作者写出来的，是上帝通过作者的手写出来的。真的就那种感觉，不是你写出来的，谁知道它怎么出来的。现在让你写，你写啊，你说能不断写出经典之作，写给我看看啊。写不出来了，没有办法。

---

① 坎贝尔（John W. CamPbell，1910—1971），美国科幻巨擘，被人称为美国科幻小说黄金时代的"开山祖"，一生主要工作是主编《惊异故事》杂志，培养了一大批科幻小说家，对科幻小说的发展作出了重大贡献。继雨果奖、星云奖之后创立的科幻文学奖约翰·W. 坎贝尔纪念奖，就是为了纪念他而设立的。

姚海军：其实当时长篇也有发表渠道，但销量很一般，六七千册。

刘慈欣：我发表的第一个长篇《超新星纪元》，给的作家出版社，这个过程就很难。

姚海军：当时科幻世界杂志社还没有启动"视野工程"，我们手里有《超新星纪元》，还有王晋康老师的一个长篇稿子，我提出了做这两本书的想法，但阿来说，小说他先看看。他看了之后评价很高，说我们就这么出可惜了，要找配得上这样小说的出版社来出。我问那找哪家？他和主流文学的一些出版社关系很好，就给我介绍了人民文学出版社、作家出版社，但实际上销量就是一万多册。即便放在作家出版社这样

初版中文封面

英国版精装封面

英国版平装封面

美国版精装封面

美国版平装封面

波兰语版封面

俄语版封面

捷克语版封面

2003 年 1 月，《超新星纪元》由作家出版社出版。进入 21 世纪后，由中国教育图书进出口有限公司推向海外，截至 2022 年 12 月，该书已有英语版、波兰语版、捷克语版和俄语版。

很牛的出版社，也才这样一个销量。所以当时做长篇的确很困难。《球状闪电》是大刘第一本在科幻世界出的长篇，当时是五万多册的发行量。

刘慈欣：那是在《天意》之后了，《天意》发行量比较大。

姚海军：对，《天意》打开了局面。后来我就觉得放在大社里面出，虽然名头很响亮，但他们很多资源没法集中到科幻这个小类别上，所以还得自己做，后来就自己开始做长篇了。

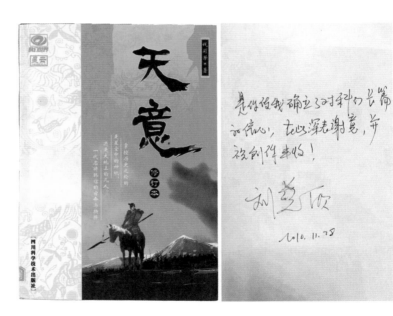

2004 年 5 月，《天意》单行本由四川科技出版社出版后，在市场引起巨大轰动，很快就成为年度畅销书，销量超二十万册。这本书激发了刘慈欣创作科幻长篇的决心。从 2010 年 11 月 28 日刘慈欣给《天意》作者钱莉芳的题签中，可以感受到他由衷的谢意。

最初，《三体》
是另一个完全不同的故事

科幻邮差：大刘是什么时候开始构思《三体》的？

刘慈欣：2005 年左右，写完《球状闪电》以后就开始想写《三体》。

科幻邮差：《三体》最初就定的这个名字吗？这个书名想表达什么？

刘慈欣：它没表达什么，书里就是以"三体问题"为主要的构思。

科幻邮差：我打个比方，就像叶文洁按下了按钮一样，对于《三体》来说，是哪个瞬间促使你产生了要写它的冲动？

刘慈欣：我记不清了。因为当时写这本书并没有想到它有这么大影响，当时不管是我还是科幻世界都是把它作为一个一般的长篇小说去对待的。包括第二部也是作为一般的科幻小说去写的，并没有想到在其中投入多么大的力量。第一稿投了以后做了很多的修改，当时的责任编辑是师博（"说书人"），他跟我联系的，做了些修改。其实最早写得比较随意，想快点写出来就算了，并没有想很多。

《三体》最初的驱动力是两部作品，一部是小松左京的《日本沉没》，这个作品很震撼，也很适合中国读者的欣赏取向。我想写一部中国版的《日本沉没》，但我们没有日本那种岛国的忧患意识，中国大陆肯定不会沉没。我甚至想写陆地被地质活动分割成一个个岛屿，后来发现也不好弄。

另一部作品，我都没看过，是吴岩跟我说他想写一个"中国轨道"，不是现在出的这本，大概是讲"文化大革命"时期发射航天员上太空，什么技术都不具备就发射上去，然后下不来了。这让我也想写一个相同背景的科幻小说。

我做了大量的调查，调查相关历史，看过很多的档案，还去当年的那些地方看过。但后来和一些"80后"的读者交流，发现他们对这个完全没概念。后来我就把那个想法放弃了，写那个干什么？我们的科幻是给这一批读者看的，又不是用来怀旧的。我想那么写很大程度是一种怀旧心理在作祟，最后就放弃那个想法了。

科幻邮差：姚老师知道这个事儿吗？

姚海军：这倒是第一次听他讲。

刘慈欣：没和海军说过，但在有些记者采访时提到过。

姚海军：大刘创作上一直很独立，不需要参考别人的意见。但他一直很在意读者对他小说的反馈。他那时候长期活跃在清华大学的 BBS 上。

科幻邮差：姚老师第一次知道大刘在写《三体》是什么时候？

姚海军：他都已经写得差不多了的时候。他很谦虚，对小说的前景估计很保守。但是确实那个小说在我看来是很不一样的，第一部虽然没有完全展开，但里面那些科幻创意真的很震撼。因为我也是核心科幻迷，所以对那里面的创意特别感兴趣。

刘慈欣：其实《三体》的构思是很匆忙的，我一直打算写"文化大革命"版本的那个《三体》，外星人部分的构思和现在的版本是完全一样的，只不过人类部分不一样。想得很成熟了，包括那些真实存在的人物的性格，都十分完整了。最后突然决定不写了，就只能写成现在这个版本，所以后面那些部分的构思很快的，远不如前面部分精雕细琢，下那么大功夫。那个构思里也有叶文洁，是主要人物。

姚海军：当时构思的很多东西，后来在《三体》里都用上了？

刘慈欣：只用了很小一部分。像毛主席在那个构思里就是一个主要人物，占了很大的篇幅。很多细节我都想好了，包括他得知外星生物后的反应，他在政治局会议上和周围的人的互动，他做的一些决策等等。

姚海军：吊足了大家的胃口。

科幻邮差：那时候怎么敢写这些？

刘慈欣：这也是个问题。那会儿正好快到"文化大革命"结束三十周年了，这也是放弃的一个原因吧，觉得可能不行。

科幻邮差：那是怎么决定先以连载的方式发表《三体》的呢？

姚海军：像《球状闪电》这样的小说也很优秀，但发行量就五万多册。刘慈欣已经是公认中国最棒的科幻作家了，他的一部长篇小说才卖五万册。虽然比一般的好，但也说明这个类型还是有大问题。所以我想《三体》如果单独发行，估计也就五万册的样子，但《科幻世界》发行量大。我听大刘说后面还会有续作，那么如果把第一部放在《科幻世界》上连载，基础读者量就非常大，这很关键。第一部的基础读者量大，后面就会有更好的发展。如果第一部基础读者量小，后面三部曲也好，两部曲也好，就更困难了。第一部要尽量让更多的读者读到。

科幻邮差：不怕浪费了，读者读了以后不买小说了？

姚海军：商业上有很多手法，能保证不会出现这种情况。

科幻邮差：《三体》一、二、三部是一开始就是一个整体构思，还是写完一部想下一部？

刘慈欣：有一个大概的框架。当时本来想写完第一部就算了。第一部的结尾都想好了，就是模仿都德的《最后一课》，一个老师给学生讲最后一课，外星人要来了。老师就说你看看人类五千年都干了啥，时间都耽误过去了，明明能够把精力放到技术突破上，结果在太空中毫无进展，最后一直等到现在，什么办法都没有。但是后来觉得还有好多能写的，才有了第二部、第三部。

姚海军：我感觉他是写第一部的时候有明确第二部的想法，但没有考虑第三部。

科幻邮差：但第三部反倒成了篇幅最长的一部。

姚海军：《三体》可以说是不惜血本，把太多的创意放在里面了。

2006 年 5—12 月，《科幻世界》杂志连续八期连载《三体》，在读者中引发轰动。

科幻邮差：刚才说到《三体Ⅱ》的时候就以为要终结了，为什么后来出来《三体Ⅲ》那么大部头的作品？是读者的力量吗？

姚海军：我觉得就是第二部结束后，整个大世界展开了，就刹不住车了。

刘慈欣：写《三体》前后花了五年，中间中断了一年。潘海天他们弄了个《九州》，他让我在《九州》写一部科幻的东西，那个整整花了将近一年的时间，也没写出来。

姚海军：《三体Ⅲ》写到结尾的时候，大刘也有点不耐烦了，想快点把它结束。

刘慈欣：《三体Ⅲ》字数太多了，再写就到五十万字了，太多了。总的来说我感觉，创作首先得有一个平常的心态。好的作品它要出来，它命运在那儿自然会出来。不是说我想把它琢磨成多好的东西，出来就是多好的东西。有些很不经意间就成了很好的东西了，反而是郑重其事地想写一个多好的，最后不尽人意。

科幻邮差：大刘第一次看到宝树的《三体 X》是什么时候？

刘慈欣：他那个在《三体Ⅲ》出版很短的时间，好像半个月吧，他就写完了。在水木清华论坛上发。

科幻邮差：你第一次看到是什么心情？

刘慈欣：我没有啥心情。当时写同人小说的不光他一个人，在《科幻世界》贴吧、《三体》贴吧上面，都好多啊。不止他一个，没有在意。

科幻邮差：在那些同人小说里，宝树那部是读者推荐指数最高的。《三体Ⅲ》写完之后，有动过继续写续篇的念头吗？

刘慈欣：一点都没有，再写就写新小说了。那个书已经结束了，从各方面来说都

2010 年 11 月 27 日，《三体Ⅲ：死神永生》在成都西南书城举行首发式，受到读者热烈欢迎。

结束了。我不想把一本书写得那么长，《三体Ⅲ》已经够长了，越长越难让人看完。三本已经够长了，比较理想的长篇就是一本，或者上下册都可以。

科幻邮差：那个时候知道《冰与火之歌》吗？那个体量就很大啊。

刘慈欣：知道。但是说实话，像《冰与火之歌》《哈利·波特》这样的作品，除了热衷的粉丝，让一般的读者从头看到尾也不是太容易。《冰与火之歌》说实在的，有多少人从头看到尾了？

科幻邮差：现在好像有一个趋势，单本的小说不容易产生影响力，都爱出大部头，从雨果奖的获奖情况也能看出来。

刘慈欣：对，今年（2021）星云奖获奖的也是个系列，机器人系列中的一部。

（此时电视上开始直播神舟十二号的发射场景）

刘慈欣：酒泉好，酒泉天气好，能看火箭飞好长时间，要是眼睛好，你甚至能用肉眼看见逃逸塔分离，你看它一会儿就横过来了。我去过好几次酒泉，有一次离发射塔特别近。去酒泉看发射就是太费时间，去一趟好麻烦的。酒泉没有机场，得先到敦煌，然后坐七八个小时车。

（发射结束）

生活最大的变化
不是科幻带来的

科幻邮差：大刘你从一个科幻迷，到科幻作家，再到成为中国科幻坐头把交椅的大咖作家，感觉身份是从什么时候开始发生变化的？

刘慈欣：这是一个逐渐的过程。我生活真正发生重大变化倒和科幻没关系，就是我们那个发电企业关停前后变化最大。从有工作到没工作，这个变化最大。相比之下，科幻带来的变化倒没有太明显的感觉。因为科幻从作者这个角度来说，他就是一个人工作，也没有团队，周围的环境也比较单纯。真正科幻带来的变化就是《三体III》出版以后吧，它渐渐成为畅销书，吸引的媒体多了一些，受到的关注也多了一些。但这种关注大部分都是间接的。因为我住的地方是一个小城市，并没有人去生活中打扰我。那种关注也就是通过电话、邮件联系——那会儿还没有微信。相对来说，它对生活的改变不是那么大。

科幻邮差：最大的改变，还是娘子关发电厂关闭带来的那种恐慌？

刘慈欣：恐慌倒是没有。因为生活上没有什么压力，知道想找工作的话以后肯定能找得到。变化在于，发电行业是一个半军事化的行业，上班的时间都是很严格的。突然之间工作没有了，这种生活节律的变化是很大的。突然有了大量

2006 年《科幻世界》笔会，前往康定半路上，赵海虹抓拍了刘慈欣沉思照。彼时，娘子关发电厂正面临关停危机。

的时间，写作吧，也写不出什么东西来了。这些时间到底（用来）干什么？这是一个大的变化。

科幻邮差：姚老师得知大刘生活出现变故后是什么心情？

姚海军：大刘一直把生活和科幻做很好的区隔，尽最大可能减少科幻对生活的干扰，能做到这点很不容易。刚才说到电厂的问题，很多人不知道，大刘在电厂里也是业务骨干，不存在下岗的问题。

刘慈欣：下岗是大家都下岗，但你真想继续工作的话，是可以的，得调去别的地方。我们厂不是破产，是关停，关停不像破产你就失业了，生活没有真正的压力。

科幻邮差：会不会（因为）很热爱那份工作，这方面有些不适应？

刘慈欣：谈不上热爱，也不厌烦。不像别人那样觉得工作是负担。总的来说就是没有工作，突然环境就变化很大。科幻带来的变化，比如获雨果奖之类的，没有这个冲击这么大。其实我们厂最后关停的消息传到我这里，我和海军当时正在北京。那天上午我才得知要关停了，2009 年。那以后生活完全不一样了，感到无所适从，节奏完全改变了。

科幻邮差：有什么你最看重的东西是没有改变的？

刘慈欣：科幻肯定没有什么改变。从那时开始就要决定要工作还是不工作。不工作的话，科幻就从爱好，变成一项事业了。

科幻邮差：现在是吗？

刘慈欣：现在肯定是事业呀，也没有别的工作。但那会儿写科幻都是业余的，想把它变成一个事业还是有点犹豫。后来选择不工作倒不是因为科幻，是因为家庭，毕竟老人孩子都在城里，两口子跑那么远到别的地方工作，家里也没法照顾，年纪又大了，最后选择不去了。

姚海军：上次我去娘子关，他们工作人员介绍，大刘是一个孝子。

刘慈欣：孝子真谈不上，我每个星期才回一次家，算什么孝子？就我妈一个人在家，八十多快九十（岁）了。后来实在没办法，又买了个房子在市里住。

科幻邮差：职业化写作在年轻作家里倒是很快就接受了。我记得有个作家王元，他以前写主流文学，后来看科幻其实不难嘛，主流文学里面加一些科技的东西，就职业写科幻。他生活在石家庄，生活成本也不高。他已经这么专职写作好多年了，每个月几千块钱稿费。

刘慈欣：他很快会遇到麻烦的，你放心吧。几千块钱没孩子没家庭可以，以后肯定是不够的。你房子买不买？

科幻邮差：可能家里有房子？

刘慈欣：那就是另一回事儿了。在石家庄一个月几千块钱，生活一点问题没有，但就只够生活，不考虑别的了吗？我当时选择不继续工作也有点犹豫，不过没办法。

在文学上，
不是有志者事竟成

科幻邮差：《三体》获得雨果奖之后，有没有想到它会在那么多国家受欢迎？

刘慈欣：没有没有，绝对没想到。不知道你还记不记得，当时《三体》英文版签约的时候，在北京还举行了一个仪式，我心里没把那个当回事儿。心想这东西有什么前途啊？当然出个英文版也不错，至少让美国知道中国还有科幻。那个仪式还挺隆重的。翻译都去了，李赟还发言，还有记者采访。有记者还问社长你们投入了多少，社长也不告诉他。当时大家都很郑重其事，就我觉得这个东西（虽然）也不错，但真的没有太把它当回事。确实没想到后面会有那么大影响。

2012 年 7 月 21 日，中国教育图书进出口有限公司总经理王建新（右）与刘慈欣签约，《三体》从此大步走向海外市场。

科幻邮差：就是在那个时候开始和刘宇昆建立联系的？

刘慈欣：我没有和刘宇昆建立联系，是中教图（中国教育图书进出口有限公司）他们建立的联系。《三体》很幸运，一直遇到一些很敬业很能干的人，不管是中国方面还是美国方面。中国方面像中教图当时的出口综合部总监李赟，美国方面像 Tor 出版社《三体》的女编辑丽兹·格林斯基，都十分敬业，很有眼光。包括和海军合作挑选出版社，都是很到位的，所以那个书很幸运。

科幻邮差：后来跟刘宇昆见面是什么时候？

刘慈欣：见面是在北京的一次科幻会议上，但关于《三体》翻译的事我没跟刘宇昆联系过，是代理联系的。

2014 年 11 月，刘慈欣与刘宇昆（中左）在北京举办的第 5 届华语科幻星云奖颁奖礼上同框。（李一博供图）

科幻邮差：从这个角度来讲，《三体》确实挺幸运的。李赟是很有激情的一个人，做这个事儿很执着，尽他们公司最大的可能找到最好的资源，找的两个译者也特别棒。

刘慈欣：现在看来我当时的想法特别可笑——我自己的书我都不在乎，你们费这么大劲儿干吗？《三体》的幸运不可思议，甚至到了雨果奖，简直有如神助一样，怎么排在第六名正好有个人就放弃了？这在雨果奖历史上都极少见。

　　所以我和很多年轻作者说，在文学创作上要成功，肯定有你自己努力的原因、有你的才华的原因、有你作品的原因，但还有一个很重要，那就是机遇的原因。但是机遇和前面那些东西不一样，它不是由你自己来把握的。你觉得你写得很好，你付出了巨大的努力，但你的作品不被承认，有两种可能：一种可能是你高看了自己；一种可能是你确实写得很好，但错不在你。这个机遇不是你能把握的。培养年轻作者的那些人，不跟年轻作者说明这个很残酷的事实，就跟他们说有志者事竟成，你努力写吧！在文学上不是这样，不是有志者事竟成，没有机遇不行。没有各个环节的人去做共同的努力，而且大环境正好到那儿了，根本就不行。

2015 年 8 月 23 日，美国宇航员凯尔·林格伦在地球之外 350 公里的国际空间站通过视频连线向全球宣布：中国作家刘慈欣凭借科幻小说《三体》（第一部）获得第 73 届雨果奖最佳长篇故事奖，从而成为该奖自 1953 年创立以来首位获此殊荣的亚洲人。

科幻邮差：大刘是一个很清醒的写作者。现在你说的这些，即便编辑跟作者说一部作品不是靠努力就能成功，还要很多偶然的因素，也有很多人不相信。不是每个人对写作都有那么清醒冷静的认识。

刘慈欣：所以我一直在说，文学并不是一个行业。不像医生、教师、工程师，这些行业你只要努力，可能取得成功的程度不同，你总归会有一定的成就的，但文学确实不是那样。自己之外，别人的努力，还有大时代的那种环境，都是十分重要的。最后就是运气十分重要，得雨果奖那就是运气，真的这不是我谦虚。

在芬兰的科幻大会上，刘宇昆把弃权的那个人介绍给我了。其实人的一生中有很多人对你影响特别重大，这个人对我影响就特别重大。不过我没法对他说什么，他弃权也不是为了我弃权的，我也没什么可感谢人家的。我一时说不出话来，面对着对你人生最重要的一个人，虽然和你素不相识，但他比很多人对你人生都重要，我什么也说不出来。好在这时候旁边过来一个航天员，就是在空间站上宣布我获奖那个，这才缓解了尴尬。要不我真不知道说什么，他也不知道说啥。

科幻邮差：祝贺他做了一个正确的决定（笑）。

刘慈欣：没法说，咋说都不合适。所以我很清醒，既然它有机遇有运气的成分，不可能永远有，对吧？之所以称为机遇，因为它就那么一次。

科幻邮差：但机遇也是给有准备的人，很多人给他机遇他也上不去。

刘慈欣：确实是，得很有准备。

科幻邮差：那些你把握不了，但自己的写作你自己能把握。

刘慈欣：对，但机遇和实力不是 x 加 y 的关系，而是 x 乘 y 的关系，一个为 0 就全为 0。我跟《流浪地球》的剧组说过，他们也承认这个电影很幸运。既然是幸运，很难再有第二次了，所以第二部我们放平心态就好。

2017 年 8 月，刘慈欣和乔治·马丁（右一）及刘宇昆（左一）
共同出席芬兰赫尔辛基第 75 届世界科幻大会。

科幻邮差：《流浪地球》成片你应该是很晚才看到，你后来有提意见请他们修
改吗？

刘慈欣：成片以后就没有再修改了。

I STILL DON'T UNDERSTAND WHY *THE THREE-BODY PROBLEM* IS SO POPULAR IN THE ENGLISH-SPEAKING WORLD

《三体》在英文世界为什么能火？我真的想不出来

科幻邮差：说回《三体》，除了主观原因外，你觉得《三体》英文版在全世界引起那么大轰动是因为什么？

刘慈欣：这个我还真说不清楚，坦率地说我真的不知道什么原因，应该有很多人能说清楚。我自己想不出一条足够有说服力的理由。可能和美国科幻的那个大环境有关系吧，美国新浪潮运动以后的科幻有一种很沉闷的、失去活力的现象，突然来了一部贴近黄金时代风格的，让以前的科幻读者有一种回归的感觉。

但仔细了解后我觉得这个理由也站不住脚，因为在美国虽然大趋势是那样的，但黄金时代风格的科幻也一直在出版，而且有的也很好，像《苍穹浩瀚》系列，还有本·波瓦的《火星》《木星》那些作品也写得很好，但也没有产生太大的影响。所以《三体》在英文世界为什么能火？我真的想不出来。我觉得应该由专业的出版人、学者去分析。

科幻邮差：很多因素的共同作用吧，但应该有两个最核心的因素，一个是回忆，一个是好奇。回忆是说黄金时代的创作模式还在继续，那么多有震撼力的创意在一部作品里集中展现，这能勾起这类读者的美好回忆，感觉重新回到了那个辉煌的时代。另一个因素是好奇，中国这些年的发展，让很多人都好奇中国的未来是什么样子、中国人怎么思考未来，

中文版　　　　　　　英文版　　　　　　　　罗马尼亚语版

匈牙利语版　　　　　　日语版　　　　　　　　西班牙语版

土耳其语版　　　　　　泰语版　　　　　　　　塞尔维亚语版

芬兰语版　　　　　　　乌克兰语版　　　　　　克罗地亚语版

捷克语版　　　　　　　意大利语版　　　　　　德语版

保加利亚语版　　　　　荷兰语版　　　　　　　韩语版

爱沙尼亚语版　　希腊语版　　波兰语版　　立陶宛语版　　印尼语版

葡萄牙语版　　　　　　挪威语版　　　　　　　法语版

截至 2022 年 12 月，《三体》系列海外版已经推出三十多个语种，总印数超 330 万册，并先后获得雨果奖、星云奖、轨迹奖、坎贝尔奖和普罗米修斯奖等多个世界科幻大奖。(此图由中国教育图书进出口有限公司和北京漫传奇文化传播有限公司联合提供)

2016 年 10 月 16 日，刘慈欣受邀前往西班牙最大的科幻奇幻书店吉甘什书店（Gigamesh）参加签售活动。书店用《三体》西班牙语版书封精心制作了进店的检测门。当晚活动原计划时长 60 分钟，因读者的热情延长到了 120 分钟。

所以像奥巴马这样的政治人物关注《三体》，我猜这里面很大的因素就是好奇心，想看看中国最有想象力的人怎么去设想未来。当然还有其他一些非常偶然的因素。《三体》现在在日本也很火爆，成了一个新的热点。韩国的出版社就面临很大的压力，说他们一直没把韩文版《三体》热度做起来。

刘慈欣：韩国和日本科幻文化和读者基础不一样。日本科幻文化是有一定基础的，日本的科幻小说在 20 世纪 80 年代还繁荣过一阵，在 20 世纪 90 年代就跌入低谷了。但它的动漫产业科幻基础是很雄厚的。韩国就不行，韩国的科幻文学很小众。

科幻邮差：出版社本身也很重要。《三体》日文版选择了一个很专业的科幻出版社——早川书房，而没有选择很大牌的出版社，它们的影响力很大，但对科幻不够专业。早川书房在日本是一个小出版社，但它够专业。最后大家能看到是什么效果，它能调配的资源很多，以及做的过程中展现出了专业性。这点值得中国的出版社学习，未必要做得很大，一些小的出版社可以做得非常专精，甚至能建立行业标准。

刘慈欣：美国的 Tor 出版社也是这样。

科幻邮差：国外有读者对《三体》中的女性描写颇有微词，你怎么看？

刘慈欣：关于女性，我写的时候其实没太在意性别，那些女性你把她换成男性也成立。事实上第三部的程心最初就是男性角色，没有过多往性别这方面想……而且我不认为里面有性别歧视。

科幻邮差：《三体》在向世界传播的过程中最大的阻力是什么？

刘慈欣：其实并没有什么阻力。只是一个市场反应问题，最大的问题就是市场问题。要是市场没有什么响应它就是阻力，比如在这个国家，这个语种卖不出几本，这是最大的阻力，其他没什么。没有什么地方说审查这本书，不让你出。但电视剧确实是遇到了审查的阻力，在美国的电视剧。

科幻邮差：《三体》美剧遇到了阻力，能展开讲讲吗？

刘慈欣：这个比较敏感，你网上查查都能查得到。其实按人口比例来说，《三体》外文版市场最好的不是英语世界，是波兰，平均每一百三十个人里就有一个人买《三体》，这个市场表现是相当好的。至于为什么，不知道，可能因为波兰也出过科幻大师——斯坦尼斯瓦夫·莱姆。

2022 年 9 月 25 日，流媒体巨头奈飞（Netflix）宣布《三体》美剧已完成首季拍摄，进入后期制作阶段，预计 2023 年上线。

FILM ADAPTATION:
I SOLD THE FILM
RIGHTS OF *THE THREE-
BODY PROBLEM* FOR
100,000 YUAN? IT'S AN
INTERNET RUMOR

影视化：《三体》版权
十万块卖了是网上误传

科幻邮差：《三体》的电影版权被关注到，最早是姚老师先知道的吗？

刘慈欣：那是 2009 年，和现在的环境不一样，那时科幻的 IP 没有市场，大家也不关注这个，改编权售出的价格很便宜，也没几个人转让。只有个别人运作一下，但实质性的动作、资金投入是很后面的事了。

姚海军：在《三体》之前，我没有印象哪位科幻作家的作品卖出了电影版权。我觉得走这一步，经济效益未必是唯一的追求。因为一个作品要扩大影响力，影视（化）也是一种手段。经济上看当时售出版权的条件还可以，其他的条件却是非常严苛的。

刘慈欣：网上误传《三体》电影版权十万块卖了，不是那么回事。比那个要高好多。在经济上，它在科幻 IP 里已经算比较高的了，很不错了，当然和现在没法比。不是他们说的十万块钱就卖了。

科幻邮差：那十万块这个说法谁传出来的？

刘慈欣：不知道谁瞎说的。事实上在《三体》之前，《球状闪电》就已经卖出过改编权，后来到期了，最早是关雅获买的。但那个时候环境就那个环境，谁也没有真的指望能拍出电影来。

科幻邮差：所以后来电影无限期延后也是在预期之内？

刘慈欣：那倒不是，那个和我们就没关系了，都是电影人在运作，我们没怎么参与。

姚海军：《三体》改编权情况比较复杂，如果真的去计较合同文本的话，会有很多种可能，不过大刘对自己的权利不是那么计较。

刘慈欣：也不是不计较，计较是需要花精力的。计较必然引起争执，争执就要花精力，那就算了。

科幻邮差：前几天中影买《流浪地球》版权的那个人好像说，张番番那一版《三体》电影没那么差，救得过来。

刘慈欣：他那个电影不管是摄影也好、表演也好，都在及格线以上。但它有个最致命的弱点：平淡，这比差还可怕。有个人的评论很到位，说它是小说版的PPT，没有高潮。电影最怕的就是平淡。

科幻邮差：那个应该可以通过剪辑解决的，好像听说制作层面很认真。

刘慈欣：电影本身也有问题，比如像群众场面的拍摄特别差。个人表演的话，有些演员，像张静初、吴刚还不错，其他的不行。你要是看看新版的电视剧，表演（上）你立马就看出差距了。新版电视剧的表演，大部分角色都相当出色。

科幻邮差：大刘，那个粉丝向作品《我的三体》你有看吗？

初版《三体》电影海报　　　　　　　　　《三体》国内版剧集由腾讯视频、极光
TV 制作，杨磊导演，2023 年上线。

刘慈欣：粉丝向作品有很多，我不可能全看，看过一部分吧。《我的三体》看过一部分，估计质量是不错，但我不喜欢把人弄成方块儿那种画风，就不想往下看了。和他们作者团队倒没关系，单纯不喜欢方块儿。

科幻邮差：《水滴》那个短片呢？

刘慈欣：那个我看了，我觉得相当好，氛围十分到位。我说过一句话，《三体》电影要能拍成那样，那就很满足了。但是拍成那样也很困难，需要时间，光那十五分钟短片就做了三年。电影哪有那个时间？电影这种高投入的产品一旦开始就得抓紧，没有时间去琢磨剧本也不行啊。

科幻邮差：只是说精神气质符合《三体》，但实际上电影不可能那么拍。《流浪地球》电影上了之后，可能很多年轻人没看过《三体》，但知道《流浪地球》。科幻电影对于科幻文学的反哺，这个问题你是怎么看的？

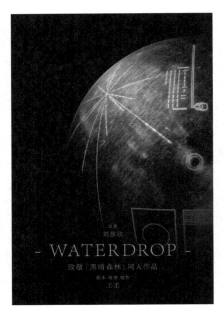
短片《水滴》海报

刘慈欣：科幻电影对科幻文学的影响，这个现在还不太清楚。因为中国科幻电影现在还处于一个刚刚起步的阶段，现在还看不出来。从美国的情况来看，两者好像没太大关系。文学是文学，电影是电影。唯一的好处是，科幻电影可能让科幻文学有一个新的出口。即便我没有读者，我还可以有一个电影改编的渠道，这是很好的一个影响。但这也会带来一些副作用，可能有些作者他为了让自己的作品能改编成电影，刻意往电影那方面去靠，而抛弃了小说的特点。

科幻邮差：对整个生态还是有帮助的，姚老师对这块应该有规划？

姚海军：肯定我们首先必须迈出这一步，才可能谈什么产业。如果视觉化这一步都没有，后面的所有可能性也都没有。科幻电影和科幻文学之间的关系，我大体同意大刘的说法。这两个艺术类型，应该做好自己那一块，不要考虑太多。怎么便于改编啊，这些应该少考虑。作家应该考虑怎么写出好小说。编剧也很专业，他们有一套自己的创作规律。但影视化确实能撑起一个更广阔的空间，让创作者有更多自由发展的机会。

刘慈欣：从美国的经验来看，科幻文学能给电影提供许多的原创素材。比如美国有不少科幻小说改编成电影，像《降临》《湮灭》《火星救援》。但反过来说，美国科幻电影的繁荣，好像并没有对它的科幻文学有太大的拉动。

科幻邮差：大刘有关注《流浪地球》电影在海外的接受度吗？

刘慈欣：在海外的接受度不是很大，它的成功主要还是在国内。《流浪地球》的表现方式，按整个世界科幻电影来看，已经属于有点传统的那一类了。不是那种很新的表现方式。

科幻邮差：有一个原因可能是它那个英文字幕翻译得不是很好，美国观众会有阅读障碍。

刘慈欣：这么说吧，中国的科幻电影要想真正走向世界，还有很漫长的路要走。因为科幻电影以外的其他中国电影，也没见得走向世界产生多大影响。当然有个别成功的例子，比如有些在日本成功之类的。但真正在世界走向成功的中国电影，我是想不出一部来。科幻电影要走向世界是有可能的，但有很长的路要走。

2019 年 2 月 5 日，由刘慈欣同名小说改编的电影《流浪地球》在中国内地上映，取得了 46.87 亿元的优异票房成绩。

2019 年 11 月 23 日，第 32 届中国电影金鸡奖颁奖典礼暨第 28 届中国金鸡百花电影节闭幕式于厦门隆重举行，电影《流浪地球》荣获金鸡奖最佳故事片，刘慈欣（左三）和郭帆（右四）、龚格尔（右三）电影制作团队合影留念。

下一部作品：
慢慢写吧，还需要时间

科幻邮差：大刘透露一下下一部作品什么状况？

刘慈欣：（摇头）不知道，慢慢写呗。其实刚才我已经说过了，写作是一种消耗，消耗到一定程度就没有了，下一部作品还是需要时间吧。而且从我来说，能写作的时间，最多也就是十年左右了。

科幻邮差：不会，怎么这么悲观？

刘慈欣：你觉得一个七十岁的科幻作者还能写出什么东西？

科幻邮差：杰克·威廉森八十四岁还获得过雨果奖。

刘慈欣：那倒是，但那毕竟是个别现象。

科幻邮差：你现在是保持每天固定写多少字吗？

刘慈欣：其实写小说的人真正写的时间没多长，90% 的时间都是在想。想好了写的话很快。

科幻邮差：想是要坐在电脑前想？

刘慈欣：每个人的习惯不一样，我是散步想。

科幻邮差：有些人是说不管写不写得出，每天固定要产出一些字数，也许写着写着就有感觉了。

刘慈欣：有那样的人，但那样的人不会是业余作者。业余作者写长篇不可能那样，谁给你时间每天不停地写？先想好，想好的话抓紧时间把它写出来。想的话别人管不了你，他知道你在想什么？但写就需要时间。

科幻邮差：你现在已经是职业作家了。

刘慈欣：但习惯已经养成了。你说的那种边想边写的作品和想好了一鼓作气写出来的作品不一样，明眼人能看出区别的。科幻小说有个说法我很同意，主流文学作品，开放式的结尾和封闭式的结尾不太重要，甚至有没有结尾都不重要。开放式结尾的优秀作品多得是。但科幻小说没有结尾不行，那对它来说是一条分界线，有结尾的科幻和没有结尾的科幻写作难度差多了。有结尾意味着你要把你前面所有东西形成一个自洽的体系。没有结尾那就好办了，反正我什么也不解释，最后就是一个开放式的，怎么弄都行。完全想好再写，一般都是有结尾的作品。我现在每天还在花大量的时间想，但的确也比较困难。

科幻邮差：或者阅读、看电影什么的？

刘慈欣：读肯定要读啊。写科幻的人思考的方式，和写现实主义文学的人不太一样。现实主义文学它每一部分都在传达一种感觉，每一部分都是有用的。科幻就不是，科幻有用的就是很核心的那些东西。其他部分你说它没用吧也不是没用，你说它有用吧你把它去掉也行，就是这么一种状况。那个核心要是没有了，这个作品写得再好也就那样。

科幻邮差：你在创造庄颜这个角色的时候，有没有用罗辑创造庄颜的那种方法？

刘慈欣：没有没有，那个就是写主流文学那种把自己代入人物代入得很深的方法。不说别人，只说我自己，我写科幻的时候对人物没有花那么大的精力。特别是人们说的性别之类的，我根本就没考虑性别。后面读者反馈才有这方面的事情。写的时候，这个角色是个男的还是女的，其实也就只考虑了角色的性别平衡问题。很多女主人公写成男的也没有太大问题。现在很多媒体、读者讨论这方面，说句实在话，没有什么可研究的，它就是那么点东西。非要从中解读出什么来，那是他的事儿，但是明眼人一眼就看出来，不会在这上面花太多心思。

2016 年 10 月 15 日，漫传奇在南岸中心伦敦文学节上举办了刘慈欣读者见面活动。45 英镑一张的门票在活动开始两天前就已销售一空，现场 220 个座位座无虚席。与此前的活动不同，出席现场的读者极少有黄皮肤面孔，95% 是英国本土读者。

成都办世界科幻大会是好事，我很期待

科幻邮差：我们聊聊申办世界科幻大会的事儿。你是成都申幻的名誉主席，对这个工作你有什么期望，或者说看法？

刘慈欣：首先我当然希望它能成功。但这是很复杂很专业的一件事情，我不太懂这些，也没有为申幻做过什么实际的工作。这里面涉及的因素很多。我还是希望能成功的。

科幻邮差：大刘有关注 2021 年雨果奖提名的情况吗？

刘慈欣：其实每年雨果奖的中篇和短篇我都要看的，长篇实在没时间看，有时也找不着。今年（2021）那些东西我实在是看不下去了，感觉都是那个样子，看很多也找不到一篇自己想看的那种风格。

科幻邮差：黄金时代风格的作品已经很稀少了……

刘慈欣：其实美国现在依然有很多黄金时代风格的作品，只是它进不了雨果奖、星云奖这个体系。像《苍穹浩瀚》算是比较出色的，《苍穹浩瀚》在雨果奖里也只得了一个最佳系列奖。但最近列出来的那个"新世纪最出色的十五本科幻小说"里，就列过他的一篇，那是另外的人列的。咱们没有看到的美国科幻小说，有很多黄金时代风格的作品，入不了雨果奖评选者的法眼，评论家也不注意它们，奖项也不注意它们，只能吸引那些比较传统的读者。但这类作品数量并不一定少。

科幻邮差：那我们中国办世界科幻大会是不是也会有这个问题？

刘慈欣：中国办（世界）科幻大会没有问题，但你想影响它的话语体系，这种期望就太高了。这个科幻大会不管在哪儿举行，在芬兰也好，在日本也好，它的意识形态、话语权是在它自己那儿的，语境是在它那儿，不要指望改变人家这些东西。我们中国科幻最大的问题在于，把美国科幻衰落的教训当成我们的经验来吸取，这是最大的误区。美国科幻在衰落，在失去活力，不管它是什么原因，我们在把那个原因当成经验来吸取……

姚海军：换一种说法就是，国内科幻创作越来越国际化。不过，这里头还是有一些认识的偏差。比如刚才说到黄金时代风格的很多作品，进入不到雨果奖的评奖体系，事实上有些作品是进入了的，但它被解读的不是我们（资深科幻迷）所关注的那些黄金时代的特质，而是那些作品表现出的其他一些东西。那种解读占了对这个作品认识的主导性地位。比如近年有部雨果奖获奖作品，叫《计算群星》，一位女性作家写的，2019 年作家本人还参加了北京科幻大会的一场活动。她那部作品就很黄金时代啊，写美国 20 世纪 60 年代实现航天梦。当时遇到的种种困难，那时连计算机都没有，采用人工计算，那些计算师很多都是女性。那个小说写得很有时代感，集中关注了计算师和宇航员中的黑人群体和女性这两个核心话题。

刘慈欣：有个电影叫《隐藏人物》也是讲这个的。她们不是科学家，是很特殊的人物，叫计算师，她的地位离科学家远了，像是会解方程式的科学民工。那个电影是 2020 年还是 2019 年的，叫《隐藏人物》，其实我觉得应该翻译成《无名英雄》更好一点。

姚海军：她们就相当于计算机，人力计算机，实现航天梦就靠这些人。那个小说其实很黄金时代，人类对宇宙的向往，那种野心，都在作品里有体现。但很少看到从这个角度去解读的。

刘慈欣：对，《计算群星》是黄金时代风格，但大家的关注点都在于性别歧视、女性地位这上面。美国科幻关心的那些问题：性别歧视、种族歧视、技术对人的异化，这些东西在咱们这儿也不能说不是问题，但很难引起主流的关注。

科幻邮差：中国举办世界科幻大会，对美国科幻不会有改变，但它符合中国整体崛起、拥抱世界这样一个潮流。

刘慈欣：对，其实我觉得中国举办世界科幻大会是一个好事儿，但我们不要指望世界科幻大会在中国举办一次，就能对大会的体系和内核产生什么深远影响，那是不可能的。雨果奖名义上是读者投票，星云奖是专家投票，但两者倾向很一致，并没有太大差别。以至于有人说美国那些所谓科幻迷，其实是离科幻最远的人，比一般人离科幻都远。我觉得这个评价很深刻。他们关注的很多东西，恰恰是和传统科幻没什么关系的东西。

科幻邮差：大刘这些年出去参加几次科幻大会了？

刘慈欣：一次，就芬兰那次。

科幻邮差：那次大会给你留下了些什么印象？

刘慈欣：印象和网上看到的差不多，符合美国主流那种科幻的印象。给我的另一个印象就是，他们的科幻大会规模很大，作者人数很多，你看那个开会的会议厅作者人数相当多。另外就是他们举办了很长时间，有些东西在他们看来已经顺理成章了，形成一种规范了吧。

科幻邮差：对 2023 年在成都举办的世界科幻大会有哪些期待？

刘慈欣：能举办肯定是好事儿，可以更进一步吸引媒体对中国科幻的注意。不过我觉得中国科幻真的要取得突破，还是要在创作的方向上发生一些改变，进行一些努力，而雨果奖提供不了这些东西。反而雨果奖在中国颁发，我担心会不会让中国的作家，更进一步地朝着它的方向去创作……

科幻邮差：这种大会对于培养读者、培养市场、吸引外界的关注还是有帮助。

刘慈欣：那当然有好处。但雨果奖有个特点，它拒绝商业化，到中国也一样，它不会让你像举办华语科幻星云奖那么商业化。雨果奖的会场上看不到商业广告。在中国想把它商业化，我估计也不现实。

科幻邮差：也不是说把大会本身商业化，而是在中国这种特殊语境下，围绕科幻文化进行宣传和推广，而且肯定会加重我们当下关注科学、培养青少年想象力这一方面。

刘慈欣：对，这个肯定是。它肯定会让科幻再次吸引媒体的注意。抛开雨果奖作品本身，从社会关注度、产业的层面，举办世界科幻大会还是很有意义的。我很期待。

2021 年 12 月 18 日，成都市科幻协会率领主力申幻团队代表庆祝成都成功取得 2023 年第 81 届世界科幻大会举办权。从左至右依次为谭雨希、拉兹、陈曜、孙悦、姚海军、西夏、杨枫、梁效兰、王雅婷、姚雪。

中国的坎贝尔

THE JOHN W. CAMPBELL OF CHINA

姚 海 军

科门是一种
无处不在的颜色

姚海军.

导语 INTRODUCTION

约翰·W. 坎贝尔是美国最负盛名的科幻编辑，一手开启了美国科幻的黄金时代。头一个把姚海军誉为"中国坎贝尔"的人，正是他的作者和挚友刘慈欣。在成为专业科幻编辑之前，姚海军是林场的伐木工人，利用下班后的业余时间自编科幻迷杂志《星云》；在进入科幻世界杂志社之后，姚海军启动图书"视野工程"，将中国科幻从杂志时代带进了图书时代，更推出中国科幻史上划时代巨著《三体》。他不仅打造传奇，自己也成了传奇。他用自己的人生经历告诉所有热爱科幻的年轻人："仰望星空，脚踏实地"不是一句空洞的口号，而是可以实践的人生信条。

YAO HAIJUN

THE JOHN W. CAMPBELL OF CHINA

■ INTRODUCTION

John W. Campbell, one of America's most well-revered science fiction editors, brought about the golden age of science fiction in America. Yao Haijun was nicknamed "the John W. Campbell of China" by his author and close friend Liu Cixin. Before he became a science fiction editor, Yao was a lumberman at a tree farm. Every day after work, he would work on producing his own science fiction fanzine *Nebula.* Later, he joined *Science Fiction World* magazine and launched the "Book Vision Project". Under his watch, the masterpiece *The Three-Body Problem* was born, bringing Chinese science fiction from the era of magazine serialization to the era of book publication. He has become a legend who creates other legends. Using his own life experience as an example, he has an important message to tell young people who are passionate about science fiction: raise your eyes to the sky and have your feet on the ground. This is not an empty slogan devoid of meaning, but a practical life advice that could be put into practice.

■ TABLE OF CONTENTS

早年经历与阅读兴趣

数学老师改变我的人生轨迹

科幻邮差：我们都知道姚海军老师有收藏古旧书籍的爱好，相信在收藏的背后一定有强大的阅读热爱作为支撑。所以今天的第一个话题，我们就从姚老师的阅读兴趣聊起吧。姚老师，你对科幻的阅读兴趣从何而来？是来源于学校还是家庭？

姚海军：我是从初中开始接触科幻的，缘于一个很偶然的机会。我初中上的是黑龙江伊春市红旗林场的中心校，离家有七点五公里，因此我家所在的那个小山村名字就叫"七点五公里"。每天去学校坐一种小火车，早晨一趟晚上一趟。有时候小火车出现故障，就要步行上学或者回家。

我初一的数学老师名叫王春海，他对我而言非常重要，是改变我人生轨迹的人。我初中上学的时候正好是 20 世纪 80 年代初期，市场经济刚刚兴起，出现了一些生意人。王老师也属于思想比较活跃的人，他在教学之余会批发一些杂志、书籍，用一个大书包带到学校里来。放学的时候，王老师会在教室里把那个百宝箱一样的书包打开，同学们就围过来看里面有什么宝贝。

我在那里找到一本小说集，名叫《布克的奇遇》，这本小说集我连夜就把它读完了，从此发现了一个神奇的新世界。《布克的奇遇》讲述的是一只很神奇的狗，好像是马戏团的狗，它发生了意外，被轧死了。后来有一天人们发现这只狗复活了，又出现在人们面前，还进行演出。当时我不清楚这是科幻还是现实，只是觉得这个故事特别神奇，就开始迷恋这一类故事。后来，我又在王老师的书包里不断发现刊有这种故事的杂志或书籍，今天我还特意把这本改变我命运的书带来了。（拿出《布克的奇遇》，打开自己包的牛皮纸外封。）

这是我们那个年代的人的一个习惯：要把新买来的书用牛皮纸包起来。那时不像现在，书籍变得这么普通，那时我们觉得读书是一件很神圣的事情。我现在把它打开，大家可以看到这个小说集的封面。我相信很多人的人生都曾因为这样一本科幻小说而改变。在后来，我就买到了叶永烈老师的《小灵通漫游未来》，从此愈发无法自拔。

改变姚海军命运的《布克的奇遇》（萧建亨著）被他珍藏了四十年。

科幻邮差：但那时应该不知道这是科幻小说，是吗？

姚海军：刚开始的确是不知道，但等我读到《小灵通漫游未来》的时候就有了这个概念。

科幻邮差：《小灵通漫游未来》这样的作品对你产生了什么样的冲击？

将"科幻小说"这一概念刻入姚海军脑海的畅销书《小灵通漫游未来》（叶永烈著）。

姚海军：那个年代，可能每个人都对未来充满了幻想。这本书里五光十色的未来让我们很憧憬，从我的角度来讲，我就希望快点长大创造和见证这样的世界。

科幻邮差：这样的阅读经历主要都在初中？

姚海军：对，初中。初中是最快乐的少年时光。

休 学

科幻邮差：我在一些资料里看到过姚老师的经历，你在初中三年学校生活结束之后，刚刚进入高中才一周时间就因病休学，而且休学时间非常长。能跟我们分享一下那段经历是怎么回事吗？

姚海军：那个时候，上高中还不是那么容易，不是每个人都能考上高中的。我满怀希望地到学校去，发现那所叫乌马河一中的学校条件非常差……

科幻邮差：你所在的初中能够升到高中的学生是凤毛麟角吧？

姚海军：说不上凤毛麟角，但的确不太多。很多同学都不上高中的。

科幻邮差：那姚老师在初中阶段的学习成绩一定非常优异。

姚海军：我还算是父母的骄傲。（笑）到了高中，条件特别差。上了好像不到一个月的学，身体就出现特别的症状，然后就没办法继续上学了。去医院检查，医生就告诉我要住院，所以父亲很快就帮我办了休学手续。住院住了两年多，后来医生找到我的父母，因为那时每家都过得很拮据，医生跟我父亲说："还是把这个孩子领回家吧。孩子喜欢什么就买点儿什么。"他的潜台词就是，无法进一步治疗。而这个医院，伊春市林业中心医院，是当地最好的医院。父母先是不肯办理出院手续，医生便直言道："如果继续住院，只会进一步加重家庭的经济负担，因为该用的药、能想到的治疗方案，我们都已经试过了，没用的。"医生建议我回到家里，说白了就是等着……

所以就开始在家里静养，父母为此很焦虑，母亲经常会掉眼泪。我的叔叔们、姑姑们，还有舅舅一家都在绥化县（现在已经是绥化市了）利民乡，在农村生活。舅舅和舅妈有一次到我家所在的林区来看我母亲，看到她心事重重的样子，便对我母亲说："如果这个孩子在这儿看着很揪心，不如让我领到农村去，说不定就能好一些。"

大自然是最好的医生

姚海军：我就这样跟着舅舅、舅妈到了绥化县利民乡（现绥化市利民镇）第一生产队，开始了一段非常自由的生活。我去的时候正是春忙时节，每一家都特别忙，舅妈一家也不例外，早晨太阳还没出来，一家人就到田地里忙农活去了。我那时身体特别弱，走二百米的路就得坐下来休息一次，根本做不了任何体力活儿，舅妈没办法照顾我，就把我放在家里。

舅妈是个乐天派，我刚到舅妈家，她马上让表哥给我做了一根渔竿，说："每天我们忙农活的时候，你就到野外去钓鱼。钓回来之后，咱们晚上就做鱼吃。"半年里天天如此，我每天扛一根渔竿出去，有时候收获还挺丰厚，也有时候两手空空就回来了。反正一个人在那样的原野上漫步，会产生很多人生感悟。

过了大半年，我突然意识到自己的身体变强壮了。刚到舅妈家时走不了多远就要休息，一开始出去钓鱼的时候也是这样，走一段休息一段。后来我发现自己去钓鱼走得越来越远了，基于这样的情况就去医院里做了个检查，结果很神奇地发现，自己竟然痊愈了。

科幻邮差：大自然是最好的医生。

姚海军：对，可能跟那样的生活环境有关系，每天和大自然亲近。

科幻邮差：在这个阶段除了钓鱼，有坚持阅读吗？

姚海军：当然。去舅妈家时我带了很多书，主要是凡尔纳的。我把那时候中国青年出版社出的凡尔纳的书全部买齐了。《机器岛》《格兰特船长的女儿》……它们一起陪我到了舅妈家，我每天从外面回来就看书。

科幻邮差：回过头来你怎么看养病期间的这段生活？对你后来走上科幻之路产生了哪些影响？

姚海军：其实在那之前就走上科幻这条路了，但这段经历对我的人生还是有很大的影响。在医院的时候，经历了很多死亡。同一个病室的病友，有些是年龄相仿的玩伴，看着他们不治去世，看待生命和未来都有很多不一样的感受。而在农村，我又真实感受到了天地宇宙的辽阔。我很希望自己能够重新拥有一个健康的体魄，让自己的生命更有意义。

手抄本和自制望远镜

科幻邮差：我看到姚老师今天带来的资料中有厚厚一大本手抄科幻小说，是那个时期抄的吗？

姚海军：是的，当年买科幻书不容易。所以偶尔在邻居家看到一本旧杂志上有科幻小说，我就把它抄下来。

科幻邮差：是这个吗？我看上面还有目录和插图。（拿出手抄本）

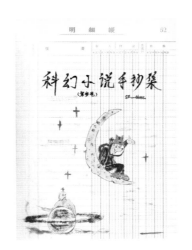

20 世纪 80 年代初在农村休学养病期间，姚海军用舅舅的账本自制了五卷
《科幻小说手抄集》。此为第三卷。

姚海军：是，字实在是太丑了。（笑）当时我是在舅妈家抄的，利用舅舅的账本。舅舅有很多账本，都是空白的，我就把它用作手抄本，总共抄了五卷。

科幻邮差：这是星图吗？

姚海军：对，那时候喜欢天文学。天文和科幻是我那时的两大爱好。

科幻邮差：传说中的自制望远镜也是在这个阶段做的吗？

姚海军：是回到林区家中的时候了。制作望远镜还在身上留下了永远也没办法磨灭的印记：眼睛曾经被太阳灼伤过。因为做望远镜缺乏经验，着急，白天也总去鼓捣。有一次晃过太阳的时候被灼伤了，一开始感觉还不太明显，后来眼睛就有一些状况发生，流眼泪之类的，最后瞳仁上留下了一个黄斑。当时还挺吓人的。

科幻邮差：肯定把爸妈吓坏了。

姚海军：当时我没跟他们说。

科幻邮差：你后来重返高中校园了吗？

姚海军：高中我没能再回去。1984 年我从舅妈家回到自己家，整体来讲身体还是很虚弱，性格上也有一些变化。农村的时候，整个天地就我一个人，很自由，回家后变得不适应，按现在的说法就是变得有些抑郁吧。爸妈看在眼里，还是很焦虑。每个父母都希望孩子能够性格开朗，如果还学有所成就更好了。于是，爸爸又领着我去我的高中——乌马河一中找了老师。老师说："你辍学三年，我们不清楚你这期间做了什么，是工作了还是怎样，所以我们没有保留你的学籍。"然后我就很失望地回到家里继续休养，没有读成高中。

后来爸爸看到这个情况，说孩子还是要融入社会才行。我很理解爸爸当时的心思。他把我领到红旗中学，就是我一开始读初中的那个学校。找到校长，说看看能不能让孩子上学？校长说只能旁听，因为没有学籍，而且就是旁听也存在问题，哪个老师会收你呢？

那天运气好，校长说这话时正好旁边有一个女老师，她的名字叫李素娥。李老师接过话说，那就让孩子到我们班来吧。当时，初三有两个班，李老师是其中一个班的班主任，教化学，有着浓重的山东口音，我就这样到了她的班。需要提一句，李素娥和王春海老师是夫妻俩。他们真是我生命中很重要的两个人，一个把我引上科幻之路，一个在人生最关键的时候给了我新的机会。

2021 年 5 月，姚海军回伊春老家时探望恩师李素娥（右）。

那一年真是有一堆的好运气

科幻邮差：真是无巧不成书呀！

姚海军：对。我到了李老师的班，表现很积极。因为我本来对学习就很感兴趣，我喜欢做题，很享受那个过程。上正式的初中时，我放学后的爱好就是解几何和代数题，解出来的题集一本一本的，很有成就感。所以重新进入学校后，我很珍惜那个机会。

头一天我就交了作业，语文老师表扬我说："你看这个同学作为旁听生都主动交作业，你们这些正读的还不好好学习？"所以从一开始，我在那个班里的处境就很不妙，加上年龄也比他们长几岁，同学们把我当成一个另类。大家都懂的，单位里领导当着全体员工表扬某个员工，那很可能意味着这个员工在这个集体中要被孤立。我当时就是这样一个状况，但是那段生活时间不长，很快就临近毕业了。

我并不是说那个我已经记不清姓名的语文老师是故意孤立我，那个漂亮的女老师实际也是在鼓励我。因为当她把作业本发给我时，我发现自己做的题基本上全错了。很快我便发现，自己原来学过的数、理、化已经全部忘掉了，就像从来没有学过。记忆不好，这算是当初那个病留下的永久性的后遗症吧。

说回毕业。毕业就面临一个选择，高中肯定是去不成了，我当时忘了自己没有学籍，想着报师范学校之类的。最后老师告诉我，没有学籍是任何学校都不能报考的。我生病的时候从没哭过，那一次是真掉了眼泪，很绝望地回到家里。

但好消息总会有，第二天爸爸就打听到，说社会青年可以报考技校（仅那一年有此政策），所以我就以社会青年的身份报了一个技校，那是最后一届包分配的技校招生。那一年中考，我们那个初中两个班，只有我一个考上了技校。那一年真是有一堆的好运气。

科幻邮差：那是哪一年？

姚海军：应该是 1985 年。

1986 年，我决定创办《星云》

科幻邮差：入校不久，你就萌生了创办《星云》的想法？

姚海军：对。我到了翠峦中等职业技术学校，专业是土木建筑，学习算不上紧张，专业课学习之外还有很多的精力。那个学校还比较好，有一些文化课，在当时那个环境下氛围也还算不错。有一些空闲后，我的同学开始疯狂地迷恋金庸、古龙，那个时候的热门读物，我们还开始学吉他之类的，业余生活很丰富。

那时，我主要还是想科幻的事情，1985 年正好是我国科幻的低潮。我记得《科幻世界》发行量最低的时候就是 20 世纪 80 年代末，可见 20 世纪 80 年代中后期是中国科幻的最低谷。那会儿买不到科幻小说，我以前买到的那些科幻小说都翻烂了，所以很渴望在书店里买到一些新的科幻书。每周我都要去几次书店（这个习惯沿袭到了今天），找科幻小说，但每次都很失望。我就想能不能做点儿什么，因为我相信像我这样的科幻迷会有很多。

那时没有互联网，我感觉读者、作者和出版者之间信息不畅。我后来跟一些出版社的编辑聊过，他们也觉得科幻书即便是印了，也不知道卖给谁，市场在哪儿？有些作家也有顾虑，那就是即便自己写了这些作品，哪家出版社愿意出？而像我这样的科幻迷最大的问题是，我上哪儿找到我喜欢的科幻小说？我当时很天真地想建立一个平台，能够让出版方、作者、读者分享信息，那样的话，科幻迷就能读到更多的书，有更多的选择；科幻出版也能够因此被推动，然后让作家更积极地去创作。于是，我就开始做《星云》，实际上是 1986 年才开始做的。

科幻邮差：“中国科幻爱好者协会”也是你创办的吗？

姚海军：对，名头叫得很大。（笑）

科幻邮差：就是在学校里面，像现在的学生社团一样？

姚海军：不是。当时没有这样的概念，也不知道关于社团还有那么多规定，就是想做这么一个事情。你要做一本杂志，搭一个平台，你就要有人，所以办协会是要解决人的问题，要用协会团结一些核心的科幻迷、作家、编辑，然后杂志才能顺利编下去。就是因为这样一个想法，所以才做了这个协会。

科幻邮差：协会的发展经历了哪些阶段？

姚海军：协会是为刊物服务的。

科幻邮差：但协会是在刊物之前啊。

姚海军：是的，但这不矛盾，前期准备嘛。协会的发展还是比较顺利的，最初没有外地会员，因为当时信息往来很慢，所以一开始我是把目标瞄准了我那些可爱的同学。（笑）我向他们大力推销科幻小说，但应者寥寥。然后我就从天文学入手，教几个同学认星座，先拉近距离，再讲几个科幻故事，他们也不知道是真的还是假的。（笑）一开始都是身边这些人帮我做一些事情，后来才发展到全国。再后来通过《科幻世界》认识了更多的人，我现在还保留着一些当时的会员入会档案。

科幻邮差：是第一批会员吗？

姚海军：不是第一批，但也算是比较早的一批。比如钟伟恒，阿恒，香港的一个漫画家。他在《科幻世界》杂志上做过专栏。《科幻世界》曾经有一段时间引入了漫画元素，阿恒在这个过程中给《科幻世界》带来了很多改变。钟伟恒解决了《星云》的邮费，他隔一段时间就会寄一包邮票给我，这些邮票就用在寄信上。还有其他一些重要的人，比如已经去世的翻译家孙维梓老师，还有后来的著名科幻作家杨鹏、杨平、星河、赵海虹、北星、何宏伟，《沙丘》的译者顾备，还有王晋康老师、绿杨老师等，都是这个协会的会员。

如果你觉得这个过程很愉悦，那它就不叫坚持

科幻邮差：好多科幻前辈呀！《星云》第一期印了多少份，寄给了哪些人？

姚海军：第一期就二十多份。寄出的没几份，主要是身边的同学。

科幻邮差：这本科幻迷杂志，最开始编、印、发都是你自己完成的吗？

姚海军：是的，一开始的《星云》是手刻蜡纸。后来这本杂志还发表了吴岩老师

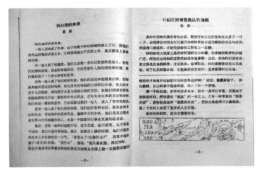

1995年1月，年满10岁的《星云》杂志已经有模有样了。

的日记，值得大家去淘一下。（笑）后来《星云》一步步成长，越来越有模样。总之，那个时期的《星云》每一年都会有很大的变化，但其核心却一直是科幻信息与科幻评论。

科幻邮差：在《星云》出现之前的两三年，20世纪80年代初期，中国科幻出现了一场姓"科"姓"文"的大讨论，姚老师了解这场大讨论的一些什么情况吗？

姚海军："科""文"之争，在我看来本是科幻小说界内部很正常的争论。其实到今天，关于科幻小说的争论依然有一些。一个文类如果有很多人去争论，恰恰是它活力的一种表现。但是后来它变了味道，上纲上线，成了一种政治手段。

最开始我以为这只是创作理念的一些正常的争论，及至后来市面上一度找不到科幻小说了，我的感受才强烈起来，作为读者我想不通。

科幻邮差：在当时科幻整体处于低谷的状态下，你为什么还要坚持做《星云》这个杂志？

姚海军：做一个事情，你说坚持，那实际上就意味着做这个事情很痛苦。如果你觉得这个过程很愉悦，那它就不是坚持。我之所以做《星云》，正是因为当时科幻不景气，当然自己也有些自不量力。科幻迷的力量真的很微弱、很有限，但是不管怎么说还是要做一些努力，促成一些改变，让信息流通起来。

创作乏力这种说法对作者不公平

科幻邮差：在"科""文"之争后，科幻慢慢进入了沉寂阶段。我们了解到有两种不同的说法：一种认为这是科幻第二次低潮的原因，一种认为这是当时科幻作家创作乏力的借口。姚老师怎么看待这两种不同的观点？

姚海军：后一种观点我是不太赞同的。因为那时正是叶永烈、郑文光他们那批作家的黄金时代，他们已经创作了一批非常有影响力的作品，风头正劲。像郑文光的《飞向人马座》，我相信像我这样年龄的读者会有很多人记得这样一部小说。如果没有来自科普阵营的打压，他们一定会有更多的好作品，因为那时他们正处于创作的巅峰期。创作乏力这种说法对这些作家不够公平，也不够客观。

当然，有些作家他当年创作的科幻小说可能水平不太高，但是像科幻小说这样一个通俗文学的类型，它实际上是需要有大量作品的。就像一个金字塔一样，你不能说只要塔尖不要基座。所以对于科幻小说的批评，我觉得还是走了极端，不应该导致那样一个后果。

1980 年 4 月，人民文学出版社推出郑文光《飞向人马座》第二版，销量破 18 万册。

科幻邮差：在当时的情况来看，大批科普科幻报刊"关、停、并、转"，姚老师觉得出现这种现象的原因是什么？

姚海军：主要还是大环境的因素。我们常常把 20 世纪 80 年代初期说成中国科幻的黄金时代，大量的作家、作品涌现，不管是科普类杂志还是文学类杂志，都刊发科幻小说。我们从这个现象就能感受到读者对这个文类的喜爱。文类的争议不奇怪，但是争议之后，杂志社和出版社不能再发表或出版科幻小说了，这就打断了科幻文艺的发展。

　　比如我今天带来的两本杂志。这是《科幻海洋》，（20世纪）80年代做得非常有水准的一本科幻类丛刊（准杂志）。而这本《科幻世界》，就是科学普及出版社早年出的丛刊。这些杂志都是非常有水平的，今天我们翻阅它，不管是设计还是内容都非常有质量。但是这两本杂志都在红火的时候停刊，最起码《科幻海洋》的停刊就完全不是市场原因。

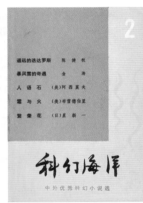

图为姚海军收藏的老杂志《科幻海洋》。1981年4月—1983年2月，《科幻海洋》一共推出了6期。

当然，科普类杂志"关、停、并、转"的原因要更复杂一些。同质化和科学科普热的消退都是很重要的原因。

科幻邮差：这本《科幻海洋》的出版时间是 1981 年 6 月。

姚海军：对，它一共出版了六期，后面三期很少见，"孔夫子"之类的旧书网站都找不到。第四期的时候，它就已经是十六开的杂志了。

科幻邮差：就是说，如果当时沿着这条路走下去的话，科幻的蓬勃兴盛可能更早到来？

姚海军：对。你看那个时候的科幻出版物，仅仅从书名就可以看出来，这个文类在当时得到了多么大的认同。它是有很大市场的。

我觉得他们有前瞻性、世界性的眼光

科幻邮差：说起来很巧啊，谭楷老师曾经谈到，《奇谈》在 1991 年改名为《科幻世界》，是向全国范围内的读者广泛征集过意见的，那是不是说最早的这个《科幻世界》杂志在那时已经被遗忘了？

姚海军：那不会。谭老师是专业的编辑，

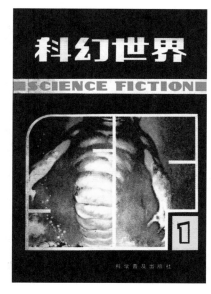

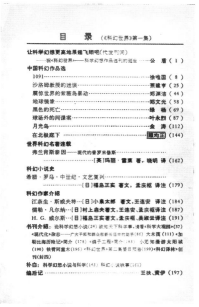

1982 年 1 月，科学普及出版社推出《科幻世界》丛刊，由王扶、黄伊主编。

他应该很清楚。这两本杂志的编辑与谭楷老师、杨潇老师是很好的朋友，他应该很了解《科幻海洋》《科幻世界》。

科幻邮差：所以真的很遗憾，1981年还能看到这么多的科幻出版物，1984年科幻出版却陷入了寒冬。

姚海军：20世纪80年代不止这两种科幻杂志。还有另一本很重要的科幻杂志《智慧树》，它和《科学文艺》一起创办了银河奖。这是《科学时代》的增刊，总共有十来本，它已经自成体系了。

这份《科幻小说报》也是要提一下的，它是黑龙江省哈尔滨市《科学周报》的增刊，就是20世纪80年代科幻界"四刊一报"中的那"一报"。这份报纸出了九期。据张希玉老师回忆，当时编辑部已经向上级打了请示报告，想把它变成专门的科幻小说周报，然而后来就没有下文了。这个报纸每期八个版，内容非常丰富，刘兴诗老师、王晓达老师等重要科幻作家都有作品在这上面发表。报上还有很多关于科幻文学的评论文章，还有叶永烈老师他们提供的科幻信息，内容很丰富。

《智慧树》和《科学时代》杂志增刊"科学幻想小说"系列等在20世纪80年代昙花一现，但影响深远。

科幻邮差：在当时很多科幻杂志关、停的背景下，《科学文艺》却坚持下来了。姚老师觉得是什么独特的气质使得《科学文艺》能够坚持下来，成为那个阶段唯一的科幻火种？

姚海军：有多方面的原因吧。比如说地理因素，《科学文艺》不在北京这样的中心城市，它在西南一隅，可能受到的波及要轻微一些。更重要的是科幻世界杂志社的那些前辈，他们胸怀理想。从我的角度来看，他们非常智慧的一点就是，把一本杂志的发展和国家的发展做了非常好的统一。就是说，他们认定一个快速发展的中国需要前瞻性的文学，需要想象力和创造力。国家需要，所以他们坚持做这本杂志就有了一种特别的意义。它后来能够走出低谷并成就一段辉煌的历史，与这个背景也有关系。我觉得他们很有前瞻性、世界性的眼光。还有就是他们的执着，他们的锲而不舍。没有这种精神，是难以做成大事的。

中国科幻需要开放包容的思想

科幻邮差：是的，那是一段特别令人感佩的历史。再回头看那段历史，你有没有想过，其实遭受批评的文学类型也不少，但科幻文学这个类型好像显得特别脆弱，原因在哪里？

姚海军：刚才你说的科幻小说特别脆弱是一种误解。并不是科幻小说相较于言情小说、侦探小说、恐怖小说、武侠小说就更脆弱，而是因为其他类型小说即使衰落了也不会引起多少关注，而科幻小说有着超越类型文学的价值和意义，它更受大家的关注。当时同样流行的侦探小说、恐怖小说与科幻小说一样受到波及，但我们鲜少听到有人为它们发声。

科幻邮差：除了你说的科幻小说独特的社会价值和人民大众对这一文类的喜爱，我觉得科幻作家们的团结也发挥了很大作用。在之前王晓达老师的访谈中，他也带来了自己的一个宝贝：早年刊登 12 位科幻作家声援叶永烈老师的那封信的《文坛》杂志，12 位作家对叶永烈遭受不公待遇的疑虑和对未来科幻发展的困惑，在那封信上得到了很好的呈现。我们看见那封信也感觉很温暖，那个阶段如果没有大家的相互支持，可能科幻会陷入低谷更久。

姚海军：对，但对科幻的上纲上线还是对科幻文学造成了难以估量的损失，郑文光中风，童恩正出国，叶永烈从此不沾科幻……好在还有人坚持，特别是科幻世界杂志社那些前辈的坚持。就像参加 2016 年银河奖颁奖典礼的时候，科幻作家魏雅华老师说的："如果没有《科学文艺》（科幻世界），今天的科幻研究可能就属于考古学的范畴了。"科幻文学走到今天，能够有这样一个繁荣局面，跟这些人的坚持是分不开的。

科幻邮差：在你看来，中国科幻要发展应该具备什么样的土壤？

姚海军：简单来讲就是需要包容、开放的思想。无论从创作还是出版的角度来讲，都要体现包容的心。科幻文学最大的特点之一就是包容性，要包容不同的未来，包容不同作家所设想的文明图景，包括对各种危机的解决方案的探讨。而从产业角度讲，那就是另一回事情了。

林场生活

夜晚是《星云》的世界，
白天是树木尸体的世界

科幻邮差：1988 年姚老师离开学校，走上工作岗位。给我们讲讲那段生活吧？

姚海军：嗯，那段经历对我个人来讲是难忘的，但是其他人未必会感兴趣。那段生活既枯燥乏味，又充满未曾磨灭的希望，夜晚是《星云》的世界，白天是树木尸体的世界。或者反过来。

我那个时候在林场的工作是选材，没有在林区生活、工作过的人应该不会知道那是个什么样的工种。让一棵棵在山上可能生长了几十年的大树变成商品化的木材，林区的冬季生产大致要经过以下几个环节：伐木工人把树伐倒，拖拉机把树木集成堆；工人把这些树木截成段，大多是四米的标准段，装上小火车或者卡车运到贮木场，把它们卸到一个很大的高台上；然后就该我们选材工出场了。我们十几个人组成一个工队，从高台上把木材按照不同的树种、不同的材质装上电动平车，分别放到不同的区域。最后一道工序，会有另外一些工友把分类好的木材装上火车。东北的木材就这样源源不断地被运到全国各地去了。

科幻邮差：可东北的冬天气温会达到零下三十四五摄氏度，这份工作不分季节的吗？

姚海军：要分季节，但是跟你想象的恰恰相反。（笑）林区作业都是在冬季，夏天就不做这个工作了，夏天没法做。因为只有在冬天，林区里结了冰，土冻上了，拖拉机、卡车才能进到森林里去。夏天是进不去的，道路泥泞。而且冬天树木的材质更好，所以冬天才是我们的黄金季节。

1995 年夏，姚海军（后排左二）在黑龙江伊春乌马河一〇一林场工作期间与工友合影。

科幻邮差：这样的生活大概持续了多久？

姚海军：差不多十年。我刚去时很可笑的，简直不堪回首。因为体质特别弱，哪个工队都不愿要。好不容易被安排进了某个组，每天也要遭受不少训斥。这可以理解，因为大家都是靠体力吃饭，你的体力不行，就意味着增加了工友的负担。我们的工作是两班倒，几乎是二十四小时作业。司机也是不分昼夜地把木材运到贮木场里。不管你是做白班还是晚班，吃饭的时间只有一个小时。上晚班的时候可能一个小时都不到。工作量很大，你的效率要最高，所以每一个人都必须保持着像上紧发条的机器一样的状态。你体力跟不上，那是很成问题的。包括后来很多更艰苦的工作，现在已经没有人能想象得到了，林场新一代的孩子们也未必会知道在早年他们的父辈们是怎么工作的。我前年春节回老家，还特地去看了一眼我工作过的那个贮木场，那里已经只剩下田地和一排排的农业大棚。当年那些小火车、电平车就好像从来没有存在过。时间可能会消解掉一代人的意义。

科幻邮差：让人以为大多数时候是机器在操作，不会用自己的体力……

姚海军：那是在科幻小说里（笑），现实还有点儿距离。机械和人力相结合，但人力是基本需求。

做《星云》不是坚持，做选材工才是坚持

科幻邮差：这样的工作持续了十年，在这十年中你编印《星云》杂志也没有间断过，是怎么坚持下来的？用现在的话说，十年里它都是"非营利杂志"。

姚海军：又说到坚持。（笑）其实我每天都盼着下班来做这个工作。做《星云》不是坚持，做选材工才是坚持。选材是非常机械的工作，又脏又累。那时我的手几乎没有干净过，上面沾满了需要用汽油才能去除的松油；衣服上也是，一身的松树油子味儿。不过现在回想起那段生活，也还算是快乐的，那种最简单的快乐。最开始没人要，但后来我自己也当了队长，领着十来个兄弟没日没夜地苦干，梦想着有一天过上更好的生活，直到我离开。

科幻邮差：肯定付出了特别艰辛的努力。

姚海军：是的。当队长意味着什么呢？就是你必须是组里的兜底。用人力装火车的时候，经常会遇到一人无法合抱的四米原木，会有人抬不动，这时你就必须要顶上。如果你顶不了，那就太丢脸了，所以什么活儿都必须拿得下来。其实工友之间算得上过命之交，因为用人力抬来装火车的时候，一般会四个人，有时甚至是八个人来抬一根原木，工友之间需要极默契的配合。一个人的体力不支或者失误，就有可能造成自己或他人生命的损失。

我在林区工作的那些年，贮木场还比较火热，我离开没几年，贮木场乃至整个林区就衰落了。整个林区禁伐了，但为时已晚。经过从 20 世纪 30 年代开始的几十年的无节制开采，林区的山已经变得林木稀疏了，很难找到一棵大一点儿的树。

所以谈起我们林业工人的工作，我的心情会比较复杂，林业工人的效率越高，对环境的破坏就越大。我们林区还有人在退休后又开始种树，以实现自己的救赎。其实每个人都希望自己的家乡山青水绿。

科幻邮差：按道理说，那个阶段你每天都是在做体力透支的活儿，应该是非常劳累的，但是你的《星云》一直没有停。那个时期《星云》大概一年能做几期？

姚海军：三期吧。

这些天南地北的朋友促成了我人生的改变

科幻邮差：那个时候甚至都没有条件打电话，一封信来回就得半个月时间，这样算下来大概是三四个月一期。在做《星云》期间，你最大的收获是什么？

姚海军：离开伊春前我基本没用过电话，全靠书信往来组织稿件。编辑《星云》最大的收获，是认识了非常多的朋友，志同道合的朋友，这些人在我后来的工作中给了我非常大的帮助，是那些天南地北的朋友促成了我人生的改变。

科幻邮差：《星云》是通过什么方式传播的？

姚海军：邮寄。

科幻邮差：你通过什么方法得到特定收件人的联系方式呢？

姚海军：方法还是很多的。比如某出版社出版了科幻小说，我就会通过版权页上的出版社地址主动联系他们。出版社的编辑一般会寄来样书，那我就认识了这个出版社负责科幻的编辑。他们还会把作者介绍给我，这样我就认识了更多的作者。另外，通过科幻世界杂志社或是其他平台可以认识更多科幻迷，这些人又会把你介绍给更多的人。每个科幻迷都是分享者，比如说像吴岩老师，还曾把《星云》带到美国去展览，后来我就不断收到美国科幻迷的杂志甚至是东南亚科幻迷的来信。

前面我们说到办《星云》的收获，这里要做一点特别的补充，那就是编辑经验的积累。因为我没有受过很系统的训练，学历也非常有限，做这本科幻迷杂志为我后来顺利进入出版领域打下了专业基础。

1994 年到 1995 年，时任《人民文学》副主编王扶、翻译家王逢振、著名科幻作家郑文光写给《星云》的寄语。（右图）

《星云》杂志在 20 世纪 90 年代中期变得越来越成熟，内容也愈发丰富。（左下图）

科幻邮差：在《星云》最初的编辑过程中，你把作者的稿件用手工刻在蜡纸上时，会改他们的文字吗？

姚海军：会改。

科幻邮差：和他们商量着改？

姚海军：商量就来不及了。（笑）改动一般也不大。《星云》不是一个以小说为主的科幻刊物，所以稿件的改动还是很有限的。如果是小说，那么改动就可能非常大。《星云》的内容主要是资讯——科幻消息和评论文章。

科幻邮差：那个阶段的《星云》呈现出一种怎样的风貌？

姚海军：《星云》是一个开放的信息平台，为读者提供各种科幻信息，刊发科幻迷撰写的书评。后来有一段时间——我到科幻世界杂志社之后，它变得越来越学术，请了吴岩老师当执行主编后，还按学术期刊的模样专门出了一期科幻研究专辑。一开始是那么几页的手刻蜡纸，到后来是机打蜡纸，最后是铅印，越来越漂亮，内容也越来越丰富。

科幻邮差：当时《星云》能够一期一期地出刊，感觉它的资金筹集方式有点像现在的众筹。

姚海军：你说得非常准。当时我的工资低，上班之后就一百多块钱。后来收入有一定的增加，但整体来讲林区的收入还是非常低的。虽然办杂志成本不高，但是每寄一封信都要花一毛钱，八分钱的邮票加上两分钱的信封。相对于我那点儿工资，这是很大的一笔支出。所以更准确地说，《星云》应该是一本大家出钱我出力的爱好者杂志。
你看每期《星云》上都有一个收支表，哪些科幻迷、作家、机构捐了款，这一期的邮费和印费是多少钱，都很清晰地列到那儿，有多少盈余，大家都很清楚这一笔账。盈余变少了，就意味着大家应该多捐点了。（笑）

这种孤独，我们感同身受

科幻邮差：这让我想起刘慈欣的创作经历，写科幻很多年，但身边的人都不知道。姚老师在编《星云》的时候，身边的人知道你在做这样的事情吗？

姚海军：有很多人知道。我相信刘慈欣讲的那种孤独感不是说有多少人知道他在写科幻，而是有多少人能够理解他所做事情的意义，是这种孤独感。从这一点上来讲，我们是很类似的。

科幻邮差：就像大刘上次在接受媒体采访时说的一句话，他说："写作不需要坚持，不写作才需要坚持。"刚才在跟姚老师聊天的时候，你也两次提到为什么一定要用"坚持"这两个字。你觉得是在做喜欢的事情，这个是顺从自己的内心，不叫坚持。所以你可能白天辛苦工作的时候，想着晚上有这样一个寄托，反倒这个寄托成为你每天生活的意义所在。

姚海军：谢谢你的理解。

科幻邮差：随着中国科幻的发展进入到 20 世纪 90 年代，一批新的作家开始登上舞台，《科幻世界》杂志出现了很多新的面孔。请问姚老师，你怎么看待那个年代里那些作家风格特异的写作？

姚海军：20 世纪 90 年代中后期，有一些年轻作者进入到《科幻世界》，我觉得这是中国科幻非常重要的一个变化，而这个变化跟《科幻世界》这本杂志的主动变革有关。我曾经写过一篇文章，里面谈到过这一点。

《科幻世界》在 1991 年正式定名，并大胆调整了读者定位——从老少咸宜，精准定位到中学生、大学生，我觉得这是一次精准且非常有效的调整。后来《科幻世界》的发展证明了这一点。但在当时，你这个定位固然好，却需要作家支撑，刚才我们谈到新生代的崛起，请注意，新生代的崛起正好和这本杂志的读者定位调整是相契合的。

《科幻世界》把读者定位到校园，而新生代的作家，以星河、杨平、凌晨、柳文扬这些北京作家为代表，你看他们的早期作品，都有校园文学的特质。新生代科幻创作的价值取向和《科幻世界》的读者定位是非常契合的。作家和杂志就这样完成了相互成就。从此，我们看到《科幻世界》走上了一条蓬勃发展之路，也看到了新生代的崛起和他们所做出的成就。

我觉得这是冥冥之中，中国科幻配合得最好的一个案例。新生代让我们在科幻小说这个文类里感受到了青春的气息，这是他们为中国科幻带来的最大改变。

科幻职业生涯

1997 年是很特别的一年，对我尤其如此

科幻邮差：20 世纪 90 年代后期，姚老师的职业发生过一次很大的变化，这是把自己的爱好转化为职业的一次变化。而这种转变是需要特别大的勇气的。离开自己熟悉的环境，忽然之间要开辟一个崭新的天地，想请姚老师给我们介绍一下这个变化是怎么发生的？

姚海军：我的勇气肯定没有你（杨枫）大。你做这个八光分公司，是放弃了很多东西来追求自己的梦想，而且未来是非常有挑战性的，这才需要胆识和勇气。对我来讲从林场里走出来，需要什么勇气？不需要。因为新的选择更有希望，而这个希望是明确的。我有机会从大山走到都市里来，适应一个新环境，开始一段新旅程，充满了期望，并不需要背负那么多的压力。（笑）

科幻邮差：这次变化应该是跟 1997 年科幻世界杂志社在北京举办的国际科幻大会有关吧？

姚海军：对，1997 年是很特别的一年，对我来讲尤其如此。那年科幻世界杂志社在北京举办国际科幻大会，对中国科幻来讲是特别重要的一个转折点。1997 年的这次大会，真正把中国科幻推入了正轨。社会方方面面对科幻文学的认识都统一了，变得正面了。而在此之前，相当一部分人对科幻

文学是持负面看法的。

　　后来知道，那次活动之前，科幻世界杂志社做了特别的努力和策划，所以请到了俄罗斯和美国宇航员、中外科幻作家、科学家共话未来。在中国这种特殊国情之下，宇航员、科学家代表了崇高的理想，代表了未来的方向。科学家和宇航员身上有很多光环，这些光环都是值得我们去崇敬的。科幻和科学家、宇航员关联在了一起，所以科幻是个好东西。之前有人说，科幻不是个好东西。这就是一个很大的拨乱反正。

大家说：你一定要来参加这个盛会

　　科幻邮差：在 1997 年北京国际科幻大会召开之前，姚老师应该还是在林场做着自己固有的一份工作。那么，你是怎么想到北京来参加这样一场盛会的呢？

1997 年 7 月 25 日，姚海军参加北京国际科幻大会期间，在野三坡与时任四川省科普作家协会理事长的周孟璞合影。

　　姚海军：我 1991 年就想参加成都举办的那次非常重要的世界科幻协会年会，但是算了一下到成都的诸多开支，最后还是很现实地打消了这个念头。1997 年我也想来，但也因经济上的一些原因打算放弃。后来之所以能成行，还是因为很多朋友的支持，他们的一些帮忙。当时很多的科幻迷朋友、科幻作家给我写信说："一定要来参加这个盛会，如果你的工资不够路费，我们就捐款给你。"想到这些，今天我仍然特别感动。

　　刘慈欣在《三体》里写到一句话"我们是同志了"，科幻迷见面很适合说这句话。也不知道是散发了什么样的同类气息，能够一见面就没有嫌隙，变成很好的朋友。所以科幻迷群体真的不一样。不管怎么说吧，正是在这些人的帮助、召唤之下，我才到北京参加这个会。在中国科技会堂，我见到了仰慕已久的杨潇老师，那是我们第一次见面。所有人都是第一次见面，参加这次活动之前大家一直是通过通信联络。然后也见到了吴岩老师、韩松老师，还有全国各地的很多科幻迷。后来我记得好像是星河说过这么一句话，说姚海军到北京，让《星云》完成了从原始通信时代到现代通信时代的跨越。

到北京之前，我先去了天津。天津有一大群科幻迷，郑军、霍栋、董轶强、吕哲等等。我先跟他们会合，然后一起去北京。这是一场科幻的大联欢。

在天津我买了一台相机，准备参会时拍照，《星云》需要这样的照片。在大会上我拍了很多照片，但是等我回家洗出来后，发现没有几张能用的——这"记者"根本没有拍照经验。（笑）当时还以为会拿到一手的照片，下一期的《星云》要做得非常漂亮。

在北京，我们住在一家地下室旅馆里，那两天是真正的节日，是狂欢。白天听科幻作家和宇航员的报告，晚上我们就彻夜狂欢，喝夜啤酒，聊着说不完的话。当然也就是在那两天晚上，我结识了山西《科幻大王》的执行副主编马俊英女士。马老师比我还年轻，是典型的北方人性格，非常豪爽。她问我愿不愿意到山西去一起办杂志，我说好啊。我一点儿也没犹豫，说，你等我回去打完行李就来。她说好，没有任何的进一步洽谈，工资待遇什么的、住在哪儿啊，根本没有谈这些。

我离开北京，告别的时候，韩松还硬往我兜里塞了一百块钱，他是害怕我路上太艰苦。就是那样一个群体，真的感觉像回到家一样，特别可爱的一些人。回到家我就打了行李，直接到太原上班去了。

林场的生活是另一种感受。要好的工友也会经常聚在一起来上几杯，那也是一种友谊。而我的孤独只是因为我心中总装着与现实格格不入的另一个世界。只有在这个群体里——科幻作家、科幻迷的群体里，才能找到知音的感觉。所以刚才你说的那个抉择，根本没让我花什么时间去判断、选择。

走出林场去做科幻编辑

科幻邮差：能否说为了走出这一步，前面做了很多年的准备？

姚海军：说"准备"不准确，不能说是准备，因为我从来没有想过真的会进入出

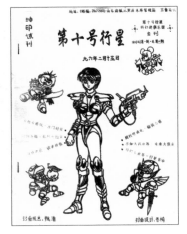

20 世纪 90 年代中期，国内科幻迷杂志层出不穷，其中，《立方光年》（北京）、《超新星》（天津）、《银河》（郑州）、《第十号行星》（诸城）等都深受读者喜爱。

版行业，并且专门做科幻。我刚才说的那些是基于后来工作的重要性、基于现在来讲的。之前根本没有考虑要离开林场去做科幻编辑。一点儿这样的想法都没有。

科幻邮差：20 世纪 90 年代中后期，科幻的影响力慢慢扩大了。那时候全国像《星云》这样的爱好者杂志多吗？

姚海军：1995、1996、1997 那几年是科幻迷杂志的高潮期。

科幻邮差：那时的科幻迷杂志都是像你这样已经工作了的科幻迷办的吗？现在不少科幻迷杂志都是高校社团里的学生在办。

姚海军：都有。很多是已经参加工作的科幻迷办的，当然也有一些是在校学生办的，但当时即便学生办的科幻迷杂志，也不像今天以学校为单位的科幻迷群体，比如说清华、川大这样的群体来划分，它呈现出更强的社会性，并不仅限于校园。科幻迷杂志在那些年可以用爆炸来形容，有几十种。像北京的《立方光年》、天津的《超新星》、河南郑州的《银河》、四川成都的《上天梯》、山东济南的《TNT》等等。这些杂志还有一个特点，基本都是以作品为主，以科幻迷的习作为主。因为资讯类的科幻迷杂志，《星云》已经有比较大的影响力了，大家都希望另辟蹊径来做不同的杂志。

理想和现实之间总有距离

科幻邮差：1997 年冬天，姚老师进入《科幻大王》开始了职业编辑生涯，过去以后感觉如何？和期望有落差吗？

姚海军：与期望之间的落差还是有的。理想和现实之间总有距离，这很正常。去之后的工作就是做编辑，当时面临一个选择，《科幻大王》是一个漫画杂志，90% 以上都是漫画，科幻类的漫画或者幻想类的漫画。但漫画成本高，原创性又不强，流行的日本漫画刊物因为没有版权也无法刊用。

所以就有了一些争论，是增加一定的科幻小说刊发量，还是变成全科幻小说杂志？当然他们的最终选择还是比较谨慎，希望能够在保持漫画特色的同时，刊发一些科幻小说。我的加入，正好有利于这一设想的实现。很快，像王晋康老师这样的重量级作家的小说就开始出现在《科幻大王》上。

科幻邮差：在那之前，王老师的小说没有在《科幻大王》上刊发过吗？

姚海军：之前没有，他们的小说作者里面缺少王老师那样的大家。编辑们后来跟我说，他们以为王老师的稿费会很高。实际上王老师并不看重这个，只要力所能及，他都会去支持。那段时间，我还做了刘维佳的责任编辑，还有赵海虹。《科幻大王》的小说质量有了比较大的提升。

科幻邮差：嗯，《科幻大王》出现了新的变化、新的风貌。你在《科幻大王》这段时间持续了多长？

姚海军：也就一年吧。那段时间，实际上除了工作日的工作，业余时间我就骑着我的破自行车，游走在太原的街头，向报刊亭推销《科幻大王》。《科幻大王》临到停刊也没有建立起二渠道的销售，只有邮局订阅。所以我认为这个杂志的发行有太大的局限性，很多人没法买到这本杂志，我当时希望了解二渠道发行的可能性及预期效果。

这些虽属义务劳动，但也需要牛二芳——《科幻大王》实际负责人的批准，经他同意才能领出来杂志。装杂志的那间房子也是主编办公室，我们的编辑部在另外一间。我背着这些杂志沿路推销，求人家让我放到报刊亭，说下周我来取，卖了之后按折扣收钱；如果没卖我就拿回去，你不会有任何损失。就那样做了一段时间，没有任何人给我安排这些工作。

科幻邮差：那个时候的邮报亭应该比现在兴盛吧？

姚海军：对，要多很多，但是杂志也多，没有人愿意去尝试一本新杂志，尤其是这本杂志在内容设计上没有特别之处的情况下。做这个推销，让我认识到做杂志除了你的编辑设想之外，怎样得到市场的认同是个必须思考的大问题。

科幻世界杂志社领导希望我到成都看一看

科幻邮差：其实从东北林场走到太原，应该说你的职业梦想就实现了。在《科幻大王》待了一段时间，怎么又动了念头要离开呢？

姚海军：那是由很多机缘、因素促成的。在《科幻大王》做了一年，我觉得那里的环境还是比较保守的。刚才你也问到了现实和期望之间的差距，还是有一些的。真正促使我想要离开太原的原因是，马俊英要休产假。（笑）她休产假之后能不能回来上班还是个问题，因为科幻大王杂志社除了实际负责人牛二芳之外，包括马俊英都是聘用的。马俊英性格爽直，因为一些我现在还不想说的原因，她休产假之后，能不能回来上班要打一个问号。种种迹象让我觉得，她不可能再回来一起奋斗了，所以我感觉可能是时候离开了。

王晋康老师等很多师友都希望我能有一个更大的平台，希望我能有进一步的发展，对我有很多的期望，鼓动我去做一些新的选择。那时，郑军已经到了科幻世界杂志社的科幻迷俱乐部做主任，也鼓动我到成都。后来我接到科幻世界杂志社的电话，说社领导希望我到成都来看一看，感受一下，先不用说来不来。

我到了成都，到编辑部看了一下，感觉精神面貌完全不一样。而且在我心目中，科幻世界杂志社的编辑部可谓明星云集，杨潇、谭楷、阿来、秦莉，包括田子镒、陈进、邓吉刚……都是响当当的人物或非常好的文学编辑。

科幻邮差：你过去考察的时候，这帮人马就已经在那儿了？

姚海军：对，吸引我的不仅仅是明星团队，还有他们强烈的进取心，所以我就做了一个新的选择。

科幻邮差：这种企业文化非常吸引你。

姚海军：对。

科幻邮差：那会儿进去之后主要负责一些什么工作？

姚海军：我来了之后杨潇老师问我，你对工资有什么期望？我说没期望，听从领导安排。她又问我，你对工作有什么样的想法？我又说听从领导安排。可见我不仅小时候是个乖孩子，工作了也是个好员工。（笑）

科幻邮差：从内心来说，你肯定觉得跨进科幻世界杂志社的大门，所有的愿望就都实现了。

姚海军：那个时候进科幻世界杂志社的编辑部的确是非常不容易的。像跟我年龄差不多的唐风，也是很有名的一个编辑，他做"奇想"那个栏目做得很成功，栏目做了差不多两年之后才得以进到杂志社当编辑，非常不容易。

我一开始做的是科幻迷俱乐部工作，和郑军一起。我们俱乐部三个人，郑军是部门主任，我一个，还有一个美编叫王茂（一个非常美丽的女孩，科幻迷俱乐部第一任小雪）。杂志社当时在十楼，我们的俱乐部在一楼，就在四川省科协大院现在那个储水池旁边的一个塑料棚子里，属于临时建筑。我去的时候正是盛夏，太阳出来以后那里简直热得不行，屋顶上就是一层塑料皮，根本不隔热。

1999 年 1 月，担任《科幻世界》科幻迷俱乐部主任的姚海军正在给读者写回信。

每天的具体工作就是拆信封，各种各样的读者来信，都是用那种大纸箱一箱一箱地搬进来，我们要把读者来信和稿件做区分，然后把稿件展平，用别针别上，为编辑审稿做好前期准备。如果是科幻迷来信，就要回信。那时候，《科幻世界》科幻迷俱乐部有一个会刊叫《异度空间》，两个月一期，容量不比当时的《星云》小。除了定时编印《异度空间》，还要办俱乐部会员的入会手续，寄发会员证。俱乐部当时还有一个工作是开展校园活动，为领导们出席活动做好前期安排。总之，工作是非常繁杂的。

当编辑，不能写作是一种缺陷

科幻邮差：后来是怎么一步步走上了编辑岗位？这中间大概持续了多长时间？

姚海军：一年吧。1999年我到的编辑部。之前在科幻迷俱乐部工作量大，条件也很艰苦。有一天我正在天府广场逛书店，接到郑军的电话，说："阿来要请我俩吃饭，地点就在杂志社对面的一个小餐馆。"

我骑着自行车快速返回人民南路四段，到了那个餐馆。谈些什么现在我都忘了，只记得阿来对我们说的一句话："做任何事情都要有耐心、有恒心。"我当时还不太明白这是什么意思，后来才知道，郑军想实现自己的作家梦想，准备辞职。那个时候做俱乐部，晚上我跟郑军住在一个房子里——杂志社的公寓。郑军是一个非常勤奋的人，每天晚上我休息的时候，他总在奋笔疾书，创作他的《时代之舱》。

我认同阿来的说法，郑军走的时候，我还是坚持留了下来。后来阿来又跟我说："你到编辑部来工作吧。"我就和王茂一起将俱乐部搬到了十楼，我则开始将一半的精力转到编辑工作上来，后面几年我一直还兼着俱乐部主任的工作。

转到编辑工作岗位之后，我开始正式看自由来稿。那段时间是一个学习的过程，从《星云》到《科幻大王》，从《异度空间》到《科幻世界》，都是非常重要的学习过程。之前在《科幻大王》做编辑是比较轻松的，至少应付得来，可到了《科幻世界》做编辑，挑战就来了。你不仅要能够发现好的作者，还要能写。我之前的写作是没有什么经验和基础的。我进编辑部的时候，阿来开始做一个新的栏目叫"图说科幻"。他做了第一期，然后找到我，说："第二期开始就由你来接这个栏目。每期大概两千字的稿子，可以写作家，也可以写科幻小说的一些主题或者科幻史上的趣事。"我记得把自己写的第一期稿件交给阿来主编时，阿来看完之后盯了我半天，最后就留下了四个字：暴殄天物。然后，他就晃着壮实的身体从门缝挤出去了。

我一头雾水，然后边上的同事就说，可能主编觉得你这个有问题。我就跟出去问

阿来，他说你把太多素材放在一篇有限的文章里，这是对素材的不珍惜，本来可以用来写更多东西。

到科幻世界杂志社，两个人对我帮助非常大，一个是阿来，一个是谭楷。我做科幻迷俱乐部的时候，做什么活动都要写一个报道，谭老师是很厉害的报告文学作家，他会告诉你开头要怎么写，要怎样才能吸引眼球，抓什么要点，他给了我很多具体的指导。

但这两个老师的风格不太一样，谭老师是那种粗声大嗓的；阿来老师是惜字如金的，不太会多说什么，你要详细问他，他才会说。那时的《科幻世界》真不一样，领导会刻意训练你的写作能力。当编辑，如果你不能写作是一种缺陷。不是说你就不能当好编辑，而是你最好能够有写作的能力。

阿来当时跟《华西都市报》《成都商报》关系很好，因为他是名作家嘛。这些报纸会辟出一些科幻的栏目，他就写一个题头，叫我和唐风写千字左右的小文章，都是下班后才收到指令，第二天一早就得交稿。

科幻邮差：那个时候有电脑吗？

2004 年 9 月 6 日，姚海军（左一）赴美国波士顿参加第 62 届世界科幻大会期间，与美国著名科幻作家弗雷德里克·波尔（坐者）、罗伯特·西尔弗伯格（右二）、罗伯特·谢克里（右一）合影留念。

2007 年 9 月，姚海军（左）和时任科幻世界杂志社社长兼总编的秦莉（右）在日本参加科幻大会。

姚海军：没有。一般都是晚上把稿子手写好，第二天一早交。虽然是魔鬼训练，但对你的成长很有帮助。说到电脑，我的第一台电脑还是刘慈欣给的，2000 年的笔会后他寄了两台过来，另一台给了唐风。

那时的科幻世界杂志社朝气蓬勃

科幻邮差：还有这样的经历！下次有机会采访刘慈欣老师，一定要请他好好讲讲这个故事。姚老师进《科幻世界》杂志编辑部是 1999 年，应该正好碰上高考作文题"撞车"事件，是吗？你觉得那个时候的科幻世界杂志社作为一个企业来说，是一种怎样的风貌？

姚海军：我是在 1999 年下半年调到编辑部的，是在高考作文题"撞车"事件之后。对《科幻世界》这样一本杂志来说，那是个大事件。媒体的广泛报道让《科幻世界》的影响力迅速攀升，我印象最深的是，一些家长跑到编辑部来给孩子订阅《科幻世界》，还有电脑报集团陈（宗周）总听到这个好消息后说的一句话："这是偶然中的必然。"

那时的科幻世界朝气蓬勃，开始有更多年轻人进入到这个团队，而且也有了更高的理想和抱负，它的国际化视野得到了进一步提升。1997 年进入科幻世界杂志社的秦莉在这个过程中也起了相当大的作用，她后来接替阿来，当了杂志社的社长兼总编辑。她的英文非常好。科幻世界国际化的交流更加频繁，也开始尝试做一些图书的项目。

我印象很深的是一些国外的资本和一些上市公司，包括迪士尼，都跟科幻世界有过合作的谈判。那种感觉是不一样的，科幻世界似乎正在向一个国际化的、现代化的企业去发展。

科幻邮差：跟迪士尼的合作后来好像是无疾而终了，是吗？

姚海军：对，还是有一些问题，但最后科幻世界杂志社还是实现了公司化，加入了重庆中科普集团。我之前还看到了一些加入"中科普"的文件，手续是很正式的。那是当时科幻世界杂志社领导层带领这本杂志走出的非常有远见的一步。

科幻邮差：后来呢？

姚海军：后来就说来话长了。守业不易……后来杨潇、谭楷、阿来先后或退休或离职，四川省科学技术协会也换了领导。新领导对四川的《科幻世界》杂志加入重庆中科普集团也有不同的看法。

科幻邮差：说回刚才的话题。姚老师1999年进科幻世界杂志社，那应该是《科幻世界》杂志发展蓬勃向上的巅峰时期，单期印量最高纪录也是那个时候创下的。

姚海军：是的。那一年《科幻世界》月平均发行量好像是三十六点五万册。那时，莫树清老师领导下的发行部每到年底，都会在员工大会上宣布发行量，而数字总是那么激动人心。

科幻邮差：用杨潇老师的话说，那真是"一段激情燃烧的岁月"。（笑）姚老师好像还负责过"封面故事"栏目？

姚海军：对，"封面故事"非常受欢迎。最开始也是阿来做，我接手"图说科幻"不久，阿来把这个栏目也交给了我。

"封面故事"来稿量非常大，但仍会时不时出现选不出优秀稿件的窘境。阿来做的时候，如果出现这样的情况，他自己就以"米一"的笔名来上一篇；而我接手后，我最强大的秘密武器，就是才华横溢、风趣幽默的柳文扬。每当无米下锅之时，我就会找到他，几个回合下来，他总是会慢悠悠地说一句"那好吧"，而他也总能按时拿出漂亮的好文章。

新世纪开初那几年，我好像处于工作狂状态。仅在《科幻世界》就负责"图说科幻""封面故事""科幻影视""幻想在线"四个栏目，同时还要参与"银河奖征文"的选稿。在《惊奇档案》上有两个固定栏目，在后来的《飞》上有三个栏目，同时还有科幻迷俱乐部的工作——《异度空间》和《星云》。2002年还在《科幻世界》上做作家专辑，年底又启动科幻图书"视野工程"，开始编辑"中国科幻基石丛书"和"世界科幻大师丛书"。

图书视野工程

作家专辑是科幻世界杂志社
迈向畅销书时代的前奏

科幻邮差：这种工作强度的确是常人难以想象的呀！刚才姚老师提到，在《科幻世界》杂志上开创了"作家专辑"的先例。那年的一系列作家专辑的确给《科幻世界》杂志带来了一股清新之气。当时你是怎么想到要用这样一种方式来包装作家？效果怎么样？

姚海军：《科幻世界》过的苦日子太久，稿件的使用方式带有明显苦日子的印记。比如说，我们一连收到王晋康或者是刘慈欣的几篇稿件，一般都会分期使用，不会一次性刊发。因为在《科幻世界》低潮的时候，找不到作品、作者，现在咱富裕了，也得省着点儿不是？

到了2002年，情况已经发生了非常大的变化，之所以能够出现"作家专辑"这种形式，首先从外部来讲，确实有非常多的优秀作品。现在的读者评价那几年的杂志也是非常好看的，有很多作家也正处于他黄金时代的初期。就稿源来讲，已经不用那么担心后面没有新的稿件。

从内部看，2002年的时候我已经是骨干编辑了。非常感谢那时领导们对我的培养和支持，这不是客套话。编辑的成长真的需要很多外力去帮扶，不仅仅是你自己的努力。

2002年提出"作家专辑"的策划，非常顺利地得到了阿来主编的支持，然后就开始组织。我那时已经在考虑科幻明星作家如何去运作和包装的问题了。专辑能够最大程度地将一个作家的才华、风格、特质集中地展现，形成明星效应。"作家专辑"不仅是为了提振《科幻世界》杂志发行量，也是我全力将科幻出版从杂志时代推向畅销书时代的一个前奏。2002年底，我们就开始做科幻图书"视野工程"了。

科幻邮差：那个阶段集中推出了哪些重要作家的作品？

姚海军：几个重要作家都在那一年被集中推出：刘慈欣、王晋康、韩松、柳文扬、星河、何夕，现在他们都已成为那一代作家的代表。到现在为止，仍然有很多读者怀念那一年的《科幻世界》。那一年的《科幻世界》很特别，不仅仅有这一系列专辑集中呈现的作家，还有很多专辑之外的作家在那一年也表现突出，一些更年轻的新锐开始崭露头角。所以2002年银河奖评选是特别困难的一年，好作品太多了，根本没法选。

我希望《科幻世界》不仅仅是一块压舱石……

科幻邮差：有人说《科幻世界》杂志既是科幻作家的黄埔军校，也是科幻编辑的黄埔军校。姚老师认同这句话吗？

2010年11月，姚海军（右）与刘慈欣（左）在成都西南书城《三体Ⅲ·死神永生》新书发布暨签售会现场。

经过姚海军多年的努力，科幻世界图书"视野工程"已推出超过两百种图书。而属于"中国科幻基石丛书"的《三体》三部曲已经成为世界畅销书。

姚海军：不管是从我个人的经历，还是从后来离开科幻世界杂志社的那些人的成长来看，都是这样。他们在这个行业里所取得的成绩，我们大家都能看得到——包括你呀，所以科幻世界确实是一个黄埔军校。

科幻邮差：在中国科幻发展史上，科幻世界杂志社所扮演的角色是不可替代的。回过头来看科幻世界这四十多年的坚守，姚老师进入杂志社也二十余年了，在你看来，科幻世界的这种坚守给中国科幻带来了什么样的动力？

姚海军：首先是生存的问题。没有当年的坚守，今天这样的局面是不太可能出现的。从未来的角度来讲，特别是在产业化浪潮的冲击下，科幻世界的坚守，已经成为确保中国科幻的航船平稳前行的压舱石。我希望它不仅仅是压舱石，但这只是个人看法，你知道，我并不能代表科幻世界。

它代表着冲在最前锋的一批作家

科幻邮差：2003年，科幻图书"视野工程"正式启动。我们现在看到的很多经典书系，"中国科幻基石丛书""世界流行科幻丛书""世界科幻大师丛书""世界奇幻大师丛书"，都是从这一年陆续走向市场的。想问一下姚老师，这个项目最初的构想来源于什么？

姚海军：刚才说到了杂志的"作家专辑"，做那个专辑时我就有了那样的想法。因为作者在成长，而我的编辑理念就是：出版单位应该陪伴你的作者一起成长，你的编辑思路要跟得上作家的成长。到2002年的时候我们看到了科幻繁茂的景象，有很多人开始写科幻长篇。这个时候你就需要调整，我觉得仅仅一个杂志平台已不能满足作家成长的需要，必须搭建另外的平台。

最开始我手上有两本长篇小说：一本是刘慈欣的《超新星纪元》，一本是王晋康的《类人》。《科幻世界》对于在杂志上连载长篇小说一直非常谨慎。像这样的作品怎么处理？只能做图书，而且我知道像我这样的科幻迷渴望这样的科幻书。

我内心深处总希望有更多的科幻小说来满足我们科幻迷的阅读需求。我一直是一个科幻迷，我的科幻迷基因决定了会有这样的想法。事实上早在 2001 年的时候就有这样的想法，于是，我就跟阿来主编提出王晋康和刘慈欣这两部小说该怎么做的问题。

阿来也非常重视这两位作家，我把稿子给他，他没花多久就看完了这两部小说，然后跟我说："这么好的两部作品应该配上最好的出版社来出版，而不是我们自己来做。"因为不久前杂志社曾做过图书项目的尝试，不太成功，所以他非常肯定地说，要找最好的出版社来支持这两位优秀的作家。我们当时做了两套书，一套是和人民文学出版社合作的翻译科幻小说，一套是和作家出版社合作的"锋线科幻丛书"，都是依靠阿来的关系建立起来的联系。

昨天我还找到了作家出版社那个编辑给我写的一封信，里面除了夹着这两本书的稿酬表，还特别说希望能够有更多的作品列入"锋线科幻丛书"里面去。"锋线"这个名字也是我起的，它代表着冲在最前锋的一批作家，是中国科幻的前锋。

这个项目如果有一年亏损，它的生命可能就终结了

科幻邮差：这套书推出了哪些作品？

姚海军：作家社就是上面提到的那两部，首印都是一万册，其实也蛮不错的了。《科幻世界》那时候做首印肯定达不到一万册，我们做的第一本书首印三千册，超出三万册的时候加印次数已是第九次，可见那种谨慎。

大社做的图书很好，因为大社资源丰富，但我总感觉这个合作过程中有各种各样的问题。科幻这样一个小的文类在大社的体系中处于什么样的位置？它是很边缘的，难以被重视，而且大社未必就能够把科幻做得好。专业的、小而精的出版社可能更有发展潜力。

于是我就跟阿来汇报想法，希望我们自己做，短期我们未必能够达到人家那个水平，但从长远来看，我们一定能够超越他们。阿来给了我一个简单的回复："你如果能说服发行部发你的书，你就做；如果你说服不了发行部，那就不要提了。"我理解到领导的支持，也清楚过程中一定会有困难。后来当这个项目得以正式启动时，阿来

的另一句话更让我感动:"做成了是你的,失败了是杂志社的。"现在这样的领导越来越少了。

那个时候发行部人员调整频繁,我记不清找到的第一个发行部主任叫什么名字了。找了他,他说我们不做图书,因为没有市场。过了不久,他就被换掉了。发行部换了新主任,我又满怀热情地找他,对方还是说不行,他说我们做不好这一块儿,没什么资源,我们本身就做杂志的嘛,怎么发书?没过多久这个人也被换掉了。不做图书,就坐不稳发行部主任这个位子。(笑)再来的就是我们现在的杂志社社长刘成树,他从财务部调到了发行部。

我跟之前那两个主任是没有什么私交的,跟刘成树相处得很好。我找到他,他也很爽快,说了四个字:"我们试试。"我在很多地方都讲过这个故事,很多时候做一项工作你要有这么一个心态:勇于去尝试。我非常感谢刘成树,直到今天都记得那四个字。

2002年下半年,我开始筹备第一批科幻图书,计划首先推出三本"世界科幻大师丛书",包括罗伯特·谢克里的《幽灵五号》和杰克·威廉森的《黑太阳》《反物质飞船》。小说编辑得差不多的时候,出现一个新的问题,我承诺过我们将来一定比那些大出版社做得好,这时终于感觉自己年少而轻狂了。怎么去超越?我分析了一下科幻世界杂志社做图书的优势,发现除了有杂志这个平台的宣传,以及掌握核心读者这个优势之外,在发行渠道上是没有任何优势的,我们甚至进不了新华书店,全靠二渠道发行。基于这样一个现实,我就开始琢磨怎么用一本畅销的书实现开门红。

那时,刘维佳也从湖北来编辑部工作了,我们都是年轻人,下了班之后打游戏什么的,混成一片。有一天我就说,怎么才能做一本畅销书呢?什么选题能够畅销?他说,现在我们玩的《星际争霸》就很火啊。我说,火是火,怎么能变成书?刘维佳说,网上有很多《星际争霸》迷写的同人小说。我一下子激动起来,连说好啊好啊,赶快把它们整理出来给我。刘维佳就去收集这些小说,于是这就成了我们第一本推向市场的书。

科幻邮差:《星际争霸》是在《黑太阳》之前吗?

姚海军:对,比《黑太阳》早一点,但它和另外三本"世界科幻大师丛书"版权页上的出版时间是一样的。从此，我们就有了一个明星产品，《星际争霸》很快就实现了加印，杂志社第一次印三千，第二次印三千，一直加印到十次达到了三万五千册。一个很不值得炫耀的加印过程。（笑）也是由于那个特殊环境吧，但加印就是不断给我们注入信心。然后这个项目才正式启动。

科幻世界图书项目发展到今天，真是充满了曲折，有很多不足与外人道的故事，等我有一天退休之后会讲这些故事。庆幸的是，这个项目从最开始到现在，每一年都是赚钱的。注意是每一年！它之所以能够生存到今天，就是因为每一年的财务核算都是挣钱的。这个项目如果有一年亏损，它的生命可能就终结了。你后来也加入了这个项目，应该很清楚其中的凶险。

科幻邮差：嗯，这里面的故事确实一言难尽呀。其实姚老师也是因为"视野工程"的巨大成功，才被公认为中国科幻从杂志时代迈向图书时代的重要推手。

2002 年由当红游戏《星际争霸》改编的同名小说成为科幻世界杂志社的畅销产品，《黑太阳》《幽灵 5 号》《反物质飞船》等首批"世界科幻大师丛书"也同时推出。

更新中国人的想象世界

科幻邮差：你认为这个项目给整个科幻市场带来了什么样的变化？

姚海军：在"视野工程"启动之前，我们的原创图书较少，引进作品和国外也有较大"时差"。实际上这也是我做这个项目的一个很重要的原因。项目开始就是市场调研，不是说在办公室里想做一个项目就做一个项目。之前我一直去书店里观察一些读者购买科幻书的情况，他们会有什么样的选择，都是什么人在买，我每周都会去书店观察。

这样的观察很有意思，一开始很欣慰，因为我发现很多家长其实并不是像我想象的那样排斥科幻，他们会给孩子推荐科幻小说。这让我看到了希望。但是时间稍微一长我就生出了一种忧虑，是一种非常浓重的忧虑：家长和孩子们的选择都是凡尔纳和 H.G. 威尔斯的作品，基本上都是一百多年前的作品了。它们当然很经典，有着不朽的生命力。但是再进一步细想，就不得不回答这样一个问题：如果中国的青少年沉浸在西方人一百多年前的幻想世界里，我们该怎么指望他们去创造新的中国？这种忧虑无法排解。

这是我做图书项目的另一个重要原因，也是这个工程为什么叫"视野工程"的原因。"视野"有三重意思：第一要打开读者的视野，让读者看到世界各国最新的想象，我们就是要更新中国人的想象世界。这显然是个大工程。今天，中国人的想象世界已经有了全新的面貌，跟我们这些工作是有关联性的，这让我感到骄傲。第二个是要打开作家的视野。中国科幻的发展不在于要引进多少西方的经典，而在于原创的力量能不能成长。原创力量的成长一定要站在前人的肩膀上，吸收世界科幻的创作经验，站在高起点上起步才有可能超越。第三就是要打开我们研究者的视野，如果研究者没有足够新的图书资料，那很难会提出什么有价值的观点。

科幻邮差：通过姚老师的讲述，感觉对刚才开宗明义的那句话"更新国人的想象力"的理解深入了不少。经过这么多年的努力，"视野工程"推出的图书品种已经超出了两百种，有没有达到你的目标？

姚海军：没有。

干事业不能只靠情怀

科幻邮差：你对它最初的构想是什么？

姚海军：最初的构想当然没有这么宏大。我整个计划的第一步是生存，当时想得并不长远。但后来目标就变得远大起来。这么多年，科幻世界杂志社也好，视野工程也好，都有很多的机会去发展壮大。但是很遗憾，我们并没有抓住这些机会，所以这是一个难以让我满意的地方。

2006年我到北京去参加一个奇幻文学的峰会，幻剑书盟等书站、很多的民营出版机构、各路的奇幻作家都参加了那个峰会。那个会给我的印象很深刻。

我记得某著名民营文化公司老总的发言正好在我之前，他这样建议在场的作家们：

姚海军的书房令很多书迷称羡。

选择好的出版社，要慎重地选择合作伙伴。他也点到了刚刚跟科幻世界杂志社签订出版合约的两个作家，认为他们没有做出更理性的选择。然后是我的发言，我当然要针对这个说法讲几句。我讲到了那两位作家做出了最好、最理智的选择，因为科幻世界是这样一个机构：不管幻想文学是处于热潮之中，还是被冷落，它都会坚持做幻想文学。科幻世界不是投机者，它是以幻想为生的，所以这些作家的选择无比正确。

这话可以说是掷地有声，但事业不能只靠情怀。今天我们再回顾这样的插曲会有很多很多感慨，现在很多民营出版机构，包括上面提到的那家公司和后来的读客，他们在这些年里发展壮大到了什么样的程度？这样一比还是很有失落感。这个项目的确赢得了很多赞誉，但是我难以说服自己对这个项目完全满意。

科幻邮差：其实我们也注意到，科幻世界杂志社在早些年做了很多方向上的探索，包括奇幻，但是后来随着《奇幻世界》的停刊，图书项目中的"奇幻系列"也做得越来越少了，后来基本只剩下三大书系。说到三大书系，想问一下姚老师是出于什么考虑，在整个图书"视野工程"当中把图书分为这样三个系列？

姚海军：分类很简单。"世界科幻大师丛书"收录的是经典性作品，或者说今天还不够经典将来会成为经典的作品。但西方的科幻是很繁杂的，有各种各样的类型、各种各样的风格流派、各种各样的价值取向，我也希望中国科幻能够借鉴这些，于是将那些非常商业化的科幻作品引进过来，构成了"世界流行科幻丛书"这个系列。我们要学习如何用商业科幻小说去赢取更广阔的市场。这是两个不同的价值选择，我希望它们都能推动原创。另外，原创"中国科幻基石丛书"就不用讲了，这是我们最核心的，我们对未来的期望都在这个丛书里面。

《三体》难以复制，但一定会有新的畅销书

科幻邮差：其实从第一本"中国科幻基石丛书"诞生那天起，姚老师就一直致力于对科幻畅销书的打造。这个书系中的《三体》应该说对整个中国科幻产业都产生了特别大的推动作用。姚老师怎么看科幻畅销书对中国科幻发展的影响？

姚海军：我们之所以努力打造"基石丛书"，就是希望能够发掘出有机会成为畅销书的作品。对于类型文学来讲有一个铁律，你这个类型能不能立得住，就要看你这个类型里有没有明星作家和经典的作品。言情小说如果没有亦舒，我们很难去理解言情这个文类；武侠小说如果没有金庸，它就很难取得今天的地位，更不敢想象这一类型能够进入到精英文化的层面里去。科幻也是一样，它一定要有明星作家和经典作品才能够冲出它原有的领地，进入到更广阔的世界里面去，它的价值才能被真正发现。

科幻邮差：在《三体》之前，还有《天意》？

姚海军：是的。要特别感谢《天意》的作者钱莉芳。我们的"基石丛书"第一本就是《天意》。《天意》是自1983年以后我国原创科幻的第一本畅销书，有着里程碑式的意义，它引发了三个重要改变。首先是改变了我们的发行人员认为的"科幻书中不会有畅销书"这样一个偏见；其次是改变了渠道发行商对科幻小说长期以来的偏见，他们也认为科幻书不会畅销；最后是改变了作者的观念：写科幻挣不到钱，科幻写作只能被当成一种爱好。这三个改变，对中国科幻出版的发展产生了非常大的影响。如果没有《天意》，我相信刘慈欣也仍然会写《三体》。但是，我们也要看到一个很有趣的作家间的互动。记得那次活动我们是一起参加的，吃饭前刘慈欣给钱莉芳打了一个电话，刘慈欣觉得特别受鼓舞。我觉得钱莉芳的成功，对后来者产生了远超出我们可见的积极影响。

科幻邮差：基于姚老师多年的编辑经验，你认为《三体》可以复制吗？

姚海军：《三体》难以复制，但是中国科幻一定会出现新的畅销书，它们可能与《三体》的风

2010年，姚海军获得"新中国60年百名有突出贡献的新闻出版专业技术人员"奖章。

格、流派完全不同，比如韩松、陈楸帆、宝树、张冉，当然也可能是与刘慈欣相近的何夕、江波……未来值得期待。

科幻邮差：记得 2010 年 8 月首届华语科幻星云奖在成都举办时，姚老师获得最佳编辑奖金奖，当时正好是刘慈欣老师上台为你颁奖，他非常真诚地说了一句令在场观众印象深刻的话，他说："姚海军是中国的坎贝尔！"科幻迷都知道，坎贝尔是美国最负声望的科幻编辑，经他的手发掘了无数的科幻作家和科幻佳作，为世界科幻留下了浓墨重彩的一笔。我们也期待姚老师未来不负厚望，继续为中国科幻发掘、培育下一个刘慈欣。

姚海军：谢谢鼓励。

只有核心强大，才能突破边界

科幻邮差：姚老师曾经提出一个观点：科幻文学只有核心强大，才能突破边界。随着《三体》的火热，你觉得这个核心已经足够强大了吗？

姚海军：这个问题有点儿复杂。"只有核心强大，才能突破边界"，这句话离不开当时的语境，我一直认为"核心"的存在是"边界探索"拥有意义的前提；反之也是一样。"核心科幻"的概念是王晋康老师提出来的，有时候我们必须强调：如果失去了核心，科幻这个文类的价值就不存在了。

科幻邮差：但是反过来说，过度关注核心是否强大，会不会限制其他方向的探索？

姚海军：这是一个平衡问题。科幻这个文类一定要有不同，一定要有多方向的探索。科幻本身就是很先锋的一个文类，失去探索性，会失去价值；失去核心，也一样会失去价值。二者都会导致这个文类的失败，所以它是一个平衡。要看具体语境中需要更强调哪一个。

科幻邮差：何夕老师曾经说，过去科幻的热潮主要集中在对科幻的新奇感上，而现在的科幻已经深入到科学背后的伦理思考。20 世纪 80 年代的科幻高潮正是科幻文学向主流文学靠拢的结果。姚老师认同这样的观点吗？

姚海军：科幻文学的发展过程中产生了不同的科幻价值观，从清末民初到 20 世纪 80 年代改革开放，科幻文学的价值观是不断变化的。在 80 年代的科幻黄金时代，一个很显著的特征确实是科幻文学向主流文学的学习，科幻文学的主题，它的表达方式，都发生了改变。这也就是后来为什么会有"科""文"之争的一个前因。但学习并不等于靠拢。我们可以通过作品看到当年那些重要作家，不管是郑文光还是叶永烈，包括童恩正他们的科幻文学自觉。

传统上，科幻是科普的一部分。后来有了这些作家在文学上的追求，就会引起保守势力的一些看法。这些人认为科幻变成了异种，不再是他们所认同的那种科幻。但是整体来讲，这种变化给科幻文学带来了很多新的价值，它变得更丰满了。科幻文学近几年能够进入到《人民文学》《当代》这些主流的刊物上，其实也是一种突破，突破传统的观念。但向文学靠拢，并不能拯救科幻。

科幻邮差：最近几年的美国雨果奖获奖小说和其他类型文学之间的界限越来越模糊，随着中国科幻创作的不断发展，是否也会出现这样的情况呢？

姚海军：边界的模糊自然会发生，这也可以看作是一种成长或开拓。中国现在也有了一些这样的作品，你说它是奇幻还是科幻？它融合了很多的元素，难以界定。我只是希望在变化发生的同时，科幻文学的核心价值不被遗忘和抛弃。

人物回忆

我身后的"太阳"

科幻邮差：多年来，姚老师从第一科幻迷的身份慢慢转变成科幻作家的伯乐，在这个过程中，你和很多的作家、科幻迷结下了深厚的友谊。下面请姚老师给我们分享一些这方面的小故事吧。

姚海军：更新两个概念。"第一科幻迷"这个称谓我不敢当，好像《科幻世界》杂志登过一篇文章说，全国第一科幻迷是徐久隆，我们成都的一位老科幻迷。可惜他身体不好，前些年离世了。还有很多很了不起的科幻迷，比如说北星，一直在国外推动中国科幻的国际化交流。很多更年轻的科幻迷都很了不起。

至于伯乐，这是编辑的本职工作。有很多作家，没有你这个编辑，他也会出现。优秀作家在你的职业编辑生涯中出现，是一种幸运。有了伟大的作家和作品，编辑的价值才会被凸显出来。对于我来讲，因为有了刘慈欣、王晋康、韩松、何夕等等这些作者（这是一个长名单，请原谅我无法一一列举），我们才有机会坐在这里畅谈科幻。中国科幻的历史上有很多编辑已经被遗忘，那是因为在他的职业生涯里，很不幸没有出现太多的优秀作家。

科幻邮差：还记得跟大刘、王老师、何夕老师他们最初的交往吗？

姚海军：感觉进入老年回忆阶段了。（笑）刘慈欣给我的印象就是他脑子里装满了奇思异想，取之不尽，用之不竭。过去开笔会住在一起，他随便讲一个构思，我觉得写出来都是一部经典的作品。希望他将来能有足够的时间，把那些构想都变成美妙的故事。王晋康老师给我最深的印象是他的谦和与热心，永远是一个让人感到温暖的长者。何夕很哥们儿，虽然他的四川话到现在我也不能完全听懂，虽然他喝酒很狡猾（主要是对付刘慈欣）。

姚海军说，在职业编辑生涯中遇到优秀的作者是一种幸运。
以上四图依次是姚海军与王晋康、刘慈欣、韩松、何夕合影。

科幻邮差：你跟刘慈欣老师的交往其实也体现了一个常态：编辑和作者相处久了，就会自然而然变成相知相惜的好朋友，是吧？

姚海军：是的，有机会和一些最优秀的科幻作家成为朋友是我的荣幸。刘慈欣是个很义气的人，《三体》热的过程中，他信守承诺，始终不为钱财所动。

　　2010年科幻世界杂志社的笔会，不少出版机构慕刘慈欣之名而来，目的就是希望拿下当年交稿的《三体Ⅲ：死神永生》的出版权。在通往瓦屋山山顶的崎岖小路上，谈起正处于"倒社事件"中的杂志社、竞争方给出的优厚价格以及最终在哪儿出版《三体Ⅲ：死神永生》，刘慈欣最终对我只说了这样一句："听你的。"

　　在《三体》这套书上，他给了我、给了科幻世界杂志社非常大的支持。如果不是朋友，他有非常多的其他选择。

　　科幻邮差：你怎么看科幻迷呢？

　　姚海军：对科幻迷，我很难用一两句话来表达感谢。今天我来得匆忙，本来想带的一张小卡片，却没有带来。那上面是一个英文句子，翻译过来是："如果你看到阴暗，那是因为你的身后就是太阳。"我的英文很差，所以就不跟大家朗读了，特别是八光分还有众多英语厉害的角色。（笑）

　　这张小卡片是在前几年科幻世界杂志社比较灰暗的时候一个科幻迷寄来的。另外，我还保留着一封从一所学校寄来的七十多个学生支持《科幻世界》杂志的联名信。当然，科幻迷还有很多让我感动的地方，他们对科幻那种热爱是最真诚的。所以我个人能够身为其中一员，一直都很荣幸。

科幻近况探讨

希望从业者的眼光放长远一些

科幻邮差：这也是姚老师在职业生涯中不断努力不断前行的动力呀。确实，从姚老师的个人经历中能深切感受到整个科幻圈的相互提携、帮助和关心，如果没有这些，难以想象姚老师现在在哪里，变成了一个怎样的人。（笑）

当下国内比较突出的一个现象是，各种科幻奖项风起云涌，而且资金的投入量也越来越大。姚老师怎么看待这样一个现象？对于挖掘和培养作者方面有哪些建议呢？

姚海军：今天是商业社会，我们讲科幻，也开始讲产业化，这就说明中国科幻文学发展到今天，环境已经发生了巨大的改变。有这些奖项，有这些资金的介入，对新人来讲我觉得是好事，也说明科幻发展了。但培养新人是需要耐心的，是需要一点儿长远眼光的，不能急功近利。如果说我有什么建议的话，那就是希望所有的从业者都能够把眼光放长远一些。我听到很多过于急功近利的做法，那是不利于作家成长的。

儿童科幻，最可能改变人的一生

科幻邮差：我注意到姚老师这些年也参加了不少的儿童科幻的作品评审工作。想问姚老师，在你看来，中国的成人科幻和儿童科幻存在哪些差异？儿童科幻要进一步发展的话，它有哪些优势？

姚海军：差异当然很明显，甚至有点儿像两个完全不同的类型。因为读者对象不一样，写法就不一样。比如成人科幻强调创造性想象，儿童科幻就很难强调这一点。故事性对儿童来说更重要。儿童科幻的优势现在还不明显，但我有一个基本的判断——儿童科幻的市场应该是比成人科幻更大一些的。

当下儿童科幻所面临的挑战与优势同样明显。我参加了一些评奖活动，看了大量的儿童科幻作品。我觉得最大的问题就是，很多写儿童科幻的作家用童话的思维来写科幻。这是需要时间来改变的。在儿童科幻的领域里，那种科幻味道纯正的小说难得一见。

当然，对儿童科幻来讲，我们不能用成人科幻的标准来衡量，比如说创造性的想象。这是我判断一本书能否被纳入"中国科幻基石丛书"的三个要素之一（另外两个是故事性和思想内核），但这些要素在儿童科幻里就不一定合适，儿童科幻有它的特质。整个儿童科幻的发展现状应该是渐入佳境，但还没有真正进入佳境，未来还需要更多的努力，包括大连出版社开办的科幻写作培训班，正是基于这样的现实。

科幻邮差：儿童科幻对于整个中国科幻有什么样的意义？

姚海军：刚才我已经说了一些。一个重要意义在于，让很多人在童年时代就能够进入到科幻的世界。那从长远来讲，整个科幻发展的大环境会因为孩子们的进入被更大程度地改变。

科幻邮差：就是说，希望出现更多类似于《布克的奇遇》在你身上产生的效果？

姚海军：可以这么说。我是作为一个外行来讲儿童科幻的，我认为那些被阅读的儿童文学作品包括科幻，就是我们在童年筑起的一座座童话小屋。儿童文学真的非常重要，它最可能改变人的一生。那些小屋，即便到了成年甚至老年，也是我们不会忘记的精神家园。前不久在鲁迅文学院，科幻世界杂志社办了一个儿童文学的研讨会，我就提到了这个看法。也正因为这一点，儿童文学作家包括儿童科幻文学作家才特别值得尊敬。

警惕科幻的"后发综合征"

科幻邮差：2015年刘慈欣获得雨果奖之后，时任国家副主席李源潮接见了包括刘慈欣、吴岩、姚老师在内的一批科幻界人士；2016年9月在北京召开的中国科幻大会上，李源潮副主席又发表了重要讲话。请问姚老师怎么看待国家对科幻的重视？

2015年9月14日，时任中共中央政治局委员、国家副主席李源潮在北京与科幻、科普创作者座谈后合影。左起依次为：姚海军、刘嘉麒、刘慈欣、李源潮、周文赟、吴岩。

姚海军：这对科幻是非常大的推动，特别是在我们这个国家的大环境下。而且实事求是地讲，科幻也值得从国家层面上做一些战略规划。在你刚才提到的中国科幻大会上，我和吴岩分别做了一个报告，吴岩那个报告提出了几个值得研究的问题——前沿的科学幻想和尖端科技之间有没有可能互相转换？想象的价值到底在什么地方？它跟国家科技的发展之间有什么样的关联？吴岩老师的报告也给出了一些很有高度的看法。

科幻邮差：从整体的科幻发展来看，你看好科幻小说的电子出版吗？

姚海军：不论看不看好，这个时代都会到来。我们这一代人，可能阅读传统纸质书的习惯难以改变，但对年轻一代来讲，他们已经完全适应了新的阅读方式。你提这个问题的潜台词就是，传统出版在新的环境下有什么出路？（笑）我的一个判断是：传统出版与电子出版将会建立起良好的互动关系。会有很多人选择轻便、经济、环保的电子阅读，也会有很多人保留传统的阅读习惯，或者还会有很多人保持双阅读习惯。

其实我看到一个非常让人高兴的现象，过去说电子出版对传统出版的冲击，认为传统出版已经江河日下，很快就会被取代。但今天的现实完全不是这样，2015 年的传统出版业较之上一年度不仅没有下滑，反而有些增长，而电子出版也展现出更大的拓展空间。

科幻邮差：前些年大家听到的更多是唱衰传统出版业。

姚海军：主要是两种人唱衰。其一是带着商业目的的非传统出版界人士；其二是对电子出版并未有深入了解的传统出版业人士。我认为传统出版业不会被取代，最起码在可预见的近未来不会。当然，如果在很遥远的未来，人类本身都量子化了，传统出版当然就不会存在了。

科幻邮差：姚老师在多个场合为中国科幻发声，同时在多次发言中也提出一个观点，叫作"科幻的后发综合征"，请问怎么理解这个后发综合征？

姚海军："科幻的后发综合征"背后，有我对改革开放以来匆匆忙忙的文学发展历程的思考。20 世纪 80 年代初，我国国门乍开，各种文学类型、流派，各种各样的东西一股脑儿地涌了进来。就文学来讲，西方的多年尝试，意识流小说、存在主义、黑色幽默、魔幻现实主义几乎同时进入我们的视野，令人目不暇接。以前没有机会实践的创作理念，都在 20 世纪 80 年代很短的时间内被实践。

回到科幻，过去我们的创作理念相对单一，比如"十七年文学"中的科幻，其创作理念沿袭苏联的科普理论，作品都很简单，服务于对国家建设前景的展望。之后，各种各样的科幻流派也进来了，赛博朋克、太空歌剧、新浪潮……百花竞放。

我们的科幻作家在短时间内同样做了大量尝试。但是这些尝试，在今天看来，除了传统科幻——刘慈欣、王晋康、何夕他们这个方向取得了辉煌的成就，很多其他方向都浅尝辄止，很多东西并未被消化。这个后发综合征主要就是说，因为没有时间从容地去做全面综合发展，现实会呈现出面对未来时的基础不牢。其实这么多东西涌进来，消化它们是需要时间的。

科幻产业化：选择决定命运

科幻邮差：那姚老师心目中的科幻产业化的图景是什么样的？

姚海军：产业是一个链条，我希望这个链条上的各个产业节点之间能够有良性的互动，上下游互相支撑。

科幻邮差：现实跟你心目中产业化的健康状态还隔着多大距离？

姚海军：我们可以把目前科幻产业化过程中的问题看作是成长的烦恼。我只是希望少走弯路，不太愿意去想距离，我希望能够做更多实际的工作。

科幻邮差：提到工作，你认为科幻世界杂志社当下处于科幻产业化中的哪个阶段？如果它未来要取得更大的进步，还需要做哪些努力？

姚海军：这是一个严肃的问题。从出版的角度，科幻世界成功地推动了中国科幻从杂志时代到图书时代的转变。但是现在，科幻世界面临着非常大的挑战。科幻世界能不能够在新的产业格局里找到自己的位置，这非常重要。我一直在强调，在这样一个大的蓝图里面，你要干什么，你的位置是什么？你的位置选择，有没有现实的操作性？有没有足够的前瞻性？你有没有相应的心胸和度量？你的选择决定你的命运。

科幻世界有非常好的基础，杨潇老师、谭楷老师他们那一代科幻出版人为我们留下了一个非常有含金量的品牌，后来也有很多很优秀的人进一步增加了它的含金量。但坦率地讲，科幻世界面临着诸多现实的羁绊，它已不再那么纯粹。我对科幻世界怀有深沉的爱恋，也因此，它成了我苦痛的根源。

科幻世界其实不乏人才，李克勤、刘维佳、杨国梁、明先林、胡世发……还有很多心怀梦想的年轻人，他们都非常棒、非常努力。当然科幻世界也流失了很多人才，像师博、张城钢，还有你（杨枫）。我曾经在相当长的一段时间里骄傲地将我们的团队称为"梦之队"。现在我还是希望《科幻世界》杂志办到第400期时能够更加辉煌，希望科幻世界能够成为大科幻产业的推动者和中坚力量，也希望我能够把已经十四岁的"世界科幻大师丛书"编辑到第三百号作品。

我们不仅仅是守业者，我们还应该是创造者。我坚信一个企业要发展，一定是基于未来做选择，而不是基于现实做选择。

华语科幻星云奖证明了梦想者团结起来的力量

科幻邮差：2010年中国科幻圈发生了一件大事：中国科幻银河奖之外诞生了一个星云奖，作为华语科幻星云奖的主要倡导者之一，请问姚老师，经过这么多年的发展，星云奖的影响力达到之前的预期了吗？

姚海军：星云奖用数年时间换来了如今的影响力，这多少超出了我的预期。设立初期真的很困难。星云奖证明了梦想者团结起来的力量。

科幻邮差：当初为什么想到办这样一个奖项呢？

姚海军：提出办这个奖的时候，整个构想是与科幻世界杂志社紧密相连的。我希望星云奖能够巩固成都科幻之都的地位，希望这个行业性的奖项与科幻世界的银河奖能够在互补中相互促进。前几天科幻世界杂志社有个新来的编辑，一个小女孩儿，她找到我说，她特别理解我创办星云奖。我听了挺感动，因为我知道，她之所以这样讲，一定是听到了对我和星云奖的那些诋毁。

但我今天仍然坚持自己的基本判断，中国科幻想要发展，必须走产业化的路径，今天的现实也验证了这个判断。而产业化的路径里面，有一个重要节点是不可或缺的，那就是奖项。你要为你这个行当里的优秀人才加冕，要打造一个有国际影响力的奖项彰显这些作家的价值。商业化的路径里要是没有这样一个行业性的奖项，那也不是说不能发展，但你在操作上会遇到很多困难。

这个奖项就是要给科幻产业的下游提供选择的便利。它也能起到引导作用——什么样的作品是有价值的。它也能够与美国的星云奖或日本的星云奖进行对接。

全球华语科幻星云奖三位发起人在第六届颁奖典礼上。左起依次为：姚海军、吴岩、董仁威。

这是一个科幻迷的使命

科幻邮差：这个奖项最初是姚老师提出的吗？

姚海军：是的。是在 2009 年年末四川省科普作家协会的一次会上，跟时任协会理事长的董仁威提出来的。董老师是一个实干家，后来又有吴岩教授加入。再后来是王晋康、韩松、刘慈欣、何夕、杨枫、程婧波、古敏、孙悦……到 2010 年秋，在一穷二白的情况下，靠着大家的捐款，第一届华语科幻星云奖在成都学府影城举行了首届颁奖典礼。

或许有人会问：为什么科幻世界杂志社有个银河奖，你还要再提一个星云奖？那我要告诉他：行业性奖项和企业性奖项所追求的目标完全不同。一个企业，不管你是什么企业，你做一个奖项，都是为了占有资源来促进企业发展，这是企业的本能；但对行业奖来说，它必须考虑行业的整体发展。它要鼓励更多的竞争，要从更高的层面来推动产业发展。

举个最简单的例子，我们无数次地开会讨论过，要不要把银河奖的大奖颁给非科幻世界签约作家以及非《科幻世界》发表的作品？这是一个令人纠结的问题。如果答案是"不"，你就等于承认了银河奖只是一个杂志的奖项；如果答案是"是"，那就是放弃了科幻世界杂志社最核心的利益。这矛盾很难调和。所以除了银河奖之外，中国科幻还需要一个行业性的奖项。

大家可以看到，在华语科幻星云奖的舞台上，科幻世界杂志社也获得了许多的荣誉，每年都有科幻世界的作者站上星云奖的大舞台。这对科幻世界也是宣传与推动。科幻世界发展得好与坏，不是什么星云奖、××奖的问题，而是自己的问题。这是个不难理解的逻辑。星云奖是一面镜子，可以照出一些人的心胸、气度与格局。我当然要努力把银河奖办得更好，但星云奖不是银河奖的敌人。当然，这仍然是我个人的想法。

科幻邮差：刚才也说过了如何平衡星云奖和银河奖的关系，姚老师虽然身份所限，但实际上作为中国科幻的重要推手，在全球华语科幻星云奖的创立、提高其后期影响力、为中国科幻作家推广等方面都做了大量的工作。

姚海军：这是一个科幻迷的使命。

科幻电影：不迈出第一步，就永远不会走路

科幻邮差：在国外，电影已经成为科幻产业的重要支柱。国内随着《三体》这几年的大热，越来越多的资本进入到科幻这一领域中来。姚老师怎么看待当下的氛围？

姚海军：目前科幻看起来确实很火，但也要一分为二来看。首先，有这么多资本进来，说明大家看好这个领域，而资本也会给这个领域带来新的机会。但是，资本的逐利性也会带来许多负面的东西，比如急功近利。前段时间我们也在讲工匠精神，其实，要做好一个作品，不论是作家创作小说，还是导演拍摄电影，都需要一点儿这样的精神。包括出版人、编辑，都要静下心来，把这个事情做好——这才是坚持。现在来看，中国科幻的环境还是有一点儿浮躁，我希望作家也好，导演、公司也好，都能够花一点儿耐心在自己的作品上。

科幻邮差：现在《三体》电影的档期迟迟不定令人揪心，这里也不想为难姚老师给我们透露什么新消息。不过，姚老师作为《三体》的重要推手，在这本书的推广和其他作品影视化这些方面其实跟电影界也有一些接触，想请您谈谈当前国内科幻电影制作方面还存在哪些问题？

姚海军：科幻电影跟其他电影不同，它是工业化特质最明显的一个类型，它的拍摄是一个繁杂的系统工程。中国这么多年在科幻电影上的积淀是非常有限的。尽管早在 20 世纪 80 年代就有了一些尝试和探索，比如说《珊瑚岛上的死光》《霹雳贝贝》，但是放在当前新的电影艺术发展的大背景下，这些积累真是太过有限了。如果我们将一部科幻电影的制作流程拉一条线——从剧本改编，到设定、道具、布景、演员选择，再到音乐、后期特效，你会发现，每一环都是薄弱点，都需要创造性地去开展工作。这样你就会理解，为什么科幻电影迟迟出不来。虽然投资进入很快，但真正变成产品却比较慢。其实我们要敬佩这些电影人，因为他们是开拓者。刚才说的所有环节上，都要做许多创造性的工作，所以要给他们一点儿时间。拍得好与坏当然重要，但我更看重用什么心态来拍。敬业的失败者也可能赢得尊重。希望浮躁的风气不要影响到电影的制作。

科幻邮差：科幻电影任重道远，可总得迈出第一步。

姚海军：对。就像小孩子，不迈出第一步，就可能永远都不会走路。

科幻邮差：好的，谢谢姚老师今天接受我们的访谈。在姚老师过去数十年职业生涯、数十年爱好科幻的漫漫长路中给我们创造了无数的传奇，希望在科幻未来的发展长路上，继续见证姚老师为我们带来更多的传奇。

姚海军：好，我努力。谢谢。

趣问趣答

01　**请给科幻小说下一个简单的定义。**

科幻是一种无处不在的颜色，而科幻小说展现的是整个人类的美梦与噩梦。

02　**你觉得中国下一个雨果奖的获得者会是谁？**

很多人都有可能，韩松、王晋康、何夕、陈楸帆、夏笳、宝树、江波、张冉……他们越来越多的作品被译介到了美国和欧洲，也受到肯定和好评，都有获奖的实力。

03　**迄今为止，你的科幻生涯中最大的骄傲是什么，最大的遗憾又是什么？**

最大的骄傲，"视野工程"算一个，特别是《三体》改变了中国科幻的生态，我作为编辑是很骄傲的。相对于值得骄傲的地方来说，遗憾就太多了，不说也罢。

04　**在你眼里，一篇科幻小说是否优秀如何界定？**

我心中优秀的科幻小说要有三个要素：其一是创造性的想象；其二是精妙的故事；其三是富有洞见的思想内核。

05　**请说出你最喜欢的三部科幻电影？**

《2001：太空漫游》《千钧一发》《黑客帝国》。

06 你最喜欢的科幻作家是谁?

这可以排一个名单,而且是很长的名单。国外作家如果非要排出一二的话,按次序分别是阿瑟·克拉克、罗伯特·海因莱因、菲利普·迪克、迈克·雷斯尼克、罗伯特·索耶……国内作家也是一个长名单……

07 如果有一台时光机,你想去到未来还是回到过去呢?

我还是去看看未来吧。

08 看到我们面前的桌上有姚老师专门带来的科幻收藏,想问下姚老师,收藏这些书籍的初衷是什么?

初衷是想了解中国科幻发展的历史脉络,中国科幻历史上包括清末民初和 20 世纪 80 年代,甚至是当下都有很多谜案,我希望这些谜案都能被逐一破解。买这些书的时候还有很多难忘的故事,像这本 20 世纪 60 年代的《古峡迷雾》就是店主免费送我的。他还特别有心地题字"转赠海军贤兄惠存",非常暖心。

09 在你心目中,四川科幻在中国科幻的版图中占什么位置?

这个我要第一百次引用吴显奎老师的名言:四川是中国地理上的洼地,但却是中国科幻的高地。

10 最后请姚老师谈谈对中国科幻的期望和祝福。

我希望我们所处的当下,在五十年或是一百年之后的中国科幻研究者眼中是一个黄金时代……的开始。